飞行技术专业建设系列教材

民航配载与平衡

林彦 郝勇 林苗/编著

MINHANG
PEIZAI YU
FEIXING JISHU ZHUANYE JIANSHE XILIE JIAOCAI
PINGHENG

清华大学出版社
北京

内 容 简 介

本书共分为十章,讲述了飞机发展史、飞机的基本组成及其功能、飞行原理与飞行性能、飞机的最大业务载重量、实际业务载重量配算、货运装载、飞机的重心与平衡、载重平衡图、业务电报、配载与平衡离港操作。本书的编写力求结构合理,理论性和实用性并重,每个章节都辅以运输生产中的实际案例,使学生不仅能学习到相应的民航配载与平衡的操作技能,而且能掌握相应的工作原理,学习到更广泛的民航知识。

本书既可作为民航运输、民航管理等相关专业的教材,亦可作为民航企业的培训教材。

图书在版编目(CIP)数据

民航配载与平衡/林彦,郝勇,林苗编著.—北京:清华大学出版社,2011.5(2024.1重印)

(飞行技术专业建设系列教材)

ISBN 978-7-302-23572-9

Ⅰ.①民… Ⅱ.①林… ②郝… ③林… Ⅲ.①民用飞机-飞行载荷-高等学校-教材

Ⅳ.①V215.1

中国版本图书馆 CIP 数据核字(2010)第 158317 号

责任编辑:刘志彬
责任校对:王凤芝
责任印制:杨 艳

出版发行:清华大学出版社
   网 址:https://www.tup.com.cn, https://www.wqxuetang.com
   地 址:北京清华大学学研大厦 A 座   邮 编:100084
   社 总 机:010-83470000   邮 购:010-62786544
   投稿与读者服务:010-62776969,c-service@tup.tsinghua.edu.cn
   质量反馈:010-62772015,zhiliang@tup.tsinghua.edu.cn
印 装 者:三河市人民印务有限公司
经 销:全国新华书店
开 本:185mm×260mm 印 张:16.75 插 页:4 字 数:320 千字
版 次:2011 年 5 月第 1 版   印 次:2024 年 1 月第13次印刷
定 价:45.00 元

产品编号:039183-02

教育部卓越工程师教育培养计划
上海市教委重点学科建设项目

飞行技术专业建设系列教材

编委会名单

主　任：汪　泓　　丁兴国　　郝建平
副主任：谢东来　　徐宝纲　　魏　建
委　员：王惠民　　王秉良　　马银才　　范海翔　　陆惠忠
　　　　隋成城　　史健勇　　郝　勇　　匡江红　　吴　忠
　　　　卫国林　　贾慈力　　石丽娜

PREFACE ◎ 总序

　　我国"十二五"发展规划的重点建设目标之一,是根据国民经济发展对民航业的要求,不断扩充与优化配置航线和飞机等资源。在民航业持续快速发展的同时,必然会使飞行专业技术人才高度匮乏。在《中国民用航空发展第十一个五年规划》中,中国民用航空局对未来 20 年全行业人才需求进行了预计分析,其中,"十二五"期间需增加飞行员 16500 人。因此,飞行技术人才的培养是推动或阻碍民航发展的关键。

　　与其他本科专业相比,飞行技术专业的学生除了学习掌握飞行运行管理、机组资源管理、仪表飞行程序设计、空中交通管制、签派程序与方法等飞行技术的专业知识外,还需具备较高的英语水平。并且,飞行技术专业人才的培养多采用学历教育与职业教育同步实施的模式,要求同时取得学历学位证书和职业技能证书(飞行驾驶执照)后,才有资格担任民航运输机副驾驶员。

　　飞行技术人才培养具有专业性强、培养难度大和成本高的特点。伴随着大型民用运输机的生产与发展,必然要求提高飞行员的学历层次。国内设置飞行技术本科专业的高等院校仅有中国民航飞行学院、中国民航大学、北京航空航天大学、南京航空航天大学、上海工程技术大学等几所。而且,培养学士学位飞行技术人才的历史仅十多年,尽管积累了一定的培养经验,但适用的专业教材相对较少。

　　在飞行技术专业的学科建设中,上海工程技术大学飞行学院和航空运输学院秉承服务国家和地区经济建设的宗旨,坚持教学和科研相结合、理论和实践相结合。2010 年,上海工程技术大学飞行技术专业被列为教育部卓越工程师教育培养计划的试点专业,上海工程技术大学被列为教育部卓越工程师教育培养计划的示范单位。为满足飞行技术专业卓越工程教育培养的需要,上海工程技术大学从事飞行技术专业教学和研究的骨干教师,以及航空公司的业务骨干合作编写了"飞行技术与管理"系列教材。

　　"飞行技术与管理"系列教材包括飞行运用中的管理问题和飞行技术运用的原理问题两大模块,共 16 本教材。其中,飞行运用中的管理包括飞行运营管理、飞行人因工程、机组资源管理、民航运输机飞行性能与飞行计划、陆空通话、飞行专业英语(阅读)、飞行专业英语(听力)、空中交通管理等;飞行技术运用的原理包括飞行力学、飞机空气动力学、飞机系统、航空动力装置、仪表飞行程序设计原理、航空机载设备、空中领航学、航空气象学等。

系列教材以理论和实践相结合作为编写的理念和原则,具有基础性、系统性、应用性等特点。在借鉴国内外相关文献资料的基础上,坚持加强基础理论,对基本概念、基础知识和基本技能进行详细阐述,能满足飞行技术专业卓越工程师教育培养的教学目标和要求。同时,强调理论联系实际,体现"面向工业界、面向未来、面向世界"的工程教育理念,实践上海工程技术大学建设现代化特色大学的办学思想,凸显飞行技术的专业特色。

系列教材在编写过程中,参阅了大量的中外文参考书籍和文献资料,吸收和借鉴了现有部分教材的优势,参考了航空运输企业的相关材料,在此,对国内外有关作者和企业一并表示衷心的感谢。

受编者水平和时间所限,书中难免有错误和遗漏之处,敬请读者提出宝贵意见,不足之处还请同行不吝赐教。

上海工程技术大学　汪泓

2011 年 3 月

FOREWORD
● 前言

　　安全是民航业永恒的主题,而在安全的基础上追求效益是民航业优质高效发展的基础。民航配载与平衡工作一方面通过合理地分配旅客的座位、货物的舱位来有效控制飞机的重心位置,使飞机的重心处于适当的范围之内,保证飞行安全;另一方面在保证安全的前提下,科学有效地控制好飞机的载量,确保飞机载量的"最优化",避免"空载"带来的浪费,提高民航运输企业的运营效益。因此,民航配载与平衡工作是民航运输不可缺少的重要环节。

　　目前,国内开设民航运输、民航管理等相关专业的院校,一般都将民航配载与平衡作为一门必修的专业课程,但是相关的国内民航配载与平衡方面的教材却极其匮乏,偶尔会在民航客货运书籍相关章节内有所涉及,但毕竟不是围绕配载与平衡主旨展开,内容较为简单,体系亦不完整。所以,不少兄弟院校只是利用教案和讲义进行课程讲授,因此,教学过程中遇到了诸多障碍。

　　鉴于此,本书充分利用上海工程技术大学航空运输学院多年的教学积累和中国东方航空公司、上海航空公司的已有资源,对民航配载与平衡工作的全过程进行了整理和编写。全书共分为十章,介绍了飞机发展史、飞机的基本组成及其功能、飞行原理与飞行性能、飞机的最大业务载重量、实际业务载重量配算、货运装载、飞机的重心与平衡、载重平衡图、业务电报、配载与平衡离港操作等。本书的编写力求结构合理,理论性和实用性并重,每个章节都辅以运输生产中的实际案例,使学生不仅能学习到相应的民航配载与平衡的操作技能,而且能掌握相应的工作原理,学习到更广泛的民航知识。因此,本书既可作为民航运输、民航管理等相关专业的教材,亦可作为民航企业的培训教材。

　　本书作为上海市本科教育高地建设项目内容,由上海工程技术大学组织编写,校长汪泓教授给予了极大的支持,亲自组织业内专家审阅,并提出许多宝贵的意见和建议,在此

VI

一并表示衷心的感谢。本书第 1 章、第 2 章由上海工程技术大学航空运输学院的郝勇编写,第 4 章～第 8 章由上海工程技术大学航空运输学院的林彦编写,第 3 章、第 9 章、第 10 章由福建闽江学院数学系的林苗编写。在编写过程中参考了相关的民航客货运教材、中国东方航空公司、上海航空公司的规章和内部培训讲义,在此,谨向上述单位和个人表示衷心的感谢。

由于编著者水平有限,书中难免错漏之处,恳请广大专家和读者给予批评指正。

编著者

2010 年 4 月

CONTENTS ● 目录

第1章

飞机发展史

本章关键词

扑翼机(flapping wing aircraft)　　　热气球(hot air balloon)

飞艇(airship)　　　　　　　　　　　滑翔机(glider)

喷气机(jet)　　　　　　　　　　　　超音速飞机(supersonic aircraft)

干线飞机(route aircraft)　　　　　　支线飞机(regional aircraft)

宽体机(wide-body aircraft)　　　　　窄体机(narrow-body aircraft)

货机(cargo aircraft)　　　　　　　　公务机(business aircraft)

互联网资料

http://www.carnoc.com　　　　　　http://www.boeingchina.com

http://www.airbus.com.cn　　　　　http://www.xmyzl.com

　　与漫长的人类文明史相比,两百余年的航空发展史只能算是历史长河中短暂的一瞬。但人类实现了飞行的愿望,飞机的诞生,是20世纪最伟大的科技成就之一,历史上只有很少几项科学技术成果能与之相媲美。

1.1　飞行器概述

1.1.1　飞行器

　　在地球大气层内或大气层之外的空间(太空)飞行的器械统称为飞行器。通常飞行器可分为三类:航空器、航天器、火箭和导弹。

　　在大气层内飞行的飞行器称为航空器,如气球、飞艇、飞机等。主要在大气层之外的空间飞行的飞行器,称为航天器,如人造地球卫星、空间站、航天飞机、载人飞船等。火箭

2

是以火箭发动机为动力的飞行器,可以在大气层内、也可以在大气层外飞行。它不靠空气静浮力,也不靠空气动力,只靠发动机推力升空飞行。导弹与火箭的主要区别是一个装有战斗部,可作为武器;一个不装战斗部,仅作运载工具。导弹与火箭通常只能使用一次,所以人们往往把它们归为一类。

1.1.2 航空器

任何航空器都需要产生升力以克服自身重力才能升空飞行。按照产生升力的基本原理,可将航空器分为两类:一是靠空气静浮力升空飞行的航空器,即轻于空气的航空器;二是靠航空器与空气相对运动产生空气动力升空飞行的航空器,即重于空气的航空器。

1. 轻于空气的航空器

轻于空气的航空器包括气球和飞艇。其主体是一个气囊,其中充以密度小于外界空气密度的气体(如氢气、氦气或热空气)。由于气囊所排开的空气重量大于气球本身的重量,故能够产生静浮力,使气囊升空。气球没有动力装置,升空后只能随风飘动或被系留在固定装置上,见图1.1。飞艇装有发动机、螺旋桨、安定面和操纵面,飞行路线可以控制,见图1.2。

图1.1 热气球

图1.2 飞艇

2. 重于空气的航空器

重于空气的航空器是靠自身与空气相对运动产生的升力升空飞行的。这种航空器主要有固定翼航空器和旋翼航空器两种。固定翼航空器包括飞机和滑翔机,由固定的机翼产生升力。旋翼航空器包括直升机和旋翼机,由旋转的机翼产生升力。此外还有一种模拟鸟类飞行的扑翼机,见图1.3,这种扑翼机很早就被航空先驱们所探索,但至今尚未取得载

图1.3 扑翼机

人飞行的成功。飞机是最主要的、应用范围最广的航空器。

1.1.3 航天器

航天器运行于大气层外,在运载火箭的推动下获得必要的速度进入太空,然后在引力作用下完成与天体类似的轨迹运动。装在航天器上的发动机可提供轨道修正或改变运行姿态所需的动力。在地面发射航天器或者当航天器返回地面时,都要经过大气层。航天器具体又分为无人航天器与载人航天器。无人航天器按是否绕地球运行又可分为人造地球卫星和空间探测器。载人航天器又可分为载人飞船、航天站(又称空间站)和航天飞机。

1.2 飞机的发展历程

1.2.1 早期的飞机

人类关于飞行的许多探索和尝试是从模仿鸟类的飞行开始的。许多早期航空家如达·芬奇,曾试图使用扑翼机实现人力飞行,因为鸟就是这样飞的。但科学证明鸟的骨架轻,胸肌发达,人却是不可能凭自己的力量飞起来的。扑翼飞行的失败,并不能阻挡人类通向天空的道路。到了18世纪,随着科学技术的发展,人们认识到许多自然的规律,并且学会了利用热空气密度小,比重比空气轻的原理制造出了轻于空气的航空器——热气球和飞艇。

轻于空气的航空器的出现,激励着人们以更大的热情,继续从研究鸟类飞行着手,发明重于空气的航空器,而这过程需要解决一些关键问题:首先是如何获得升力,其次是如何解决稳定操作,最后是解决动力问题。为此,人们进行了许多探索。

1857—1891年间,出现了无动力的滑翔机,见图1.4,人们通过滑翔来研究升力和阻力的产生和变化规律,探索稳定性和操纵性的问题,为实现动力飞行奠定了技术基础。

19世纪末,蒸汽机和内燃机的先后出现,为航空器由滑翔机向飞机的发展创造了动力条件。蒸汽机首先应用在轮船和火车上,也曾有人把它装在飞机上进行试验,但终因重量大,功率小而失败。

美国自行车技师莱特兄弟吸取了前人有关滑翔机的研究成果,自制滑翔机进行实际飞行。经过1000多次的滑翔试验,初步掌握了操纵滑翔机的方法。在这个基础上,他们在滑翔机上装了一台自制的8.8千瓦的水冷4缸活塞汽油发动机,带动两副推进螺旋桨,制成了首架飞机"飞行者1号",见图1.5。1903年12月17日试飞成功,持续飞行了12秒,飞行距离约120英尺。莱特兄弟的飞行成功,开创了动力飞行的新纪元。

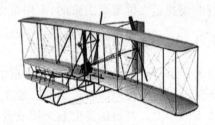

图 1.4 滑翔机　　　　　　　　　　　图 1.5 "飞行者 1 号"

莱特兄弟的第一架有动力的飞机看上去虽与现代飞机有很大差别,但是,它解决了飞机飞行的三个最根本的问题,即升力、稳定操作和飞行动力问题。所以世界公认"飞行者1 号"是第一架能操纵、有动力推进的飞机。

飞机出现后的最初十几年,基本上是一种娱乐的工具,主要用于竞赛和表演。但是当第一次世界大战爆发后,这个"会飞的机器"逐渐被派上了用场。先是用于侦察,为陆军部队作耳目;继而装上机枪,专门进行空中格斗;后来又带上炸弹,去轰炸敌方的地面阵地;此外,有的飞机专门执行对地面部队攻击的任务。这样,在大战的硝烟中,诞生了一群"铁鸟"——侦察机、战斗机、轰炸机、强击机和教练机。飞机就这样和战争结下了缘分。

第一次世界大战初期,参战各国约有飞机 1500 架,而到战争末期,各国在前线作战的军用机达到 8000 多架。4 年中,交战双方用于作战的飞机有十几万架之多,因此,说"战争是军用机的催生婆"一点儿也不过分。

在战争中,飞机的性能有了很大的提高。如速度在 1914 年时一般是每小时 80～115 千米,4 年后增至 180～220 千米;飞行高度从 200 多米提高到 8000 米;飞行距离从几十千米增长到 400 多千米。第一次世界大战初期飞机的重量只有几百千克,到第一次世界大战后期,有的轰炸机如英国的汉德利佩季,总重约 13600 千克,最多可装弹 3400 千克。

第一次世界大战时所有的著名作战飞机都是双翼机,见图 1.6,结构材料主要是优质木材,外面再蒙以细密而结实的亚麻布或棉布。

"一战"后,双翼飞机逐渐向单翼飞机过渡,出现起落架可以收放,驾驶舱封闭,发动机加整流罩等系列改进,提高了空气动力效率。飞机材料也由木材、层板、亚麻布等改用全金属(硬铝),提高了结构强

图 1.6 第一次世界大战时的双翼机

度,降低了飞行阻力,也进一步提高了飞行的速度。在航空史上,将第一次世界大战结束到第二次世界大战爆发间的 20 年,称为航空黄金年代。在这 20 年间,先后问世的航空新技术有:硬壳式轻型合金结构、悬臂单翼、可收放式起落架、密封座舱、动力传动的炮架、襟翼、可变桨距螺旋桨、发动机增压器以及包括自动驾驶仪在内的一系列供飞机和导弹使

用的设备等。

1939 年,第二次世界大战爆发,和第一次世界大战一样,这次大战也有力地刺激了飞机性能的提高。1939—1945 年,飞机的飞行速度由 400km/h～500km/h 增至 784km/h,这已经接近活塞式飞机飞行速度的极限;飞行高度由 9000m 提高到 12000m;航程从 600 多千米增至 4000 多千米;第二次世界大战初期的战斗机重量约为 2t～3t,到 1944 年美国的 B-29 重型轰炸机总量已经达到 62.5t。

1.2.2 喷气机时代

第二次世界大战后期,战斗机的飞行速度已经接近活塞式飞机飞行速度的极限。若要进一步提高飞行速度,必须增加发动机推力,但活塞发动机已经无能为力。航空科学家们认识到,要向声速冲击,必须使用全新的航空发动机,也就是喷气发动机。

1939 年,德国试飞成功了最早的喷气式飞机 He-178,见图 1.7。到第二次世界大战末期,德国成功研制了 Me-262 新型战斗机,装有 2 台涡轮喷气发动机,最大速度为 870km/h,是世界上第一架实际使用的喷气式战斗机。它的速度显著超过盟军的活塞式战斗机,可以说当时没有一架飞机是它的对手。但是由于数量稀少,又不够灵活,所以它们的参战并没能挽救法西斯德国失败的命运。

图 1.7 He-178——世界上第一架喷气飞机

同一时期,意大利、英国、法国和美国也都开始研制喷气式战斗机。意大利最早,英国研制的喷气式发动机最为先进,并研制出两种实用的战斗机,美国在 1944 年生产出第一代喷气式战斗机 F-80,后来用于朝鲜战争。第二次世界大战结束后,作为战胜国的苏联从德国获得大量的包括喷气式飞机的技术和人才。苏联吸取德国人的经验,加上自己的研究成果,研制出了更为先进的新一代喷气式战斗机,米格-9 和米格-15。

1949 年,英国德·哈维兰公司研制成功中程喷气式客机"彗星"号。1952 年 5 月 2 号,"彗星"号在英国海外航空公司的航线上正式投入运营,取得巨大的成功,这是世界上喷气式民航客机的首次飞行。随后,苏联、法国和美国的航空工程师及制造商们也分别推出了自己的第一代喷气式客机,从此,人类航空史进入了喷气机时代。

1.2.3 民航飞机的出现和发展

世界上最早用于民用航空运输的飞行器是轻于空气的飞行器——气球和飞艇。

1871 年,普法战争巴黎被困时期,曾用气球载人和信件,四个月中放出几十个气球,送出了三万多封信和一百五十多人。

6

1900 年,世界上第一艘硬式飞艇——德国齐柏林飞艇问世,该飞艇长 128m,容积 11300m³,带动力,可操纵,巡航速度为 60km/h,可载 24 名旅客和 12 名空勤人员,见图 1.8。1910 年齐柏林飞艇开辟了载客的定期航线,开创了民用航空运输的历史。

图 1.8　齐柏林飞艇

第一次世界大战后,大量的军用飞机转为民用,1919 年 2 月 5 日,德国率先开辟了国内第一条飞机定期航线。1919 年 2 月 8 日,法国开辟了巴黎—伦敦的不定期航线。20 年代末至 30 年代初,各航空公司服役的飞机多数是闲置的战斗机,仍以木质飞机为主,安全性能较差。在不断的民航飞行实践中,人们逐渐认识到民用飞机与军用飞机的不同特点。民用飞机要求更安全、更经济、并要求机舱内引入更舒适的设计,增加空中服务项目等措施。

1933 年,波音公司研制的 B247 飞机在西雅图试飞成功,这是第一架真正现代意义的客机,见图 1.9。它具有全金属结构和流线型外形,起落架可以收放,采用下单翼结构。飞机的巡航速度为每小时 248 千米,航程 776 千米,载客 10 人,并可装载 181 千克的邮件,机上座位舒适,设有洗手间,还有一名空中小姐。

1935 年 12 月,美国道格拉斯公司 DC-3 飞机试飞成功,这是当时唯一可以与 B247 媲美的机型,受到了各航空公司的青睐,见图 1.10。DC-3 飞机是世界上第一架使客运赚钱的飞机,也是世界上生产量最多的客机(总数达到 13000 架)和寿命最长的飞机(直至 20 世纪 90 年代还有一些国家在使用)。

图 1.9　B247 飞机

图 1.10　DC-3 飞机

第二次世界大战后,民航飞机进一步发展。战争期间修建的大型机场遍布世界各地,为民航飞机的发展提供了现成的起降场地;军用飞机的喷气技术被直接应用到民航飞机上,同时战后各国经济高速发展的需要也进一步推动了民航飞机的发展。喷气技术使民航飞机飞得更快更远,各国掀起了研制远程客机的热潮。英国于 1949 年研制成功中程喷气式客机"彗星"号;苏联、法国和美国后来居上,分别推出了自己的第一代喷气式客机,如苏联的 tu-104,法国的卡拉维勒号和美国的 B707。

美国波音公司的 B707 客机是世界上公认的商业最成功的干线喷气机,它使喷气式客机真正得到全世界的承认。在此之前,英国"彗星"号因设计缺陷而停飞,而苏联的图-104 又无法大量进入欧洲市场。B707 每个技术细节都做得很成功,波音公司在技术服务支持上也尽可能地满足用户要求,所以 B707 很快就打开了市场。B707 的成功也使得波音公司迅速崛起,成为极具影响力的世界性飞机制造商。

继 B707 之后,波音公司、空客公司以及苏联的安东诺夫设计局又分别推出了各个系列的喷气式客机。现在,民航飞机发展至今,已进入全系列、多功能、适应市场需求的时代。

1.3　民航飞机机型介绍

航空公司以赢利为目的经营航空业务,一方面要求飞机的高效率,对飞机的安全、速度、载量、航程等方面提出要求;另一方面又要求控制成本,对飞机的购置成本、营运成本等方面提出要求。因此,飞机制造商在解决飞机的安全、速度、载量等技术难题后,考虑的是如何针对航空公司的航线要求,生产满足不同需要的飞机,也就是提供不同型号的飞机。

目前,民航飞机按照座位级可以分为干线机和支线机;按照机身的宽窄可以分为窄体机和宽体机;按照用途可以分为全客机、客货混装机、全货机和公务机。

1.3.1　干线机

干线运输机一般指客座数大于 100 个座位,满载航程大于 3000 千米以上的大型客货运输机。按航程分,常把满载航程大于 6000 千米的称为中/远程干线运输机,飞行于洲际线上的大多是这类飞机;把满载航程在 6000 千米以下的称为中/近程干线运输机,飞行于国内各大城市之间的大多是这类飞机,常被称为国内干线飞机。

生产干线飞机的厂商主要有波音公司和空中客车公司。下面将分别介绍两家公司的干线飞机。

1. 波音公司

波音公司是世界最大的航空航天公司。其前身是 1916 年由威廉·波音创立的太平洋航空制品公司,1934 年建立波音飞机公司,1961 年改为波音公司。总部原设在西雅图市,2001 年 9 月迁至芝加哥市。制造飞机的工厂集中在华盛顿州和堪萨斯州。1996 年,波音收购了罗克韦尔公司的防务及空间系统部,1997 年,波音与麦道公司合并。波音公司生产几乎所有类型的干线飞机,其干线飞机系列包括 B707、B727、B737、B747、B757、B767、B777 和 B787。波音干线飞机的部分基本数据见表 1.1。

表 1.1 波音干线飞机的基本数据

型　　　号	B707-320	B727-200	B737-700	B747-400	B757-200	B767-300	B777-300	B787-9
翼展(m)	44.42	32.92	34.3	64.4	38.05	47.57	60.93	58.8
机长(m)	46.61	46.69	33.6	70.6	47.32	54.94	73.9	61.6
机高(m)	12.92	10.36	12.5	19.4	13.56	15.8	18.5	16.5
正常巡航速度(km/h)	972	900	848	903	850	850	800	903
最大起飞重量(kg)	150590	95000	70000	396000	115600	158760	299000	226800
最大载重航程(km)	6920	4450	6230	13570	6320	7300	11135	14800

（1）B707

B707 是波音公司在 20 世纪 50 年代研制的四发喷气式民航客机，是美国第一种实用的喷气式客机，是世界上第一型在商业上取得成功的喷气式民航客机，见图 1.11。B707 运营成本比当时的活塞式发动机的飞机低数倍，这是它成功的最主要原因。B707 是商业民航客机的典范，缩短了洲际旅行的时间，提高旅客在旅行途中的舒适程度，给美国民用航空带来了一次革命性的变化。凭借 B707 的成功，波音公司迅速崛起，成为极具影响力的世界性飞机制造商。

波音公司一共交付了 1010 架 B707，20 世纪 60 年代和 70 年代是 B707 的全盛时期。B707 主要型号有 B707-120、B707-220、B707-320 和 B707-420 以及 B720 等。B707 亦大量被空军采用，在美国空军内的 E-3、E-8 及 C-137 皆改装自 B707。此外，美国总统尼克松的"空军一号"也是由 B707 改装而成。1982 年，最后一架民航 B707 正式交付使用，1992 年，最后一架军用 B707 正式交付使用之后，B707 生产线关闭。

（2）B727

B727 是波音公司研制的三发中短程民用客机，见图 1.12。B727 是波音公司继 B707 后的第二种喷气式客机。在机身尾部装备 3 台喷气式发动机，B727 主要用于中短程内陆航线。B727 的机体前半部沿用 B707 的机体设计，部分机身组件与 B707 相同，使 B707 及 B727 在零部件方面具有共通性，降低开发成本。B727 采用三人制驾驶舱（正、副驾驶员及一名随机工程师），拥有比当时其他同级飞机更宽的机舱空间，客舱采用单走道，每排六个座位，在机尾下半部设有一条下放式登机梯，飞机在上下旅客时可以不用外接登机桥（梯）。

图 1.11 B707

图 1.12 B727

B707 于 20 世纪 50 年代面世后,彻底改变了航空业界的发展及运作模式。但是在一些中短途航线上使用 B707 运营成本会过高,因此航空公司期望飞机制造商能研发一种用于中短程航线、能在较小的机场上使用,能在高海拔或短跑道的机场起降,运作成本比 B707 更低的喷气式客机。因此,波音公司于 1956 年 2 月开始,经过 3 年的方案论证后,1959 年 6 月正式开始设计工作。波音公司认为装备三发动机是最理想的方案。1960 年 8 月,波音公司在获得美国东方航空公司 40 架订单以及美国联合航空公司 20 架承诺订单后,启动 B727-100 型的生产,1961 年 6 月开始制造原型机,1963 年 9 月第一架 B727-100 开始试飞,1963 年 12 月获美国联邦航空局型号合格证,1964 年 2 月首架 B727 交付使用。1971 年 B727 的销量超过了 B707。1974 年,第 1000 架 B727 交付,成为历史上第一种销量突破 1000 架的喷气式民用客机(最初设想的销售指标只是 250 架)。

B727 装备低涵道比的涡轮风扇喷气式发动机,降低了油耗,提高了中短程航线运营的经济性。基本满足了中短程航线的客货运输的需求。但是,B727 先天的缺点限制了其未来的发展。机身后部挂发动机的设计,无法使用体积较大的新型高涵道比的涡轮风扇喷气式发动机。地区机场改善设施、延长跑道,加上推力越来越大的新式发动机不断出现,令当初 B727 可以在短跑道起降的特点显得越来越不重要了。

波音公司在 1974 年原计划推出 B727-300,计划加长飞机机身,使用推力更大的发动机,加大机翼面积等。但经历过 20 世纪 70 年代的石油危机,三发动机的 B727 运营成本开始日渐增加。最终波音公司决定淘汰 B727。B727-300 的计划于 1976 年被 B757 计划替代。

最后一架 B727 于 1984 年出厂,交付给联邦快递公司。1984 年 9 月 18 日 B727 生产线关闭。波音公司各种型别的 B727 总产量为 1832 架。

(3) B737

B737 系列飞机是波音公司生产的一种中短程双发喷气式客机,见图 1.13。B737 自投产以来 40 余年畅销不衰,B737 成为民航历史上最成功的窄体民航客机系列,被称为世界航空史上最成功的民航客机。B737 主要针对中短程航线的需要,具有可靠、简捷,且极具运营和维护成本经济性的特点。根据项目启动时间和技术先进程度分为传统型 B737 和新一代 B737。传统型 B737 包括 B737-100/-200;

图 1.13 B737

B737-300/-400/-500,新一代 B737 包括 B737-600/-700/-800/-900。

B737 计划在 1964 年展开,采用 B707/B727 的机头和机身横截面。机身可以容纳一排 6 个座位。B737-100 最初的设想是一种只有 65 个到 80 个座位的小容量短途客机。但是在启动客户——德国汉莎航空公司的坚持下,最后 B737-100 的设计容量被提升到 100 座级。1967 年 4 月 9 日原型机首次试飞,1967 年 12 月 15 日获美国联邦航空局型号合格证,第一架 B737-100 飞机于 1967 年 12 月 28 日交付给汉莎航空公司。B737-100 在市场上并不畅销,只生产了 30 架。波音公司于 1967 年推出了机身延长的型号 B737-200,以配合美国市场的需要。B737-200 系列在市场上大受欢迎,总产量达到 1114 架,直到 1988 年停止生产。

波音公司在 1981 年决定继续设计 B737 系列改进型号,B737-300 于 1984 年推出,比 B737-200 略长,应用了 B757 与 B767 的现代化驾驶舱设计,机舱设计则源自 B757,座位数为 102～145 个。B737-400 为 B737-300 的加长型号,载客量为 150～180 人。B737-500 为 B737-300 的缩短型号,续航距离较长,座位数为 104～132 个。此系列 B737 于 2000 年停产。

1993 年,波音公司为应对空中客车公司的 A320 的竞争,又启动了新一代 B737 项目(最初称 B737-NG,NG 是 Next Generation 的缩写,意指"次世代"之意)。1993 年 11 月,波音启动 B737-700 项目,B737-700 为基础型号,直接取代 B737-300。首架飞机于 1997 年 12 月投入运营。1994 年 9 月 5 日,B737-800 项目启动,B737-800 是 B737-700 的机身加长型号,直接取代 B737-400。首架飞机于 1998 年春天交付。1995 年 3 月 15 日,B737-600 项目启动。B737-600 为 B737-700 的缩短型号。首架 B737-600 于 1998 年交付。1997 年 11 月 10 日,B737-900 项目启动。B737-900 为新一代 B737 机身最长的型号。2001 年年初开始交付。

截至 2007 年,B737 系列的所有机型已获得 7000 多份订单,在民用航空史上,其他任何机型都未曾在销量方面获得如此巨大的成功,比主要竞争对手空中客车公司成立 30 年以来全部产品系列所得到的订单还要多。世界上任何时候天空中都有近 1000 架 B737 在飞行。

新一代 B737 飞机在交付使用的头两年中的平均遣派可靠率为 99.7%,全球所有 B737 机队的平均遣派可靠率为 99.2%,这是业内最高纪录。B737 机队的安全记录比全球喷气机机队平均记录好两倍,过去十年中生产的 B737 飞机的安全记录比同期生产的其他机型平均记录好三倍。事实证明,B737 飞机是最安全的飞机。

B737 飞机系列也为航空公司用户提供业内最高的机型通用性。新一代 B737 的四种机型间有 98% 的机身零部件通用性、95%～100% 的地面支援设备通用性和 100% 的发动机通用性。新一代 B737 和传统型 B737 之间具有驾驶舱通用性,机组人员的驾驶资格是相同的,在零备件、地面支援设备和地面操作方面也有通用性。这为航空公司节约很多费用。

(4) B747

B747 飞机是波音公司研制、生产的四发远程宽体民用运输机,是首架宽体喷气式客机,是一型研制与销售都很成功的民航客机,见图 1.14。1965 年 8 月开始研制,1969 年 2 月原型机试飞,1970 年 1 月首架 B747 交付给泛美航空公司投入航线运营。B747 双层客舱及独特的外形成为最容易辨认的民航客机。自 B747 飞机投入运营以来,一直是全球最大的民航机,一直垄断着民用大型运输机的市场,这种情况直到竞争对手空中客车 A380 大型客机的出现。

B747 系列飞机型号包括 B747-100、B747-200、B747-300 和 B747-400,1990 年 5 月起,除 B747-400 型外,B747 的其他型号均已停产。

(5) B757

B757 飞机是波音公司生产的 200 座级单通道双发窄体中程民航运输机,见图 1.15。由于 20 世纪 70 年代石油价格猛涨,燃油消耗使航空运输的成本提高。当时所使用的民航客机燃油消耗较高,因此,迫切需要低油耗的新型民航客机。在 20 世纪 70 年代中期,波音决定研制 200 座级新机型以取代 B727 和部分 B707。最初定名为 7N7(N:窄体),在获得英国航空公司和美国东方航空公司的 40 架启动订单和 42 架意向订货后,波音公司在 1979 年 3 月正式启动了 7N7 研制计划,1979 年年末,7N7 正式更名为 B757。

图 1.14 B747

图 1.15 B757

B757 是在 B727 基础上采用了新机翼和高涵道比发动机并修改了机身外形。B757 的机身直径与 B707、B727 和 B737 一样。B757 拥有较新颖的设计,包括采用双发动机、双人操作的驾驶舱。最初设计的 B757 具有 T 形尾翼,沿袭 B727,虽然 T 形尾翼拥有风阻小的优点,但因为容易使飞机失速,最终设计仍使用传统的尾翼。

1982 年 2 月 B757 飞机首飞,同年 12 月取得适航证,1983 年投入航线运营。B757 最初的型号为 B757-200,波音公司于 1996 年 9 月启动了 B757-300 项目,在 B757-200 的基础上加长机身,1998 年 9 月 2 日首飞。

B757 飞机的主要设计目标是通过降低油耗、减轻机体重量来降低使用成本,提高经济性。与采用三人驾驶制、装四台发动机的 B707 和 DC-8 相比,B757 货机的节油效果非常明显。B757 既可用于较长的航线,也可用于较短的航线,而且适用于枢纽辐射式(或称轮辐式)航线网络中。B757 拥有亚音速窄体客机中最大的航程,航程超过 7200 千米,足以横越大西洋。

B757 上大量使用与 B767 相同的部件,B757 和 B767 的驾驶舱几乎完全相同,两种机型要求的机型驾驶资格也相同,有资格驾驶其中一种机型的飞行员只需稍加熟悉即可驾驶另一种机型。

由于新一代 B737 系列、未来的 B787 可以涵盖 B757 这款 200 座级客机的市场,所以2003 年 10 月 16 日,波音公司正式宣布于 2004 年停止生产 B757 飞机。2004 年 10 月 28日最后一架 B757 出厂交付上海航空公司后,生产线关闭,B757 总共生产 1050 架。

(6) B767

B767 飞机是波音公司生产的双发半宽体中远程运输机,见图 1.16。B767 的客舱采用双通道布局,主要面向 200~300 座级市场,用来与空中客车 A300/A310 系列竞争,主要是用来争夺由于 20 世纪 80 年代的 B707、DC-8、B727 等 200 座级中远程客机退役而形成的市场。B767 系列大小介于单通道的 B757 和更大的双通道的 B777 之间。

1980 年 4 月第一架 B767 出厂,1981 年 9 月 26 日第一架 B767 飞机首飞,1982 年 7月获得型号合格证,同年 9 月交付,并于同年 12 月首次用作商业飞行。

B767 飞机研制生产计划采用了国际合作方式,波音公司主要承担飞机最后总装,日本民用运输机部(由日本三菱、川崎和富士重工组成)及意大利阿莱尼亚公司参与了 B767计划并承担全部研制费用和工作量的 30%。

B767 采用了全新的机体,同时是波音民航机中首次采用两人驾驶制的宽体飞机。B767 在设计过程中,尽量保持与同期研制的 B757 有更多的共同性,两者的驾驶舱设计基本相同,两种机型要求的机型驾驶资格也相同。

由于 B767 的机体内部直径只 4.7 米,是宽体客机中最窄的,因此舒适度不如空中客车的 A330。而且货舱容积也较小,只能容纳窄体机惯用的航空用 LD2 集装箱而不能使用较大的宽体机常用的 LD3 集装箱。最终 B767 在与空中客车 A330 的竞争中让出了中级双发客机市场的主导地位。

(7) B777

B777 是波音公司研制的双发中远程宽体客机,见图 1.17。B777 在规格上介于B767-300 和 B747-400 之间。B777 首飞时是民用航空历史上最大的双发喷气飞机。

图 1.16　B767

图 1.17　B777

1990 年 10 月 29 日 B777 计划正式启动,1994 年 6 月 12 日第 1 架 B777 首次试飞,1995 年 4 月 19 日获得欧洲联合适航证和美国联邦航空局型号合格证,1995 年 5 月 30 日获准 180 分钟双发延程飞行,1995 年 5 月 17 日首架交付美国联合航空。

B777 的设计阶段有别于波音公司的其他产品。在设计初期,波音公司和一些航空公司进行了广泛深入的讨论以确定和开发新飞机的结构布局、这些航空公司包括:美国联合航空公司、全日空航空公司、英国航空公司、日本航空公司和香港国泰航空公司,它们在航线结构、客流量和服务频率方面全方位地代表了各航空公司现有的营运水平。起初波音公司的工程师发现要整合多家航空公司意见并不是一件容易的事,但在波音公司的努力协调下,合作结果令人满意。为了满足航空公司的要求,波音公司在 B777 上采用了多项新科技。波音公司把这套哲学称为"一起工作"(Working Together),因此 B777 被称为是波音"以客为本"的产品之一。为了开发和生产 B777,波音公司花费了 15 亿美元来扩建厂房。B777 计划是波音公司有史以来第二次商业豪赌(第一次为 B747 客机的研制),如果计划失败波音公司就将破产。波音公司与日本三菱、川崎和富士重工业株式会社签订了风险分担伙伴协议,日方承担了 20% 的 B777 结构工作。

B777 最明显的识别标志之一就是它的三轴六轮主起落架系统和两个前轮,这种结构既有效地分散了路面载荷又使飞机有不超过三个起落架支柱。B777 是用于与包括空中客车 A330、A340 及 A350 竞争的机型。虽然空中客车公司强调四发动机比双发动机更安全的理由来吸引顾客,但 B777 还是在与 A340 的竞争中占据优势,不少航空公司考虑经济性,宁选用双发的 B777 而不是四发的 A340。

(8) B787

B787 又被称为"梦想飞机"(Dream liner),是波音公司研制生产的中型双发宽体中远程运输机,见图 1.18。B787 系列属于 200～300 座级飞机,航程随具体型号不同可覆盖 6500～16000 千米。B787 是波音公司 1990 年启动 B777 计划后 14 年来推出的首款全新机型。

图 1.18 B787

在 20 世纪 90 年代后期,B767 的销售量正逐步被空客的 A330-200 所蚕食,随着市场份额不断流失给空中客车公司,波音决定研发其取代产品,向市场推出"音速巡航者"(Sonic Cruiser),其将在燃油消耗与 B767 和 A330 相当的情况下,接近音速的飞行速度(约 0.98 马赫)。当时美国不少大规模的航空公司对"音速巡航者"的概念表示乐观,因为把航程时间缩短可以获得乘客好评,因而大力支持研发该款客机。

"9·11"事件发生后,全球航空市场均受创,而美国的航空公司更是首当其冲,"音速巡航者"难以获得计划启动的足够订单。在油价上升的情况下,效益比速度更重要。波音公司最终决定放弃"音速巡航者",提出新计划取代,称为"7E7",当中的"E"可解释为:Efficiency(效率)、Economics(经济性)、此外也可解释为 Environmentally friendly(环保)、Extraordinary comfort and convenience(超凡的乘坐舒适性和便利性)以及 Eenabled(电子化系统)等。波音公司认为,B7E7 将为航空公司降低运营成本,创造更多利润,同时为乘客提供更舒适的客舱环境,以及更多的不经停直飞航线。

2004 年 4 月,随着全日空确认订购 50 架 B7E7 飞机,该项目正式启动。2005 年 1 月 28 日,波音公司为 B7E7 梦想飞机确定了正式的机型代号——B787。自此,该飞机被称为 B787 梦想飞机。B787 原型机 2006 年开始生产,2007 年 7 月 8 日首架 B787 下线,单位造价 1.38 亿~1.88 亿美元。

B787 上使用了"音速巡航者"所提出的技术以及机体设计,波音公司决定在 B787 的主体结构(包括机翼和机身)上大量采用先进的复合材料。这将使 B787 成为有史以来第一款在主体结构上采用先进复合材料的民用飞机。复合材料重量比例将达到空前的 50%,此前这个比例只有 20%。发动机方面,B787 为飞机配备标准的发动机接口界面,使 B787 飞机能够随时配备任一制造商的发动机,不存在不兼容的问题。此外 B787 还将用电子设备取代过去 60 年来喷气机采用的标准配置——引气系统,波音公司表示,这样的创新设计将有效提高发动机效率。

由于采用了大量复合材料降低了飞机重量、同时新型的发动机和创新的流线型机翼设计,这些将使 B787 比目前同类飞机节省 20%的燃油消耗,此外 B787 除了让中型飞机尺寸与大型飞机航程的实现结合,也将以 0.85 倍音速飞行,这与当代速度最快的民用飞机 B747 速度是相同的,这也使其点对点远程不经停直飞能力得以更好的体现。在乘坐舒适性方面 B787 将增大客舱湿度,还将降低其客舱气压高度,这样客舱环境更湿润,乘客会感到更舒适。机上娱乐、互联网接入将更为完善,机身截面形状采用双圆弧形,顶部空间也进行了优化设计,可为乘客提供更宽敞的空间。

2. 空客公司

空中客车公司,是 1970 年于法国成立的一家民航飞机制造公司,其总部设在法国图卢兹,现在由欧洲两个最大的军火供应制造商欧洲航空防务航天公司(EADS,80%股份)和英宇航系统公司(BAE,20%股份)共同拥有。

空中客车创立之前,世界航空市场基本由美国人一统天下,包括洛克希德·马丁、麦道和波音在内的美国公司占有 97%的民航飞机市场份额,欧洲只有不到 3%的份额。欧洲特别是法国的航空工业界的有识之士认为必须改变这种状况,快速发展起自己的航空工业。但当时欧洲的航空工业是各国分立状态,形不成规模,难以与强大的美国同行相抗衡。在这种形势下,20 世纪 60 年代末 70 年代初,由法、德、英三国以及不久之后加入进来的荷兰福克公司和西班牙航空制造公司组成了联合航空制造公司——空中客车公司由此诞生。空中客车公司成立后,逐渐发展壮大成为唯一能和波音公司竞争的世界性飞机制造商,其干线飞机系列包括 A300、A310、A320、A330、A340、A350 和 A380。空客干线飞机的部分基本数据见表1.2。

表 1.2 空客干线飞机的基本数据

型　　号	A300-600	A310-300	A320 -200	A330-200	A340-500	A350	A380-800
翼展(m)	44.84	43.89	34.09	60.3	63.5	61.1	79.8
机长(m)	54.1	46.66	37.57	59	67.9	59.0	73
机高(m)	16.54	15.8	11.76	17.9	17.1	17.02	24.1
正常巡航速度(km/h)	875	850	878	871	891	968	903
最大起飞重量(kg)	165000	150000	77000	230000	365000	245000	560000
最大载重航程(km)	7500	9600	5700	11950	16050	16300	15100

(1) A300

A300 是空中客车公司设计生产的一种中短程宽体客机,是世界上第一架双发动机宽体客机,也是空中客车公司第一款投产的客机,见图1.19。

空中客车公司在 1970 年成立时,民用飞机市场是波音公司的天下,波音已拥有从 100 座次至 400 座次的一系列飞机。作为市场上的新兵,空客显然没有足够的资本来和波音正面对垒,因此,空客认真分析了波音当时的产品系列,当时在 100~150 座的飞机

图 1.19 A300

中,有波音的 B737;在 150~250 座飞机中,有波音的 B727、B707;在 400 座左右的大型飞机中,有波音的 B747。空客公司分析发现一个市场空当——250~300 座是波音公司还没来得及覆盖的市场空白点。所以空客选择了这个空当,推出其首种机型 A300。在后来波音公司竞争机型 B767 飞机推出之前的 10 年里,A300 在宽体客机市场中一直独领风骚。这 10 年独家占有市场的机会,使空中客车公司在世界航空业上树立起极好的信誉,有了一个世界范围的客户基础。从而逐渐发展成为现在这样一个拥有完整的世界上最现代化的客机系列的公司,发展成为波音公司的唯一竞争对手。

A300 于 1969 年 9 月开始试制,1970 年开始组装,1972 年第一架原型机出厂,同年 10 月原型机首次试飞,1972 年到 1973 年先后进行了各种结构试验,1974 年 5 月开始交付使用,到 2007 年 7 月停产,共生产 561 架。A300 飞机采用了许多其竞争对手机型所没有的技术。这些技术改善了飞机的可靠性,降低了营运成本,并且为双发延程飞行铺平了道路。

16

（2）A310

A310 是空中客车公司在 A300 基础上研制的 200 座级中短程双通道宽体客机，见图 1.20。机身缩短，设计了新的机翼，采用双人机组。典型两级座舱布局 220 人。1978 年 7 月开始研制，1982 年 4 月 3 日首架原型机首飞。1983 年 3 月 11 日获得法国和德国两国型号合格证，1983 年 3 月 29 日开始交付使用。A300 和 A310 之间有着良好的互操作性。A310 于 2007 年起正式停产，共生产 260 架。

（3）A320

空中客车 A320 系列飞机是空中客车公司研制生产的单通道双发中短程 150 座级客机，见图 1.21。空中客车公司在其研制的 A300/A310 宽体客机获得市场肯定，打破美国垄断客机市场的局面后，决定研制与 B737 系列和 MD-80 系列进行竞争的机型，旨在满足航空公司低成本运营中短程航线的需求。

图 1.20　A310

图 1.21　A320

A320 系列包括 150 座的 A320、186 座的 A321、124 座的 A319 和 107 座的 A318 四种基本型号，这四种型号的飞机拥有相同的基本座舱配置，从 107 座到 221 座不等。具有相同的驾驶舱、相同的飞行操作程序、相同的客舱截面和相同的系统。飞行员只要接受一种飞行训练，就可驾驶以上四种不同的客机。同时这种共通性设计也降低了维修的成本及备用航材的库存，大大增强了航空公司的灵活性。此外，A320 系列飞机的驾驶员都具有空中客车电传操作飞行资格。通过简捷的差别培训，而不必经过一整套全新的型别等级培训，就能够方便地过渡到驾驶较大的 A330、A340 和 A380 飞机。

A320 系列是一种创新的飞机，为单过道飞机建立了新的标准。A320 系列拥有单通道飞机市场中最宽敞的机身，这一优化的机身截面为客舱灵活性设定了新的标准。通过加宽座椅，提供了最大程度的舒适性；而较宽的通道对于需要快速周转的低成本市场是很重要的。此外，优越的客舱尺寸和形状可以安装宽大的头顶行李舱，一方面更加方便，同时也可以加快上下乘客的速度。客舱舒适而宽敞，A320 是当前最受欢迎的 150 座级的中短程客机。较宽的机身还提供了无与伦比的货运能力。"双水泡形"机身截面大大提高了货舱中装运行李和集装箱的能力。A319、A320 和 A321 是该级别飞机中仅有的几个能够提供集装箱货运装载系统的机型。该系统与全球标准宽体飞机装载系统兼容，从而减少了地服设备,降低了装卸成本。

A320 系列飞机也是第一款应用全数字电传操纵(fly-by-wire)飞行控制系统的民航客机,过去的客机主要靠机械装置传输飞行员指令来控制飞机的姿态和动作。

A320 项目自 1982 年 3 月正式启动,第一个型号是 A320-100,于 1987 年 2 月 22 日首飞,1988 年 2 月获适航证并交付使用。1994 年 A321 投入服务,1996 年 A319 投入服务,2003 年 A318 投入服务。

A320 系列飞机自 1988 年 4 月投入运营以来,迅速在中短程航线上设立了舒适性和经济性的行业标准。A320 系列的成功也奠定了空中客车公司在民航客机市场中的地位。

1994 年 5 月,波音公司购买一架二手 A320 飞机陈列在西雅图,以此来激励波音员工,这可能也是空客公司的最大荣幸。

截至 2008 年,空中客车 A320 系列包括 A320、A321、A319 和 A318 在内共生产了 3000 多架,产量仅次于 B737,是历史上销量第二的喷气式客机。

(4) A330

A330 是空中客车公司研制的双发中远程双过道宽体客机,见图 1.22。A330 是空中客车公司新一代电传操纵喷气客机。A330 符合双发延程飞行(ETOPS)操作标准。A330 于 1986 年宣布研制,主要是用于取代 A300。

图 1.22 A330

A330 与 4 台发动机的 A340 是同期研发的。1987 年 4 月空中客车工业公司决定 A330 和 A340 两个型号作为一个计划同时上马。其概念为:一个基本的机身有相同的机体横截面,以 2 台或 4 台发动机作为动力装置,可以提供 6 种不同的构型,覆盖从 250 座至 475 座从地区航线到超远程航线,提高通用性。双发的 A330 在地区航线到双发延程飞行的延程航线均可带来最大收益且低运营成本,而四发的 A340 在远程和超远程航线上提供多种功能。A330 的机翼与机身的形状与 A340 几乎相同,双发的 A330 和四发的 A340 的差别只是中央台架上安装的发动机控制装置略有差异。A330 在机体方面,其机身截面设计取自 A300,电传飞行控制系统则是取自 A320。使用了新款机翼、稳定装置及新版本的线传飞控系统软件。除了发动机的数量和与发动机相关的系统外,A330 和 A340 两种机型有很大的共通性,有 85%的零部件可以互相通用,采用同样的机身,只是长度不同,驾驶舱、机翼、尾翼、起落架及各种系统都相同,这样可以降低研制费用。A330 和 A340 两个型号的研制费共计 25 亿美元(1986 年币值)。这两种飞机的驾驶员资格也是通用的。

A330 飞机作为空中客车现役飞机中航程最远的双发飞机,它与 B767 的竞争中占据了中级双发客机市场的主导地位。

18

图 1.23　A340

（5）A340

A340 是空中客车公司研制的四发动机远程双过道宽体客机，见图 1.23。基本设计上类似于双发空中客车 A330，但是发动机多了 2 台，共装备 4 台发动机。A340 主起落架为四轮小车式，前起落架为双轮式。在机身中部中线位置增加一个双轮辅助起落架装置，而 A330 则没有。A340 载客量较少，适宜远程客运量少的航线。A340 于 1991 年 10 月首飞成功，1992 年 10 月开始正式交付使用。A340 最初设计目的是要在远程航线上与 B747 竞争，后来实际上 A340 是与 B777 竞争远程与超远程的飞机市场。

A340 作为一款四发远程飞机不受双发延程飞行（ETOPS）的限制。在当时最新的宽体远程飞机——B767，都要必须尽可能靠近备降机场，以应付其中一具发动机故障时的情况；四发动机的 B747 则没有类似的问题。空中客车将 A340 设计成四发动机飞机，就是为了研发一款不受 ETOPS 限制的新一代飞机。20 世纪 90 年代，空中客车相信四发动机飞机，具有较大的安全程度，在有一台发动机故障的情况下，会比双发动机的 B777 更为优越。配备四台发动机还可使 A340 飞机不受海洋、山区、沙漠和极地等极端偏远地区地形的影响，而双发延程飞行限制却制约着双发飞机远程航线的运营。

但是随着 B777 远程型号的出现，以及燃油价格的不断上升，双发动机无论在营运成本与经济性方面，均比四发动机的 A340 更具有优势，与 B777 相比，A340 是四台发动机，越洋飞机可靠性较好，但由于发动机性能日益提高，已无明显优越性。新型发动机的故障率极低，再加上更高的动力输出，除非是超大型飞机，例如空中客车 A380 或者是 B747，否则四发动机似乎并无必要。因此，航空公司开始倾向于选择 B777。B777 的销售看好，而 A340 的订单则逐年下降。

（6）A350

A350 是空中客车公司正在研制中的双发远程宽体客机，尚未正式投入生产和运营，见图 1.24。A350 是在空客 A330 的基础上进行改进的，主要是为了增加航程和降低运营成本，同时也是为了与全新设计的 B787 进行竞争。空中客车公司 A350 项目于 2005 年 10 月 6 日正式启动，预计于 2012 年进行首次飞行，2013 年正式投入运营。研发成本方面预算为 35 亿欧元。

2004 年 4 月，空中客车公司的竞争对手波音公司宣布启动全新的双发远程客机 B787 项目，B787 的各项指标直接超越了空客 A330 系列，空客最初从安

图 1.24　A350

全角度考虑,认为四台发动机的远程飞机更有市场,对 B787 计划不予回应。随着 B787 获得到全球客户的青睐,订单数不断上升,空客决定改变初衷,针对 B787 开发对应竞争机型,在成功的 A330 基础上采用新发动机,重新设计机翼,开发改进型的 A330 同 B787 项目竞争,并将新机型命名为 A350。

空客发布的技术资料表示,A350 飞机有着全新的复合材料机翼和铝锂合金机身,新材料的使用比例高达 60%。A350 还拥有全新的起落架,采用了 90% 全新的零部件,A350 飞机还将采用 A380 飞机上最新应用的创新技术,全新的 A350 是对同级别 A330 和 A340 远程系列飞机的补充,为了进一步降低运营费用和生产成本,A350 飞机也继承了空中客车系列飞机良好的家族通用性,保持了空中客车远程系列飞机的操纵通用性。空客表示,A350 飞机拥有无与伦比的低油耗和经济性,全新的 A350 飞机推出后,将会进一步巩固空中客车公司在全球的领先地位。

(7) A380

A380 是空中客车公司研制生产的四发 550 座级超大型远程宽体客机,也是全球载客量最大的客机,见图 1.25。A380 被空中客车公司视为其 21 世纪的"旗舰"产品,有"空中巨无霸"之称。

一直以来,大型远程民用运输机市场被波音公司的 B747 系列所垄断,空中客车公司虽然在其他机型上都有与波音公司竞争的机型,但在这个市场上一直是一个空白,虽然曾推出 A340,但仍然不能撼动

图 1.25 A380

B747 的绝对优势地位。A380 投入服务后,将终结 B747 在远程超大型宽体客机领域统领多年的历史,结束 B747 在市场上的垄断地位,A380 将成为载客量最大的民用客机(不过载重量最大的民用飞机仍是安东诺夫的 An-225 梦想式运输机)。

A380 采用了更多的复合材料,改进了气动性能,使用了新一代的发动机、先进的机翼、起落架。减轻了飞机的重量,减少了油耗和排放,座千米油耗及二氧化碳排放更低。降低了营运成本,A380 飞机机舱内的环境更接近自然。客机起飞时的噪声比当前噪声控制标准(ICAO)规定的标准要低得多。A380 是首架每乘客(座)/百千米油耗不到 3 公升的远程飞机(这一比例相当于一辆经济型家用汽车的油耗)。

2000 年 12 月,空中客车公司的主要持股者——欧洲航天国防集团与英国航天集团共同宣布,通过投资 88 亿欧元的 A3XX 计划,并将名称改为"A380"。当时已经有 6 家航空公司共预订 55 架 A380。A380 于 2001 年年初正式定型,第一架 A380 出厂时计划的开发成本已升至 110 亿欧元。A380 原型机于 2004 年首次亮相,2005 年 1 月 18 日首架 A380 在空中客车图卢兹的厂房举行出厂典礼,序号为 001,登记号码为 F-WWOW。2005 年 4 月 27 日首架 A380 试飞成功。同年 11 月,A380 首次跨洲试飞抵达亚洲的新加坡。

2006 年 12 月 12 日,欧洲航空安全局和美国联邦航空局正式向空中客车公司颁发 A380 飞机的机型适航证。

A380 客机全机身的长度及双层客舱,在单机旅客运力上拥有无可匹敌的优势。在典型三舱等(头等舱—商务舱—经济舱)布局下可承载 555 名乘客(其中上层机舱 199 人,下层客舱 356 人),采用最高密度座位安排时可承载 850 名乘客。A380 典型经济舱座位布置为上层"2+4+2"形式,下层为"3+4+3"形式。考虑到乘客的舒适性,空中客车 A380 还使用了更高效的空气过滤设备。

空中客车 A380 全双层宽体机舱设计为每一位乘客提供了更加宽敞的空间。机舱内的空气,每三分钟就可以更换一次。220 个舷窗让机舱内享受更多的自然光。A380 的机舱配备了为客机研发的最先进的机上娱乐系统,光纤配电网络使电影、视频游戏和电视节目的选择更加灵活完备。在飞机上乘客还可以使用便携式计算机和打电话。有更多的开放空间,比如商务中心。底舱可选择为设置休息区、商务区、酒吧或其他的娱乐区,按照不同航空公司的需求,还可安排其他设施,如理发店、卧铺、赌场、按摩室或儿童游戏场。宽大的空间可供头等舱内安排私人套间,甚至包括淋浴设施的浴室。

1.3.2 支线机

支线飞机是指客座数一般在 100 座以下,航行于中心城市与小城市或小城市之间的客货运输机。其航段距离一般在 1000 千米以下。支线运输机有各种不同的座级:10~30 座的为小型支线运输机;40~60 座的为中型支线运输机;70~100 座的为大型支线运输机。

生产支线飞机的资金、技术等的要求相对于干线机而言较低,因此,全球范围内的支线飞机生产商也比干线飞机的生产商多,产品也丰富。主要厂商有庞巴迪公司,ATR 公司、英国宇航公司、波音公司、巴西航空工业公司以及我国的西安飞机工业公司、中航商用飞机公司等。下面将介绍支线飞机制造商的主要机型。

1. 庞巴迪公司的 CRJ 飞机

庞巴迪公司是一家总部位于加拿大的国际性交通运输设备制造商,生产范围覆盖支线飞机、公务喷气飞机以及铁路和轨道交通运输设备等。

庞巴迪公司在 1986 年先后购并了加拿大飞机公司(简称加空)、德·哈维兰公司、利尔喷气公司和肖特公司,并将其组建成子公司——庞巴迪航宇集团。

加拿大飞机公司是"挑战者"喷气公务机的研制者,利尔喷气公司推出了以喷气发动机为动力的公务机,德·哈维兰公司是最早的短距起飞/着陆涡桨支线飞机的制造商。因此,庞巴迪公司决定利用这 3 家公司在支线飞机和公务机制造上的优势,避开与波音和空中客车在大型飞机上的竞争,开辟出一片支线和公务飞机天地。事实证明这一决定是正确的。

CRJ 系列飞机从 1987 年开始研制,最初定名为地区喷气,后改名为加空 RJ,现已进一步简化为 CRJ,见图 1.26。

图 1.26　CRJ

CRJ 系列飞机自 1992 年投入服务以来,在速度、经济性及乘客舒适系性等各方面受到航空公司的好评,截至 2008 年 5 月,CRJ 系列飞机的确认订单已经达到 1663 架,这使得 CRJ 飞机成为了历史上最畅销的支线喷气飞机,这也进一步促成了庞巴迪公司在支线航空领域的垄断地位,并使其成为世界上第三大民机生产商。

CRJ 系列飞机包括 50 座的 CRJ-100/200、70 座的 CRJ-700、90 座的 CRJ-900 和 100 座的 CRJ-1000。庞巴迪公司是目前唯一能提供 40 座到 100 座支线喷气飞机系列的公司。除了 CRJ 系列支线飞机以外,庞巴迪公司还生产 37 座的"冲"8-100/200、50 座的"冲"8-300 和 70 座的"冲"8-400;公务机方面有"利尔喷气"31A 轻型公务机、"利尔喷气"45 超轻型公务机、"利尔喷气"55/60 中型公务机和加空"挑战者"604 以及超远程"环球快车"飞机等。

截至 2009 年 5 月底,我国航空公司共拥有 CRJ 系列飞机 20 架,其中东方航空 5 架,上海航空 5 架,山东航空 7 架,华夏航空 3 架。

2. ATR 公司的 ATR 飞机

ATR 系列飞机属于双发涡轮螺旋桨支线飞机,由法意合资的区域运输机公司研制生产,见图 1.27。ATR(Avions de Transport Regional)即区域运输机公司,是法文和意大利文"区域运输机"的简略语,1980 年,法、意的两公司达成协议,决定共同研制一种中、小型支线客机。由法国航宇公司和意大利阿莱尼亚公司于 1981 年 10 月联合成立,1982 年 2 月 5 日正式建立经济利益集团,总部设在法国图卢兹。

图 1.27　ATR

目前,由于乘坐舒适性及飞行速度等原因,民航飞机市场上支线客机趋向喷气化,涡桨时代已过去,许多生产涡桨式支线运输机的飞机制造公司均已停产,而 ATR 公司设计制造的 ATR 系列是少数还在研制生产的涡桨式支线运输机,目前已占据大部分涡桨式支线运输机市场。

目前,我国仅中国南方航空公司(原新疆航空公司)运营着 5 架 ATR72-210 型客机。

3. 英国宇航公司的 BAe146/RJ 飞机

英国宇航公司是英国最大的航空制造企业,也是西欧最大的航空制造企业。1963 年

民航配载与平衡

成立,1968 年取名英国飞机公司。1977 年由工党政府将英国飞机公司,毫克·西德利公司的两家子公司以及苏格兰航空公司合并,收归国有,组成国营企业,并改取现名。1981 年保守党政府颁布了"非国有化"政策,将公司 51.6% 的股份出售给私人。1985 年 5 月,英政府又将其余股份售出,使公司成为完全的私营企业。

BAe146 系列飞机是英国宇航公司研制的一种四发涡扇式短程运输机,见图 1.28。1983 年开始交付使用,于 1993 年停产,共生产 221 架。英国宇航公司在 BAe146 基础上进行了改进,提高经济性、乘坐舒适性,研制生产 RJ 支线喷气客机用来取代 BAe146,于1992 年开始交付使用,目前部分型号还在生产中。

我国内地民航从 1986 年开始引进 BAe146 型客机,共引进 10 架 BAe146-100;1992 年开始引进 8 架 BAe146-300。后来,由于未安装防撞系统等原因,国内 BAe146-100 型客机在 2003 年陆续停场退出运营;又由于机队调整、运营成本较高、航材保障不足等原因,国内 BAe146-300 型客机也在 2005 年陆续退出运营。

4. 波音公司的 B717 飞机

B717 是波音公司的 100 座级短程双发喷气式客机,见图 1.29。B717 的前身是美国原麦克唐纳·道格拉斯公司的 MD-95。波音与麦道公司合并后,波音公司保留了该项目计划,以完善波音民机产品系列,并借此进入日益扩大的 100 座级客机市场。

图 1.28 BAe146   图 1.29 B717

B717 飞机是专为短程客运市场而设计的,与同级别 100 座喷气客机(如 B737-600 和A318)有所不同,B717 主要用于短程高频率的航线,具有许多支线飞机的特性。B717 结构简单、重量轻,B717 的机身比空中客车 A318 轻 7650 千克,B717 飞机不需要长跑道和大型空港设备,它自带客梯和货物装卸系统(选装设备),不需要地面支援设备,加油时也不用升降机和梯子。快捷的过站能力使航空公司可以在不到 30 分钟的时间内完成回程准备,这正是短程航班所需要的,很适合日益发展的支线航空市场。B717 在外观上保留了麦道飞机 T 型尾翼和尾装发动机的特点,继承了麦道飞机机体坚固耐用的特点,并在设计上进行了较大的改进,达到了降低成本、提高可靠性的目的。

1995 年 B717 接到第一张订单,1998 年 9 月 2 日首次飞行,1999 年 9 月 1 日美国联邦航空局(FAA)和欧洲联合航空局(JAA)同时为 B717 颁发了型号许可证,1999 年 9 月正式投入运营服务。2006 年 5 月 B717 停产。2006 年最后一架 B717 客机出厂,B717 生产数量为 156 架。

B717 退出市场原因:第一是面对来自庞巴迪宇航公司与巴西航空工业公司的竞争,B717 销售业绩低迷;第二是 B717 与波音其他机型并没有共通性,尽管 B717 的操作成本比 A318 低,但航空公司仍认为机队中机型的共通性,可以省下更多的成本。

目前,中国还没有航空公司拥有 B717 飞机。

5. 巴西航空工业公司的 ERJ 飞机

巴西航空工业公司是巴西最大的航空工业制造商,全世界第四大民用飞机制造者,也是世界主要的支线客机制造商之一。

1969 年,巴西政府决定组建一家公司专门负责开发和生产国家所需要的各种军用和民用飞机。同年 8 月 19 日成立巴西航空工业公司。公司成立后,巴西政府对其采取了许多优惠和扶持政策,同时限制外国飞机进入巴西市场,使巴航公司的产品逐步占据了其国内市场,进而又开始出口。ERJ145 系列飞机是巴西航空工业公司参与世界支线客机市场竞争的主导产品,见图 1.30。

截至 2009 年 5 月底,我国航空公司共运营着 47 架 ERJ 系列飞机。其中四川航空公司 3 架,中国南方航空 6 架,中国东方航空 10 架,海南航空 22 架,鲲鹏航空 4 架,东北航空 2 架。

6. 西安飞机工业公司的新舟飞机

新舟 60 飞机(英文名称 Modern Ark 60,英文缩写为"MA60")是中国航空工业第一集团公司下属西安飞机工业(集团)公司在运-7 运输机的基础上研制、生产的 50～60 座级双涡轮螺旋桨支线飞机,见图 1.31。

图 1.30　ERJ145　　　　　　　　　　图 1.31　新舟 60

新舟 60 飞机是中国首次按照与国际标准接轨的中国民航适航条例 CCAR-25 部进行设计、生产和试飞验证的飞机,在安全性、舒适性、维护性等方面达到或接近世界同类飞机的水平。新舟 60 飞机价格为国外同类飞机的 2/3,直接使用成本比国外同类飞机低 10%～20%。新舟 60 的改进机型新舟 600 于 2008 年首飞。

截至 2009 年 5 月底,我国仅奥凯航空公司购买 1 架新舟 60,西安飞机工业公司生产的其余新舟系列飞机主要销往刚果、赞比亚、老挝、印度尼西亚、菲律宾、玻利维亚等国的航空公司。

7. 中航商用飞机公司的 ARJ21 飞机

中航商用飞机有限公司,简称"一航商飞",成立于 2002 年 9 月,是我国唯一的以民用飞机研制和开发为宗旨的有限责任公司。一航商飞由中国航空工业第一集团公司等15 家企事业单位本着"共同投资、共担风险、利益共享"的原则组建,总部设在上海。

ARJ21 是中航商用飞机有限公司研制的双发动机支线客机,见图 1.32。ARJ21 是英文名称"Advanced Regional Jet for the 21st Century"的缩写,意为 21 世纪新一代支线喷气式客机。ARJ21 通过公开征集中文名字而得名——翔凤。

ARJ21 飞机是 70~90 座级的中、短航程涡扇发动机支线客机,拥有基本型、加长型、货机和公务机四种容量不同的机型。

ARJ21 飞机是中国第一次完全自主设计并制造的支线客机。采用"异地设计、异地制造"的全新运作机制和管理模式。

ARJ21 飞机项目于 2002 年 4 月正式立项,2002 年 9 月,新成立的中航商用飞机有限公司负责运作 ARJ21 项目。起初该机型由中航商用飞机有限公司工程部总体设计。2003 年转至中国一航第一飞机设计研究院负责初步设计和详细设计工作。2003 年 12 月 ARJ21-700 分别在成都、沈阳、西安和上海四家工厂同时开工进行零件制造。2007 年 12 月 21 日 ARJ21-700 在上海飞机制造厂总装下线。2008 年 11 月 28 日首架 ARJ21-700 飞机在上海飞机制造厂试飞,首次飞行 62 分钟后降落,取得成功。

图 1.32　ARJ21

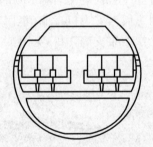

图 1.33　窄体飞机机舱截面图

1.3.3　窄体机/宽体机

1. 窄体机

窄体机的机身宽约 3 米,旅客座位之间只有 1 条走廊,这类飞机下货舱往往只装运散货。窄体飞机机舱截面见图 1.33。

常见的窄体机包括:波音公司的 B707、B717、B727、B737 和 B757;空客公司的 A320
系列以及所有的支线飞机。

2．宽体机

宽体机的机身较宽,客舱内至少有 2 条走廊,3 排座椅,机身宽一般在 4.72 米以上,
这类飞机下货舱可以装运集装货物和散货。宽体飞机机舱截面见图 1.34。

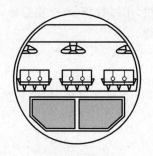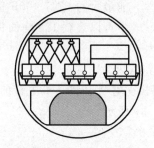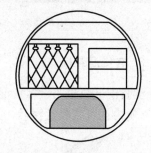

图 1.34 宽体飞机机舱截面图

常见的宽体机包括:波音公司的 B747、B767、B777 和 B787;空客公司的 A300、
A310、A330、A340、A350 和 A380。

1.3.4 全客机/全货机/客货混装机

一般飞机主要分为两种舱位:主舱(main deck)、下舱(lower deck),有些机型飞机,
如 B747、A380,分为三种舱位:上舱(upper deck)、主舱和下舱,见图 1.35。

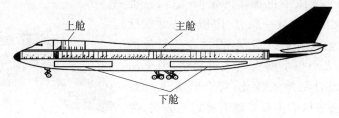

图 1.35 飞机的舱位结构图

1．全客机

飞机上舱、主舱完全是客舱,仅在下舱也就是腹舱装载货物。

2．全货机

飞机上舱、主舱及下舱全部载货。许多干线飞机都有专门的货机型号,全货机以在

图 1.36　飞机货舱

飞机型号的结尾加字母 F 识别。如 B747-400F、B757-200F、A300-600F、A330-200F 等，都是全货机。全货机一般设计为集装设备型的货舱，见图 1.36，飞机货舱底部一般均设置滚轴及固定系统，可以放置集装板和集装箱。例如，A300-600F 货机可以装载 50 吨的货物，可放 21 个集装板或 23 个集装箱。目前最大的 B747-400F 货机，可以放下 39 个集装板，最多可以装载 120 吨的货物。

3. 客货混装机

客货混装机也叫做客货混用机。客货混装飞机主舱前部设有旅客座椅，后部装载货物，下舱内也可装载货物，如图 1.37 所示。

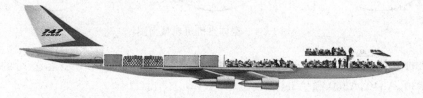

图 1.37　B747 客货混装机

1.3.5　公务机

与干线飞机和支线飞机提供的定期飞行、包机飞行不同，公务飞机是按某一旅客、团体的特殊旅行需求，专为他/他们设计航线班期，提供专门服务的飞机。公务飞机大小与小型支线飞机相仿，但更加舒适豪华，舱内设计更加人性化，符合公务飞行要求，见图 1.38。公务机的主要厂商有庞巴迪公司、湾流航宇公司、雷神公司、赛斯纳飞机制造公司、达索飞机制造公司等。

图 1.38　公务机客舱

1.4　超音速飞机

20 世纪 50 年代，喷气发动机、后掠翼等技术的应用，战斗机已经实现了超音速和二倍音速飞行。当喷气式客机趋于成熟后，人们又把注意力放到超音速客机上，美、苏、英、

法等国纷纷开始探索研制超音速大型飞机。经过了近20年的努力,只有英法联合研制的
"协和"飞机和苏联研制的Tu-144客机是超音速民航客机。

1956年至1961年,英、法两国分别进行超音速客机研究,由于研制费用高,加上两国
方案相近,1962年,英法两国签署了一个政府合作协议。在这个协议上提出了SST计划
(Supersonic Transport Program)即超音速运输计划。"协和"超音速客机就是SST计划
的产物。由英法两国政府平摊巨额研制费。1963年1月,当时的法国总统戴高乐亲自将
这一研制计划命名为"协和"。

"协和"飞机于1969年年初试飞,1975年年底取得两国适航合格证后开始投入使用,
是目前世界上唯一的实际服役过的民用超音速豪华客机,主要用于欧洲大陆到美国之间
的商务飞行。

"协和"飞机安装4台"奥林帕斯"593MK610涡
喷发动机,单台推力169.32kN。采用无尾布局,细
长三角翼,机翼前缘为S形,机身细长,见图1.39。
这样既可以获得很高的低速大攻角升力,有利于起
降,又可以获得低的超音速波阻,有利于超音速飞
行。同时为了改善起降视野,机头设计成可下垂式,
在起降时下垂一定的角度,巡航时则转到正常状态。

图1.39 "协和"飞机

由于"协和"飞机设计于20世纪60年代,所使用的技术只能代表50年代末和60年
代初的水平,所以存在着两个重大的缺点:一个是经济性差。"协和"式飞机一次可满载
95.6吨的燃油,可每小时却要消耗掉20.5吨,耗油率较高。最大油量航程7000多千米,
最大载重航程5000千米,由于"协和"飞机航程较短,也就是说它只能勉强横跨大西洋飞
行,而不能横跨太平洋飞行,这就限制了它的使用范围。"协和"飞机标准客座为100,最
大客座为140,载客量偏小,运营成本较高。从而降低了它的经济性。英法两国的航空公
司在"协和"飞机的运营上曾每年亏损4000~5000万美元。二是起落噪声太大,致使世界
上绝大部分国家都不让它起落;而且由于超音速飞行产生的音爆,被限制不得在大陆上
空进行超音速飞行。然而从20世纪80年代起,拥有"协和"飞机的两国航空公司改变其
经营策略,使其成为民航客运市场中超豪华的象征,超音速飞机营运又被行内人士看好。

全世界一共有12架"协和"客机,其中法国航空公司有5架,英航有7架。2000年
7月25日下午法国航空公司一架"协和"超音速客机在巴黎戴高乐机场附近坠毁,这是
"协和"超音速客机自1969年首航以来第一次出现坠机事故,造成机上113名乘客和机组
人员全部遇难。英航和法航为此不得不宣布停止这种飞机的所有商业飞行。英、法两家
航空公司下大力气对"协和"式飞机的安全设施进行了改进后恢复了营运飞行。随后,随
着世界经济不景气和航空业普遍萧条,"协和"飞机出于商业原因,于2003年10月24日
宣布退出飞行。这款曾在世界航空界显赫一时的飞机走过了它27年的光辉历程。

Tu-144 是苏联图波列夫航空科学技术联合体研制的超音速客机,采用 4 台库兹涅佐夫 HK-144 涡扇发动机,单台推力 127.5kN。总体布局非常类似于英、法联合研制的"协和"号超音速客机。所不同的是"协和"号采用 S 形前缘三角翼,而 Tu-144 采用的是双三角翼;而且 Tu-144 的机头两侧装有细条状的前翼,在起飞和着陆时使用,而"协和"上没有这样的装置。Tu-144 从 1962 年开始研制,1968 年 12 月 31 日原型机首飞,由于一些严重的技术问题一直未得到解决,以及后来的一些严重事故,Tu-144 只做了短暂的客运飞行,从技术和商业上说,Tu-144 都是不成功的。

"协和"超音速飞机的遭遇也进一步说明了民航飞机的设计必须满足民航运输的需要,民航飞机有别于战斗机。最好的民航飞机必是兼顾安全和效益,最适合航线市场需求,经济效益最好的飞机。因此,现在民航飞机已经从单纯追求飞机卓越的技术发性能阶段发展到适应市场需求的全系列、多用途机型的时期。

本 章 小 结

飞机是最主要的、应用范围最广的航空器。1903 年第一架飞机诞生,随后两次世界大战进一步推动飞机工业的发展。第一次世界大战后出现了全金属飞机,形成了现代民航飞机的雏形;第二次世界大战后,出现了现代喷气式民航飞机。现代民航飞机按照座位级可以分为干线机和支线机;按照机身的宽窄可以分为宽体机、窄体机;按照用途可以分为全客机、客货混装机、全货机和公务机。超音速飞机的发展历程说明了最好的民航飞机必是兼顾安全和效益,最适合航线市场需求,经济效益最好的飞机。

复习与思考

1. 莱特兄弟发明的飞机成功地解决了什么问题?
2. 两次世界大战对民航业发展产生了什么影响?
3. 现代民航飞机的特征和要求是什么?
4. 干线机、支线机、公务机主要的区别是什么?
5. "协和"飞机为什么不为市场所接受?

阅读

空客 VS 波音:"押大"与"押小"理念战略对决

面对 21 世纪民航客机市场趋势,波音和空客发生了一个被业界称为"押大"还是"押小"的理念之争。这种理念反映在产品研发上,波音"押小"计划推出载客量为 250 人的 B787,着重在效率;而空客则"押大",研发最大载客量为 840 人的 A380,着重在运载量。我们通过两大公司在产品市场层面上的竞争看到它们对航空市场在战略上的不同理解。

波音预测,大型客机的市场需求在走下坡路。B747 的销售走势也可以印证这一预测。从 1970 年 B747 面世以来,30 多年时间里,B747 的销量达 1400 架,但 2004 年却只售出 15 架。问题的另一面是,比 B747 更大、载客量更多的 A380 却受到市场的热烈追捧。该如何解读这种似乎相反的现象呢?是波音对全球飞机市场的走势误判,还是由于 B747 机型老化,无法激起各航空公司的购买欲望呢?

波音与空客在产品层面上"押大"、"押小"的竞争战略,原因在于它们对未来市场的不同理解。

在波音看来,传统的民航营运模式是中心(枢纽)对中心(枢纽)。举例来说,我在广州,要到洛杉矶去出差,但中国飞美国的国际航班只有北京首都机场有,且该航班只飞纽约。于是,我的旅行线路就不得不特别复杂:我必须坐国内航班从广州飞北京,转国际航班飞纽约,再转美国国内航班飞洛杉矶。

这种航线图不是笑话,早期的民航服务就是循着这种模式运营的。这种营运模式,对航空公司的运作与管理非常方便,可以用大飞机跑干线、热线,用小飞机飞支线。但对旅行者来说,旅途却不胜劳苦。随着航空公司的竞争越来越激烈,旅客的需求越来越得到重视,结果是航线越开越多。比如:广州—洛杉矶、上海—旧金山……航线越开越多,营运模式就从传统的中心对中心,转变成以直飞为主的"点对点"模式。中心的辐射功能则处于不断弱化的过程中。

波音长期做行业老大,自然要对这种演变趋势给予关注。一旦认定这种趋势是不可逆的,波音自然把研发目标指向适合于点对点飞行的中型飞机上。B787 大量采用合成材料做机身,更轻更坚固,所以油耗更低,效率也更高。

空客长期处于市场挑战者位置,采用的是一种赶超策略。它所关注的,更多的不是长期趋势,而是竞争者的动向。这可以解释,为什么空客在大型机 A380 对 B747 取得优势之后,又针对波音主打产品 B787,迅速报以中型机 A350 研发计划。

虽然波音在与空客竞争在民航市场上处于下风。但是,波音的财务报告却仍然非常稳健。波音 2004 年的营业收入仍比上年上升 4%,达到了 525 亿美元;净盈余为 19 亿美元,合每股 2.30 美元。波音的业务结构具有较强的抗风险能力。除了民航飞机外,它的防务、航天及电子业务都是世界顶级水平。它的无人驾驶作战飞机和精确制导炸弹在美国国防部的采购清单上占有重要位置。20 世纪 90 年代对洛克维尔和休斯电子的兼并,使得波音成为空间宇航和空中互联网业务中最主要的供应商和营运商,而这些领域的利润率要远远高于民航机制造业务。民航业务由于竞争激烈,资本获利率只有 10%。

反观空客,业务结构比较单一,抗风险能力比较弱。而赶超战略迫使它动用全部资源来争夺行业领导地位。虽然没有空客财务报告的数据，但是根据航空企业的历史经验，空客为市场份额而所做的研发一定是在透支未来的利润乃至营收。

今天的波音和空客都习惯于对外界谈论它们的优秀产品及其卓越性能，而很少谈及一个新机型的诞生所耗费的研发投资。1952 年一直生产轰炸机的波音公司开始研发、制造 B707 民航飞机时，当时的波音董事长艾伦非常郑重地说："公司将为此耗费过去 5 年平均税后纯利润的 3 倍。"艾伦的说法，大概可以说明飞机制造商面临的研发成本问题有多沉重。一个新机型需要耗费数十亿乃至上百亿美元的持续投入。民航飞机行业是个只能赢，不能输，也输不起的行业。

A380 的前期投资要收回，需要卖出约 350 架至 400 架，销售金额约 1000 亿美元。空客对波音在整个民航产品线上的全面赶超战略，会使空客在资金链上变得非常脆弱。这是今天的空客在享受市场份额上升的喜悦时，所必须极端警惕的。

民航飞机行业做过许多错误的尝试，超音速的"协和"客机已经彻底退役。而波音也曾经在投资研发超音速客机之后宣布放弃。民航机要突破音障，在技术上不是难题，但民航界已有的共识是——"速度不经济"。

超大型飞机的市场前景最终取决于上座率。而空客 A380 的订单还没有最终证实 500 座以上的超大型客机"规模就一定经济"。

资料来源：朱志励.空客 VS 波音："押大"与"押小"理念战略对决.中国经营报,2006.4.1

思考题

2007 年，中国大飞机项目正式立项，2008 年 5 月，中国商用飞机有限责任公司在上海揭牌成立，标志着中国的"大飞机"研制工作开始实质性启动。作为大型民航飞机市场的新进入者，中国应该如何定位自己的飞机产品，并处理好与空客、波音公司的既竞争又合作的关系？

第2章

飞机的基本组成及其功能

本章关键词

机身（fuselage）　　　　　　　　机翼（wing）

尾翼（tail）　　　　　　　　　　起落架（landing gear）

动力装置（power plant）　　　　飞行控制系统（flight control systems）

飞行操纵系统（flight operate systems）　液压传动系统（hydraulic systems）

电气系统（electrical systems）　　燃油系统（fuel systems）

座舱环境控制系统（cabin environmental control systems）

氧气系统（oxygen systems）　　机载设备（airborne equipment）

飞行记录器（flight recorder）

互联网资料

http://www.carnoc.com　　　　http://www.airacm.com

http://www.minhang.com　　　http://www.xmyzl.com

　　飞机是一个庞大而复杂的系统，是人类制造的最复杂的高技术产品之一。飞机自诞生以来，结构形式虽然在不断变化，飞机类型也不断增多，但飞机的基本组成都包括飞机的机体、机载系统和机载装备。

2.1　飞机机体结构

　　到目前为止，除了极少数特殊形式的飞机之外，大多数飞机机体结构是由机身、机翼、尾翼、起落架和动力装置组成，如图2.1所示。

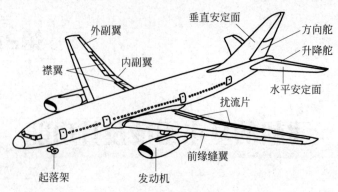

图 2.1　飞机机体结构

2.1.1　机身

机身是飞机的一个重要部件,主要用于装载和传力。它的主要功用为:

第一,安置空勤人员、乘客、装载燃油、武器、设备和货物等。

第二,把机翼、尾翼、起落架及发动机连接在一起,形成一架完整的飞机。

一架飞机的载运能力取决于它的结构强度。飞机上的地板都是在支撑梁构成的网上镶嵌地板而形成的。支撑梁网络是由每一根骨架引出的横梁与前后纵梁交叉在一起组成的。这样地板上承受的旅客、货物等的重量就转移到主机身结构上去了。机身结构再把重量转移到机翼上。当空气作用于机翼上的升力大于机翼的负荷,飞机就飞起来了。

从空气动力学角度看,机身并不是必要的。如果机翼很大,能将所有设备和乘员都装入其内,那么可以取消机身。这样的飞机称为飞翼。但目前民航飞机上,机身依然是机体的主要组成部分。

2.1.2　机翼

机翼是飞机的重要部件之一,安装在机身上。其最主要作用是产生升力,以支持飞机在空中飞行,也起一定的稳定和操纵作用。在机翼上一般安装有副翼、襟翼和扰流片。有的飞机机翼上还装有前缘缝翼、小翼等装置。

1. 副翼

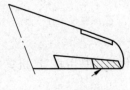

图 2.2　正常副翼的位置

副翼是用于飞机横向操纵的翼面,一般安装于机翼的外侧,见图 2.2。其本身外形是一块比较狭而长的翼面,翼展长而翼弦短。副翼的翼展一般约占整个机翼翼展的 1/6 至 1/5,其翼弦占整个机翼弦长的 1/5 至 1/4。

除了一般副翼以外,目前常见的副翼有:

(1) 内侧副翼。目前有些高速飞机把副翼从机翼外侧移向靠近机身的内侧,这种副翼叫做内侧副翼。这是因为机翼根部的抗扭刚度较大,把副翼移动到机翼内侧,可以减小副翼偏转时所引起的机翼扭转变形,改善副翼的操纵性能,提高飞机横侧操纵力,更好地满足飞机高速飞行的要求。但由于内侧副翼占据了襟翼的位置,所以在采用内侧副翼时应该采用其他的更有效的增升装置。如喷气襟翼和前缘襟翼等。

(2) 混合副翼。这种副翼分成内外两块,多用在跨音速或超音速飞机上。在低速飞行时,使用外侧副翼操纵;高速飞行时,则把外侧副翼锁在中立位置,而使用内侧副翼。采用混合副翼不但可以提高副翼的操纵效率,还可以改进飞机在不同速度范围内的操纵特性。

(3) 升降副翼。有些飞机由于安装操纵面的地方相对较小,往往把副翼与其他操纵面合在一起,使它起两种作用。例如,某些没有水平尾翼的三角翼飞机,其机翼后缘上需要安装操纵面的地方过挤,于是就把升降舵和副翼合并起来。它既可同时向上或向下偏转,当作升降舵使用,又可以一上一下当作副翼使用。这就是升降副翼。

(4) 襟副翼。这是一种把襟翼和副翼合并在一起的操纵面,常常使用在某些高速飞机上,当它向下偏转时能够起襟翼的作用,因此称为襟副翼。此外,在某些低速飞机上装有一般的后缘襟翼,其副翼也能同襟翼一道向下偏转,以提高增升作用。这种副翼也叫"襟副翼",但其性质与高速飞机上的襟副翼有所不同。

(5) 翼尖副翼。翼尖副翼就是将翼尖做成全动式的,整个翼尖可绕沿着翼展方向的轴线偏转。两边机翼上的翼尖副翼的偏转方向相反,即一边的前缘向上,另一边的则向下,就能够起到增大一边机翼举力,减小另一边机翼举力的作用。这样便可以达到使飞机倾侧的目的。在超音速飞行时,这种装置可以提高副翼的操纵性能。但在亚音速飞行时,相同面积下却比不上正常副翼的操纵效果。此外由于超音速机翼的翼尖很薄,结构布置相当困难,因此翼尖副翼使用不多。

2. 襟翼

在机翼上安装襟翼可以增加机翼面积,提高机翼的升力系数。襟翼的种类很多,常用的有简单襟翼、分裂襟翼、开缝襟翼和后退襟翼。一般的襟翼均位于机翼后缘,靠近机身,在副翼的内侧。当襟翼下放时,升力增大,同时阻力也增大,因此一般用于起飞和着陆阶段,以便获得较大的升力,减少起飞和着陆滑跑距离。

(1) 简单襟翼:简单襟翼的形状与副翼相似,其构造比较简单,见图2.3。简单襟翼在不偏转时形成机翼后缘的一部分,当向下偏转时,相当于增大了机翼翼型的弯度,从而使升力增大。当它在着陆偏转 $50°\sim60°$ 时,能使升力系数增大 $65\%\sim75\%$。

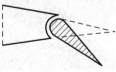

图 2.3　简单襟翼

(2) 分裂襟翼:也称为开裂襟翼,见图2.4,像一块薄板,紧

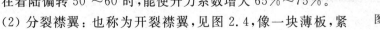

贴于机翼后缘下表面并形成机翼的一部分。使用时放下(即向下旋转),在后缘与机翼之间形成一个低压区,对机翼上表面的气流有吸引作用,使气流流速增大,从而增大了机翼上下表面的压强差,使升力增大。除此之外,襟翼下放后,增大了机翼翼型的弯度,同样可提高升力。这种襟翼一般可把机翼的升力系数提高 $75\%\sim85\%$。

(3) 开缝襟翼:它是在简单襟翼的基础上改进而成的,见图 2.5。除了起简单襟翼的作用外,还具有类似于前缘缝翼的作用,因为在开缝襟翼与机翼之间有一道缝隙,下面的高压气流通过这道缝隙以高速流向上面,延缓气流分离,从而达到增大升力的目的。开缝襟翼的增升效果较好,可以增加升力系数 $85\%\sim95\%$。

(4) 后退襟翼:后退襟翼在下放前是机翼后缘的一部分,当其下放时,一边向下偏转一边向后移动,既加大了机翼翼型的弯度,又增大了机翼面积,从而使升力增大,见图 2.6。此外它还有开裂襟翼的效果。这种襟翼的增升效果比前三种的增升效果都好,一般可使翼型的升力系数增加 $110\%\sim140\%$。

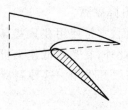 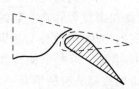 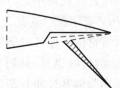

图 2.4　分裂襟翼　　　　图 2.5　开缝襟翼　　　　图 2.6　后退襟翼

(5) 特殊襟翼

除了常用的简单襟翼、开裂襟翼、开缝襟翼和后退襟翼等均位于机翼后缘的后缘襟翼以外,还有一些与普通后缘襟翼构造有差别的特殊襟翼,如位于机翼前缘的前缘襟翼与克鲁格襟翼,以及能够在机翼上引入发动机的喷气流,改变空气在机翼上的流动状态的喷气襟翼。

3. 扰流片

扰流片一般安装在机翼的上表面,由液压驱动的。当它打开时可以起到增加阻力,减少升力的作用,也叫做减速板,见图 2.7。扰流片可以阻止机翼周围的气流。

图 2.7　扰流片示意图

4. 前缘缝翼

前缘缝翼是安装在基本机翼前缘的一段或者几段狭长小翼,是靠增大翼型弯度来获得升力增加的一种增升装置。前缘缝翼的工作原理如图 2.8 所示。

前缘缝翼打开时，气流分离被推迟

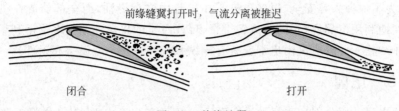

闭合　　　　　　　　　打开

图2.8 前缘缝翼

在前缘缝翼闭合时（即相当于没有安装前缘缝翼），随着迎角的增大，机翼上表面的分离区逐渐向前移，当迎角增大到临界迎角时，机翼的升力系数急剧下降，机翼失速。当前缘缝翼打开时，它与基本机翼前缘表面形成一道缝隙，下翼面压强较高的气流通过这道缝隙得到加速而流向上翼面，增大了上翼面附面层中气流的速度，降低了压强，消除了这里的分离旋涡，从而延缓了气流分离，避免了大迎角下的失速，使得升力系数提高。因此，前缘缝翼的作用主要有两个：一是延缓了机翼上的气流分离，提高了飞机的临界迎角，使得飞机在更大的迎角下才会发生失速；二是增大机翼的升力系数。其中增大临界迎角是主要的作用。这种装置在大迎角下，特别是接近或超过基本机翼的临界迎角时才使用，因为只有在这种情况下，机翼上才会产生气流分离。

5. 小翼

小翼是装在飞机机翼梢部的一组直立的小翼面，用来减小机翼诱导阻力，见图2.9。有单上小翼、上下小翼等多种形式的翼梢小翼。单上小翼由于结构简单而使用较多。飞机的诱导阻力约占巡航阻力的40%。降低诱导阻力对提高巡航经济性具有重要意义。机翼的展弦比越大，诱导阻力越小。但过分大的展弦比会使机翼太重，因而增大机翼展弦比有一定限度。在翼梢简单

图2.9 小翼示意图

地加装垂直端板也能减小诱导阻力，但效果并不理想。20世纪70年代中期，美国R.T.惠特科姆最先提出翼梢小翼的概念，一系列的试验证实了它的减阻效果。翼梢小翼除作为翼梢端板能起到增加机翼有效展弦比的作用外，还由于其利用机翼翼梢气流的偏斜而产生的"拉力效应"能减小诱导阻力。风洞实验和飞行试验结果表明，翼梢小翼能使全机诱导阻力减小20%～35%，相当于升阻比提高7%。翼梢小翼作为提高飞行经济性、节省燃油的一种先进空气动力设计措施，已经开始在一些民航运输机上采用。

飞机机翼上除了安装副翼、襟翼、扰流片、前缘缝翼、小翼等装置外，还可安装发动机、起落架和油箱等其他部件。现代军事机往往在机翼下布置多种外挂，如副油箱和导弹、炸弹等军械设备。机翼内部空间常用来收藏主起落架或其他部分结构和储放燃油。特别是

民用飞机,为了保证乘客安全,很多飞机不在机身内贮存燃油,而全部储放在机翼内。为了最大限度地利用机翼容积,同时减轻重量,现代飞机的机翼油箱大多采用利用机翼结构构成的整体油箱。此外机翼内也常安装有操纵系统和一些小型设备和附件。

2.1.3　尾翼

尾翼的主要功用是保证飞机的纵向和方向的平衡与稳定性,以及实施对飞机的纵向和方向的操纵。一般飞机的尾翼由水平尾翼(简称平尾)和垂直尾翼(简称垂尾)两部分组成。

正常式水平尾翼(如低速飞机、亚音速飞机)包括固定的水平安定面和可动的升降舵。升降舵的上下偏转改变水平尾翼上的升力大小,分别使飞机转入上升或下降飞行。超音速飞机为了改善在高速飞行中的纵向操纵性,大多采用全动水平尾翼,此时水平尾翼是一个可操纵的整体活动面。

垂直尾翼包括固定的垂直安定面和可动的方向舵。方向舵的左右偏转改变垂直尾翼上侧力的大小,使飞机向左或向右偏转。

2.1.4　起落架

飞机起落架是供飞机在地面或水面上起飞、降落、滑跑和停放时使用的。对于陆上飞机常用的是轮式起落架。水上飞机的起落架采用浮筒式设计,由装于浮筒下的水中舵面进行方向控制。

1. 轮式起落架形式

现代民航飞机的起落架是轮式起落架,常见的轮式起落架形式有三种:后三点式、前三点式和自行车式。

(1) 后三点式

后三点式起落架是两个主轮在前面,一个尾轮在后面。后三点式结构简单,尺寸、质量较小,特别适合于在装有活塞式发动机的低速飞机上使用。尤其是单发活塞式发动机飞机,可以使机头的螺旋桨保持较高的离地距离。但这种起落架由于地面运行不稳定、着陆操纵困难等因素,不能用于高速的喷气式飞机。

(2) 前三点式

前三点式起落架是两组主轮在后面,一组小轮在前面,这是目前喷气式飞机用得最多的一种形式,大型螺旋桨飞机亦多采用。与后三点式起落架相比,这种布置的优点是可以缩短起降距离,刹车效率高;另外地面操纵性和滑行稳定性及驾驶员视界都好。其缺点是构造复杂,尺寸较大,前轮较重并存在摆振问题,收藏较难。这是目前使用最广泛的起落架形式。

（3）自行车式

自行车式起落架是两组主轮安装在机身前后位置，机翼上装有两个辅助支持轮。这种起落架形式适用于当机翼很薄或位置较高时，机轮不易收藏在机翼内，同时机身空间相对较大，收藏容易的情况。其缺点是低速滑行时飞机容易向两侧倾倒。这种形式的起落架用得较少。

对于大型飞机，常采用多轮小车式起落架或多支点式起落架。例如 A380、B747 飞机。

2. 轮式起落架结构

轮式起落架主要由受力结构、减振器、机轮、刹车和收放机构组成。由于起落架要承受飞机停放和滑跑时的质量，还要承受着陆时的冲击，因此，对受力结构的强度要求很高，这也造成起落架结构尺寸和质量都比较大。为了减小着陆时的冲击载荷，现代飞机的起落架都装有吸收冲击能量的减振装置。

机轮在空中可收起来的设计称为可收放式起落架。不能收起来的称为固定式起落架。因为在飞行中起落架完全无用，暴露在气流中会造成很大的阻力，所以现代飞机的起落架多是可收放的。虽然收放式起落架构造复杂、质量大、成本高，但在提高飞行速度和经济性方面所获得的好处，仍然大于其缺点。

起落架刹车装置的功用主要是缩短飞机着陆滑跑距离，有的飞机能够缩短 50% 的滑跑距离。刹车装置的另一个功用是在地面上滑行时可以利用两个机轮不同的刹车力矩，使飞机在地面上转弯，提高地面机动性。在正常工作时，两个机轮的刹车作用应相等，刹车的作用力应均匀。

除了以上所述的，存起落架系统中还有一种装置，叫做前轮纠偏装置（或称中立机构）。由于前轮在地面滑行时要左右偏转，故它不能定位锁死，而在离地收起或着陆放下时，很可能偏转而不在中立位置，这就会妨碍正常收起和放下。中立机构的功能就是保证前轮收起或放下时正对前方而不左右偏斜。

2.1.5　动力装置

飞机动力装置主要用来产生拉力或推力，从而使飞机能够在空中以规定的速度飞行。动力装置由发动机、推进剂或燃料系统以及保证发动机正常有效工作所需要的导管、附件、仪表和飞机上的固定装置等组成。动力装置的核心部件是发动机，所以通常用发动机指代动力装置。

飞机上采用的发动机类型可以分为两大类，一类为活塞式发动机，广泛地应用于小型训练飞机中。这种构型的发动机中，气体的燃烧和扩张推动缸里的活塞做往复运动，往复运动被连杆和曲轴转化成旋转运动，通过齿轮变速或直接带动螺旋桨产生拉力。另外一类为涡轮喷气发动机,它用在大型、高速的民航客机和军用飞机中。这种构型中,气体被连续地压缩、燃烧并扩张,驱动涡轮旋转并向后喷出,产生推力。在涡轮喷气发动机的基础上,又衍生出涡轮螺桨发动机、涡轮轴发动机和涡轮风扇发动机。

发动机带动的发电机为飞机上用电设备提供电源,从发动机引入的高压热气流可用于座舱加温或空调系统。

2.2 机载系统

2.2.1 飞行控制系统

飞行控制系统分为人工飞行控制系统和自动飞行控制系统两大类。由驾驶员通过对驾驶杆和脚蹬的操纵实现控制任务的系统,称为人工飞行控制系统。不依赖于驾驶员操纵驾驶杆和脚蹬指令而自动完成控制任务的飞控系统,称为自动飞行控制系统。

1. 人工飞行控制系统

人工飞行控制系统由控制与显示装置、传感器、飞控计算机、作动器、自测试装置、信息传输链及接口装置等组成。控制及显示装置是驾驶员输入飞行控制指令和获取飞行控制系统状态信息的设备,包括驾驶杆、脚蹬、油门杆、控制面板、专用指示灯盘和电子显示器(多功能显示器、平视显示器等)。传感器为飞行控制系统提供飞机运动参数(航向角、姿态角、角速度、位置、速度、加速度等)、大气数据以及相关机载分系统(如起落架、机轮、液压源、电源、燃油系统等)状态的信息,用于控制、导引和模态转换。飞控计算机是飞行控制系统的"大脑",用来完成控制逻辑判断、控制和导引计算、系统管理并输出控制指令和系统状态显示信息。作动器是飞控系统的执行机构,用来按飞控计算机指令驱动飞机的各种舵面、油门杆、喷管、机轮等,以产生控制飞机运动的力和力矩。自测试装置用于飞行前、飞行中、飞行后和地面维护时对系统进行自动监测,以确定系统工作是否正常并判断出现故障的位置。信息传输链用于系统各部件之间传输信息。常用的传输链有电缆、光缆和数据总线。接口装置用于飞控系统和其他机载系统之间的连接,不同的连接情况可以有多种不同的接口形式。

2. 自动飞行控制系统

自动飞行控制系统由自动驾驶仪、自动油门杆系统、自动导航系统、自动进场系统和自动着陆系统等构成。

(1) 自动驾驶仪

顾名思义,自动驾驶仪是用来代替驾驶员操纵飞机的自动控制系统。它由控制显示面板、传感器、自动驾驶仪计算机和舵面作动器组成。自动驾驶仪的传感器信息主要来自航空电子系统的航向/姿态参考基准、高度和高度差信号。它的主要功能是航向角、姿态角的给定和保持以及飞行高度(包括气压高度和相对高度)的给定和保持。在长时间的稳定飞行(如巡航)中使用自动驾驶仪控制飞机,可以大大减轻驾驶员的工作负担。

(2) 自动油门杆系统

自动油门杆系统是一种经常与自动驾驶仪配合使用的系统。它通过驱动油门杆改变发动机推力而对飞机的飞行速度进行自动控制。系统使用的传感器信息是飞行速度信号。一般不具备独立的计算机而由自动驾驶仪计算机完成控制率计算。执行机构是油门杆作动器。自动油门杆与自动驾驶仪配合工作,可以精确控制飞机的航迹、姿态及飞行速度。这对于飞机的自动进场/着陆、自动地形跟随/回避以及四维制导飞行,都起着非常重要的作用。

(3) 自动导航系统

自动驾驶仪与导航系统交联,即构成自动导航系统。导航系统通过总线或其他装置(如飞行管理计算机)将飞机当前的位置和航向偏差信号送入自动驾驶仪计算机,由自动驾驶仪计算机形成并输出控制指令,将飞机的位置和航向调整到并保持在预先给定的航线上飞行。

(4) 自动着陆系统

着陆是飞行器航行中的一个重要阶段。着陆时,飞行员必须在很短的时间内完成许多要求很高的操作。自动着陆系统利用导引信号将飞机控制到预定航道,并沿着航道下滑和着陆。自动着陆系统能够引导飞机在夜间或不良气候条件下安全着陆。

常用的自动着陆系统有仪表着陆系统、微波着陆系统和精密进场雷达/数据链导引系统等。目前民航机场主要使用的自动着陆系统是仪表着陆系统和微波着陆系统。前者可引导飞机在Ⅰ类气象条件(水平能见度800m,决断高度60m)和Ⅱ类气象条件(水平能见度400m,决断高度30m)下着陆;后者可引导飞机在Ⅲ类气象条件(水平能见度低于200m及以下,决断高度0m)下着陆。

2.2.2 飞行操纵系统

飞行操纵系统通常可划分为主操纵系统和辅助操纵系统。主操纵系统用来操纵副翼、方向舵和升降舵,以改变或保持飞机的飞行姿态;辅助操纵系统用来操纵襟翼、缝翼、扰流板、水平安定面等活动面,以分别达到增加升力(襟翼和缝翼)、减速、扰流卸升及纵向配平等目的。

中、小型飞机的飞行主操纵系统一般属于无助力机械传动式系统,即由飞行员提供与主操纵面偏转后产生的枢轴力矩相抗衡的力矩;而辅助操纵系统则是机械传动或电动。大型飞机的飞行操纵系统通常采用液压助力操纵。

主操纵系统改变飞机的飞行姿态可通过驾驶员控制操纵机构实现。操纵机构是驾驶员手脚直接操纵的部分,可以分为手操纵机构和脚操纵机构。手操纵机构主要有驾驶盘式和驾驶杆式两种形式,大中型民航客机大多采用驾驶盘式手操纵机构。转动驾驶盘可控制副翼的偏转,前推或后拉驾驶盘可控制升降舵的偏转。脚操纵机构用于控制方向舵。驾驶员的操纵信号可通过传动机构传递到液压助力器的输入端,将信号放大,然后用于作动各舵面。通过操纵副翼、升降舵及方向舵的偏转,可以控制飞机在空中改变姿态。

2.2.3 飞机液压传动系统

飞机大型化以后,一对副翼的重量就可达 1 吨以上,驾驶员操纵控制各操纵面仅凭体力去扳动驾驶杆、踏踩脚蹬、拉动钢索使副翼或方向舵转动,那是绝对办不到的了。此时飞机上就出现了传动机构。飞机上的绝大部分传动机构采用的是液压传动系统。

液压传动系统由泵、管道、作动器、储液箱和阀门等组成。储液箱中存放着专用液体(目前多用矿物油)。泵给液体加压,然后输送到管道系统中。管道上设有各种阀门,通向飞机上各种需要液压的部件。阀门控制管道中液体的流速、压力、流动方向。管路的一端是发出力量的作动器。作动器有两类:一类是作动筒,它是一个液压缸,缸中有活塞和推杆,液体在缸内推动活塞,活塞与推杆一起向前运动,把变大的力量传出去;另一类是液压马达,它利用增压后的液体去冲击涡轮转动,输出的是旋转的轴动力。

2.2.4 飞机电气系统

飞机电气系统由供电系统和用电设备组成。其中,供电系统的作用是向机上所有用电设备提供电能,通常又可把供电系统分为发电系统和配电系统两大部分;用电设备则利用电能工作,以达到操纵舵面、照明、加温、通信等特定的目的。

1. 发电系统

发电系统又称为电源系统,其作用是在飞机上产生和变换电能。发电系统至少应包括主电源、二次电源和应急电源三部分,有时还包括辅助电源和/或备份电源。主电源是飞机上所有用电设备的能源,由发动机驱动的发电机及其控制和保护装置(如发电机控制装置)组成。二次电源是为了满足不同用电设备需要,将主电源电能变换成另一种形式或规格的电能。应急电源是一个独立电源系统。当飞机主电源在飞行过程中发生故障时,由应急电源向飞机上的重要设备供电,以保证飞机安全返航。飞机应急电源由蓄电池或应急发电机组成。应急发电机由飞机上的应急冲压空气涡轮驱动。

2. 配电系统

配电系统的作用是把发电系统所产生的电能传输和分配到分布在飞机各处的用电设

备上,并进行电力及负载管理。它由电网、配电装置和电网保护装置等组成。配电系统也可分为主配电、二次配电和应急配电三部分。主配电部分用来分配主电源和地面电源的电能,二次配电部分用来分配二次电源的电能,应急配电部分则分配应急电源的电能。应急配电部分与主配电和二次配电部分互连,当系统正常工作时应急负载由主配电和二次配电部分配电;但在主电源或主配电部分、二次电源或二次配电部分失效时,就把应急负载转换到应急电源上。

3. 用电设备

用电设备又称负载,是一些使用电能进行工作的设备。用电设备一般可归纳为以下几种:

(1) 照明设备,包括着陆灯、航行灯等外部照明系统和仪表板、机舱等的内部照明系统两大部分;

(2) 电加温设备,包括电防冰和除冰系统、民用机的厨房加热用具和客舱加热设备等;

(3) 电动机和电力作动设备,包括启动电动机、各种驱动电动机、陀螺电机和操纵舵面的电力作动器等;

(4) 控制设备和航空电子系统,包括各种飞机系统的控制器和各种航空电子设备。

2.2.5 飞机燃油系统

在现代飞机上,装满油的飞机燃油系统占飞机起飞重量的 30%～60%。飞机燃油系统的作用,首先是在飞机上储存燃油,保证在规定的飞行条件(如飞行高度、飞行姿态)下,按照要求的压力和流量连续可靠地向发动机供给燃油;其次是调整飞机重心,使飞机重心保持在允许范围之内;最后是热管理,用燃油来代替诸如液压、环境控制和发动机滑油等系统。现代飞机燃油系统由油箱、地面加油、输油、供油、放油、通气增压、防爆、油量测量和指示、空中加油等分系统组成。

2.2.6 飞机座舱环境控制系统

现代民航客机的飞行高度可达一万米以上,在此高度下外界环境不适合人的生存。座舱环境控制系统可以在各种飞行条件下,使飞机座舱内空气压力、温度、湿度、洁净度及气流速度等参数适合人体生理卫生要求,保证乘员的舒适及生命安全。座舱环境控制系统通常由气源、冷却、压力调节、温度调节和空气分配等分系统构成。在正常情况下,座舱环境控制系统从发动机等设备引出热空气,利用冷却组件产生冷空气,通过冷热空气的混合比例控制通往飞机座舱的空气温度,并通过控制座舱的排气量调节座舱的压力及压力变化率,以创造适宜的环境。

41

2.2.7　飞机氧气系统

随着飞行高度的增加,飞机乘员将面临高空缺氧的威胁。在海拔 3000～4000m 的高度长时间飞行时,缺氧症通常表现为头痛和疲倦,属于轻度缺氧;在海拔 4500m 飞行时,缺氧症表现为嗜睡、嘴唇和指甲发紫、视力和判断力下降,属于中度缺氧;在海拔 6500m 以上飞行,缺氧症表现为惊厥、丧失意识甚至死亡。因此,飞机在高空飞行时客舱必须呈密封状态,保持一定的压力和氧气,一旦客舱失密,人体将会受到严重缺氧的威胁。飞机氧气系统能够提供给乘员充足的氧气以保证安全。飞机氧气系统一般由高压氧气瓶、减压活门、氧气关断活门、氧气调节器和氧气面罩等组成。

2.3　机载设备

2.3.1　配餐室

配餐室一般位于驾驶舱和客舱之间。是乘务员工作的场所。在布局较密的客舱内,配餐室还可以设计成移动式的。在宽体客机内,配餐室还可以置于货舱内,与升降机连接,以便为机舱留出较多的空间安放座位。配餐室里面常配置有厨房设施,如烤箱、保温箱、冰箱、烧水器和烧水杯、餐车等。

2.3.2　卫生间

按照有关规定,飞机机舱内卫生间数量,应以平均每 25～50 人设置一个为原则。在飞机上,每个卫生间约占 4 个座位的空间。卫生间设计成整体的,可拆式的。卫生间主要组成部分有:梳妆台、洗脸池、镜子、各种梳妆和卫生用品的存放格柜,马桶箱组件,冷热水龙头,防颠簸扶手,氧气面罩箱、通风设备和室内照明灯等。

2.3.3　视听设备

在大中型民航飞机上,会直接在座位上配有耳机,旅客可以在座位上收听广播、欣赏音乐,大多数飞机客舱或座位上还配有显示器,提供视听节目供旅客欣赏,有的还显示飞行信息等。为了避免对雷达和导航系统的干扰,禁止旅客使用便携式的音响设备、计算机、电子游戏机等。

2.3.4　救生设备

救生设备是供飞机上人员应急离机、安全降落和生存求救的设备。民航飞机上通常配置有氧气罩、救生衣、应急撤离滑梯、应急斧等救生设备。在飞机座舱发生失密的情况下,氧气罩会自动从舱顶吊落下来,提供给乘员充足的氧气。当飞机在海面上紧急迫降时,救生衣可以提供给乘员使用。当飞机发生情况需要紧急迫降时,舱门一打开,一个充气的滑梯可使旅客安全着落。假如飞机冲到海里,这个滑梯可以充当救生船。在靠近安全门的机舱顶部,还备有可充气的救生船。这些救生船上还包括一些特殊的救生设备。

2.3.5 防火设备

飞机上的防火设备通常包括烟雾及过热探测器、灭火器、警告装置等。飞机航程越长,所携带的油越多,在碰到紧急情况时,发生火灾的可能性就越大。客舱内发生的小火灾可用所携带的灭火器来扑灭。舱内所用的地毯、机座等都是100%防火的。假如机舱内有烟雾,舱内能见度为零,客舱走道上的紧急灯可使旅客尽快找到离他最近的紧急出口。为了防止火灾发生,在飞机上是禁止吸烟的。

2.3.6 飞行记录器

飞行记录器,就是俗称的黑匣子。因为最初它的壳体被涂成黑色,现在已经改为更醒目的橙色了。现代飞机的飞行记录器不只是飞行参数记录器,还包括座舱录音机和录像机。它们的功用也远不止飞机失事后原因分析,还包括试飞后评定和修改设计、训练后讲评和改进驾驶技术、例行飞行后视情维修。

本 章 小 结

飞机是一个庞大而复杂的系统,大多数飞机机体结构由机身、机翼、尾翼、起落架和动力装置组成。飞机上的主要系统有飞行控制系统、飞行操纵系统、液压传动系统、电气系统、燃油系统、座舱环境控制系统以及氧气系统等。机载设备主要有配餐室、卫生间、视听设备、救生设备、防火设备、飞行记录器等。

复习与思考

1. 飞机机身的作用是什么?
2. 飞机起落架有几种形式?
3. 副翼、襟翼、前缘缝翼之间有何不同?
4. 主操纵系统和辅助操纵系统各操纵飞机什么部件?
5. 座舱环境控制系统存在的必要性是什么?

阅读

飞机的腿——起落架

要想使飞机离开地面,必须把从零起步的飞机速度提到一定程度后,才能获得足够的升力支持飞机腾空而起。飞机在离开地面前的这段加速过程中犹如汽车一样,它需要在地面上起动、加速、保持方向。因此飞机就必须安装轮子、传动机构和转向机构。一旦飞机飞到空中,这套装置就没用了;飞机落地时会对地面产生巨大的冲击力,需要一种装置来承受缓冲,落地后的飞机还要刹车滑行减速。完成飞机这一系列功能需要的装置就是起落架。起落架可分为两部分:主起落架和前起落架。位于飞机重心附近承受飞机大部分重量的是主起落架,这是一个有轮子的车架,可以在地面上支撑起飞机。中型飞机的主起落架有两个轮子,飞机越重,起落架上的轮子也越多,轮子上还装有像汽车一样的刹车。此外为了减少飞机着陆时冲击带来的震动,在主起落架上安装了减震的装置,小型飞机用弹簧减震,大型飞机装的是液压减震器。前起落架是由飞机的前轮和转动机构组成的,飞机驾驶员通过控制前轮左右转动就可以让飞机在地面滑行中转弯了。

起落架承受着飞机的最大重量,所谓"最大"是指在一次飞行活动中飞机在地面起动时的重量。随着在空中飞行燃油不断被消耗掉,飞机的重量逐渐下降。飞机落地时,起落架承受着巨大的冲击,冲击力可达到重力的2~3倍。因此起落架的支柱是飞机上强度最大的部位。通常使用强度很大的合金钢材制造,这样才能使其经得住最大的起飞前重量和上千次的落地冲击。

飞机离开地面之后,如果起落架仍然挂在飞机下面将会给飞机带来极大的空气阻力。低速飞行时,作用不太明显,所以早期的飞机起落架都是伸在外面的。后来飞行速度不断提高,为了减少它带来的飞行阻力,起落架被安装了一个附属的收放装置。当飞机起飞后,起落架很快就被收入到机身或机翼的隔舱中,把门一关,飞机外表变得很光滑,阻力大幅度减少。同一架飞机,伸出起落架飞行时的最高速度如果为170千米/小时,那么当它将起落架收起后速度就可以提高到300千米/小时,这个变化是非常明显的。现代飞机除了少数小型的低速飞机以外,起落架都是可以被收起的。细心的乘客在飞机降落的最后阶段会听到一声沉重的轰响,随后飞机外的风声变得大起来,这就是起落架放下后被气流吹过发出的声音,时间一般仅持续1~2分钟。一架大型飞机落地时,如果起落架被提前5分钟放下,燃油就会多消耗掉1吨!

资料来源:中国民航局网站.飞机的腿——起落架,http://www.caac.gov.cn/MHBK/FJXH/200706/t20070622_5611.html

思考题

1. 飞机起落架的作用是什么,为什么要设置成可收放式?
2. 起落架强度对飞机起飞和落地重量有什么影响?

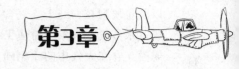

第3章

飞行原理与飞行性能

本章关键词

大气层(atmosphere)　　　　　　　大气密度(atmospheric density)

大气压力(atmospheric pressure)　　大气温度(atmospheric temperature)

大气湿度(atmospheric humidity)　　大气黏性(atmospheric viscosity)

国际标准大气(international standard atmosphere)

空气动力(aerodynamic)　　　　　　流体运动定理(theorem of fluid movement)

平飞速度(level flight speed)　　　　升限(flight ceiling)

航程(flight range)　　　　　　　　续航时间(flight duration)

互联网资料

http://www.carnoc.com　　　　　　http://www.kepu.net.cn

http://wiki.carnoc.com　　　　　　http://www.xmyzl.com

> 飞机是重于空气的飞行器。当飞机在空气中运动时,空气相对于飞机流动,空气的速度、压力等参数发生变化,于是就会产生作用于飞机上的空气动力——升力和阻力,飞机是靠空气动力升空飞行的。

3.1　飞机的飞行环境

包围地球的空气层(大气)是飞机唯一的飞行活动环境,因此,我们有必要对大气有一个基本的了解。

3.1.1　大气的组成

包围在地球外部的大气主要有三种成分:由多种气体混合而成的纯干空气、水蒸气以及尘埃颗粒。纯干空气含有78%的氮气和21%的氧气,余下的1%由其他各种气体组成。水蒸气在气象中扮演了一个重要的角色,大气中水蒸气的比例决定了云的形成及其规模。它在大气中的比例随地点和时间的变化而变化。例如,在非常温暖潮湿的热带地区,大气中水蒸气的含量就比寒冷干燥的极地地区空气中的水蒸气含量高得多。大气中的尘埃是数量巨大的悬浮颗粒,大部分来自地球表面,如沙漠、海水中的盐粒、花粉、烟尘、汽车尾气等。

3.1.2　大气的分层

大气好似空气的海洋。它的底界明显,就是地面,而顶界则是模糊的。因为除大气之外,还有极其稀薄的星际气体。大气的密度随高度增加而减小,最后就和星际气体连接起来,因此,这两者间并不存在一个明显的界面。如果以空气密度接近于星际气体密度的高度来估计大气的顶界,这一高度为2000~3000km。大气的各种特性在垂直方向上的差异非常明显。例如空气密度和压强随高度增加而很快减小。在10km高度,空气密度只相当于海平面的1/3,压强约为海平面的1/4;在100km高度,空气密度只有海平面的0.00004%(百万分之零点四),压强只有海平面的0.00003%(百万分之零点三)。

以大气中温度随高度的分布为主要依据,可将大气层划分为对流层、平流层、中间层、暖层和散逸层(外大气层),见图3.1。航空器的飞行环境是对流层和平流层。大气层对飞行有很大影响,恶劣的天气条件会危及飞行安全,大气属性(温度、压力、湿度、风向、风速等)对飞机飞行性能和空气动力也会产生不同程度的影响。

对流层是大气中最低的一层。它的底界是地面,而顶界则随纬度、季节而变化。在赤道地区,对流层的厚度约为16km,而极地地区则减小到8km,在中纬度地区平均为11km。对流层气温随高度的增加而降低,平均每升高1000m降低6.5℃。气温、气压的变化造成空气在垂直方向和水平方向的强烈对流。

对流层集中了全部大气约3/4的质量和几乎全部的水汽,是天气变化最复杂的层次,也是对飞行影响最重要的层次。飞行中所遇到的各种重要天气现象几乎都出现在这一层中,如雷暴、浓雾、低云幕、雨、雪、大气湍流、风切变等。

平流层位于对流层之上,顶界离地约50km。在平流层的下半部气温几乎不变,平均在-56.5℃左右。当高度达到20km以上,气温又开始增加直到0℃附近,这是因为臭氧吸收太阳紫外线而引起的升温作用。在这层大气中,天空清晰湛蓝,几乎不存在水蒸气,没有云、雨、雾、雪等天气情况,只有水平方向的风,没有空气的上下对流。平流层的底部是民用飞机比较理想的飞行空间。

在平流层之上,还有中间层、暖层以及散逸层。它们均是按照温度的变化来划分的,由于它们的高度均超出了民用飞机的正常飞行极限,因此,这些层对于民用航空活动来说,就显得不重要了。

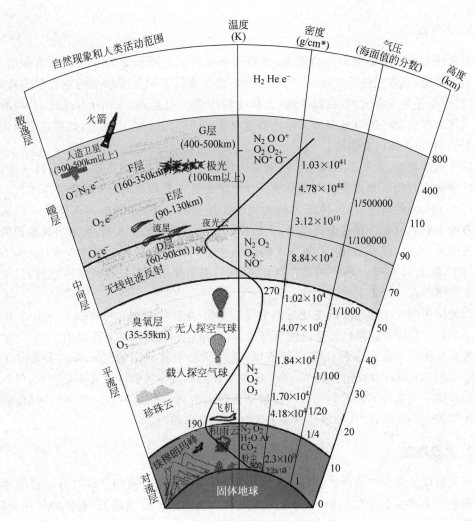

图 3.1 大气的分层

3.1.3 大气的特性

1. 大气密度

大气密度是指单位体积内的空气质量。大气和其他物质一样,是由分子所组成。大气的密度大,说明单位体积内的空气分子多,比较稠密;反之,大气密度小,说明空气比较稀薄。

高度增加,大气密度减小。在海平面、压力 1013hPa,温度 15℃时的大气密度为 1.220kg/m³;在 22000ft(6705m)的高空,大气密度降为海平面密度的一半。

2．大气压力

大气压力即气压是指大气的压强，即物体单位面积上所承受的大气的垂直作用力。从数值上来说，在静止的大气中，大气压力就是物体单位面积上所承受的空气柱的重量。显然，这个重量是非常大的，在海平面，人体上的压强可以达到 $15lb/in^2$，或约 20 吨的压力。人体之所以没被压垮是因为人体内部也存在着同样的压力，实际上，如果这个压力被突然释放的话，人体将会爆炸。

随着高度增加，大气压力减小。这就是为什么在爬高山时，有人感到喘不过气来，人是依靠身体内外的压力差将大气吸入的，当外界大气压力较低时，人很难吸入大气。在18000ft(5486m)的高度上，气体压力约为海平面压力的一半(500hPa)，人体吸入的氧气也只有海平面的一半。在这个高度上，人的反应将明显低于正常水平，可能出现意识的丧失。实际上，在 10000ft 高度，大部分人的反应将受到缺氧的影响；在 34000ft(10363m)的高度上，压力只有 250hPa。因此在高空飞行时，必须使用氧气设备或增压座舱，以使气压和氧气维持在一个正常的范围内。

对流层中的气压随高度的变化近似为线性变化，高度每增加 1000ft(304.8m)气压降低约 1inHg。实际中如果已知某点的气压值，可以用这一数值来估算高度值。

气压的大小可通过各种仪表进行测试，飞行活动中常使用的气压单位有英寸汞柱(inHg)、毫巴(mbar)或百帕(hPa)。单个的气压数据对飞行员也许意义不是很大，但各个气象台或同一气象台不同时刻的气压读数常常预示着天气的走向。一般而言，气压的降低预示坏天气的到来，气压的增高预示着天气会变得晴朗。

3．大气温度

大气温度是指大气的冷热程度。大气温度的高低，实质上表明了空气分子做不规则运动的平均速度大小。在 11km 以下的对流层中，高度增加，气温降低，近似为线性变化。气温降低的数值，随地区、季节、高度的不同而有所差异。就平均而言，高度每升高 1km，气温降低约 $6.5℃$。

气温的高低可以用温度表来测量。我国和大多数国家一样，使用摄氏温度 T_C(Celsius，℃)，摄氏温度以水的冰点为 $0℃$，以水的沸点为 $100℃$。有的国家和地区如美国，使用华氏温度 T_F(Fahrenheit，F)，在华氏温度中，水的冰点为 32F，水的沸点为 212F。两种单位的换算可用以下公式实现：

$$T_F = \frac{9}{5}T_C + 32 \quad 或 \quad T_C = \frac{5}{9}(T_F - 32)$$

理论计算中，常用绝对温度来表示。把空气分子停止做不规则的热运动时，即分子的运动速度为零时的温度，作为绝对温度的零度。绝对温度有两种单位，如果其刻度增量与摄氏温度相同,则称为开氏温度 T_K(Kelvin,K);如果其刻度增量与华氏温度相同,则称为兰氏温度 T_R(Rankine)。开氏绝对温度和摄氏温度的换算可用下式进行:

$$T_K = T_C + 273.15$$

4. 大气湿度

湿度是指大气的潮湿程度,气象学中经常使用相对湿度的概念。相对湿度是大气中所含湿气与大气中所能包含的最大湿气之比。大气的温度越高,它所能包含的水分就越多。当相对湿度等于 100% 时,大气中包含的水分达到最大,称为饱和状态。对于给定体积的气体来说,当温度降低时,其相对湿度增大,当温度降低至相对湿度为 100% 时的温度称为露点温度。

露点温度对飞行来说非常重要,因为它表示了大气中水分的临界状态。当气温降至其露点温度时,大气中的水分开始凝结,变成看得见的雾、云、降水等天气现象。所以航空气象预报中通常同时给出大气的温度值和露点温度值。一个通常的错误观念是水蒸气比同等体积的干大气重。实际上,水蒸气只是同等体积的干大气重量的 62%。因此,温度和露点温度越接近,大气的湿度越大,大气的密度就越小。

5. 大气的黏性

大气分子在相对运动时产生的阻力的性质,称为大气的黏性。

河中间的水流得快,河岸边的水流得慢,是因为水具有黏性,同河岸之间发生摩擦的结果。大气和水一样,也有黏性。大气的黏性与水相比要小得多,因此我们不易察觉。大气的黏性可通过图 3.2 的实验证明。上下两个圆盘,彼此靠近,但不接触,当电机带动下圆盘转动一段时间后,上圆盘也慢慢跟着下圆盘朝同一方向转动起来。导致这种现象的原因在于大气的黏性,是两个圆盘间的无数个大气微层相互牵扯的结果。

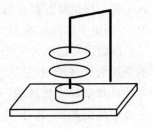

图 3.2　空气黏性飞盘

空气分子的不规则运动,是造成大气黏性的主要原因。相邻两层大气之间有相对运动时,会产生相互牵扯的作用力。在飞行中,飞机之所以会受到大气阻力,原因之一就是大气有黏性。实验和研究表明,大气黏性力的大小取决于以下几个方面:

(1) 速度梯度。相邻两层大气的速度差 ΔV 与两层间距 ΔH 之比,$\Delta V / \Delta H$,称为速度梯度。速度梯度大,相邻两层大气间的摩擦剧烈,黏性力大。

(2) 大气温度。大气温度高,分子运动速度大,大气层间交换的分子多,黏性力大。

(3) 气体性质。不同类型的气体,分子运动速度不同,黏性力不同,例如,大气的黏性比氧气的黏性大。

（4）接触面积。大气层间接触面积越大,交换的分子数就越多,黏性力就越大。

6. 大气的可压缩性

任何气体都是可压缩的。大气的压缩性是指一定量的空气当压力或温度改变时,其密度和体积发生变化的特性。

当大气流过物体时,在物体周围各处,气流速度会有增大或减小的变化,相应地,气体压力会有减小或增大的变化。因此,气体密度会有减小或增大的变化,这就是大气具有压缩性的体现。大气流动速度不大时,大气的压缩性表现不明显,但当大气的流速较大时（接近或超过音速）,由速度变化所引起的压力和密度的改变就相当可观。所以在低速飞行时,可以认为大气是不可压缩的,即可以认为密度是一个不变的数值。这样就使问题简单多了。但在高速（超音速）飞行时,就必须考虑大气的压缩性。

3.1.4 国际标准大气

现代大型民航飞机一般都在对流层或平流层内飞行。在这两层大气中,大气的物理性质经常随着季节、时间、地理位置、高度的不同而变化。大气状态的变化,会使飞机上产生的空气动力发生变化,从而使飞机的飞行性能也随之变化。因此,同一架飞机在不同的地点做飞行试验,所得出的飞行性能就会有所不同;即使同一架飞机,在同一地点、同一高度试飞,只要季节或时间不同,所得出的飞行性能也会有所不同;为了便于计算、整理和比较飞行试验数据并给出标准的飞机性能数据,就必须以不变的大气状态作为基准。为此,制定了国际标准大气。

所谓国际标准大气（International Standard Atmosphere,ISA）,就是人为地规定一个不变的大气环境,包括大气温度、密度、气压等随高度变化的关系,得出统一的数据,作为计算和试验飞机的统一标准。国际标准大气由国际民航组织 ICAO 制定,它是以北半球中纬度地区（北纬 35°～60°）大气物理特性的平均值为依据,加以适当修订而建立的。

国际标准大气假设重力加速度为恒定值,包括如下规定:

海平面高度为 0,这一海平面称为 ISA 标准海平面。

海平面气温为 288.15 K,15℃或 59°F。

海平面气压为 1013.2 mbar 或 1013.2hPa 或 29.92inHg 或 760mmHg,即标准海压。

海平面音速为 340.29m/s。

海平面大气密度为 1.225 kg/m³。

对流层高度为 11km 或 36089ft。

对流层内标准温度递减率为:每增加 1km 温度递减 6.5℃,或每增加 1000ft 温度递减 2℃。

从 11km～20km 之间的平流层底部气体温度为常值：−56.5℃或 216.65°K。

飞机飞行手册中列出的性能数据通常是根据国际标准大气制定的，而实际的大气很少有和国际标准大气完全吻合的，因此，在使用飞机性能图时，往往需要进行实际大气与国际标准大气的相互换算。

实际大气与国际标准大气相互换算的主要工作是确定实际大气与国际标准大气的温度偏差，即 ISA 偏差（ISA Deviation，ISA Dev.）。ISA 偏差是指确定地点的实际温度与该处 ISA 标准温度的差值，常用于飞行活动中确定飞机性能的基本已知条件。下面举例说明。

例 1 已知某机场温度 20℃，机场压力高度 2000ft。求：机场高度处 ISA 偏差。

解：在压力高度为 2000ft 的机场处，ISA 标准温度应为

$$T_{标准} = 15℃ - (2℃/1000ft) \times 2000ft = 11℃$$

而实际温度为

$$T_{实际} = 20℃$$

所以，ISA 偏差即温度差为

$$ISA_{偏差} = T_{实际} - T_{标准} = 20℃ - 11℃ = 9℃$$

表示为：ISA+9℃

例 2 飞机巡航压力高度 2000m，该高度处气温−6℃。求：该高度处 ISA 偏差。

解：高度为 2000m 处的 ISA 标准温度应为

$$T_{标准} = 15℃ - (6.5℃/1000m) \times 2000m = 2℃$$

而实际温度为

$$T_{实际} = -6℃$$

所以，ISA 偏差即温度差为

$$ISA_{偏差} = T_{实际} - T_{标准} = -6℃ - 2℃ = -8℃$$

表示为：ISA−8℃

注意：

真实高度：飞机距某参考面的几何垂直距离。一般为飞机距地表的几何垂直距离，通过无线电高度表测量得到。

压力高度：将飞机所在高度的气压当作标准气压，根据 ISA 的规定转换得到的高度。选择的参考面一般为平均海平面和标准海平面。

实际工作中，为了快速确定实际大气各参数，将国际标准大气各参数随高度的变化预先计算出来，形成国际标准大气表，见表 3.1。

表 3.1 国际标准大气表

高度 H		温度 T ℃	压力 p hPa	密度 ρ kg/m³	音速 a m/s
m	ft				
0	0	15	1013.25	1.2250	340.29
1000	3281	8.501	898.76	1.1117	336.43
2000	6562	2.004	795.01	1.0066	332.53
3000	9843	−4.491	701.21	0.90925	328.58
4000	13123	−10.984	616.60	0.81935	324.59
5000	16404	−17.474	540.48	0.73643	320.55
6000	19685	−23.963	472.17	0.66011	316.45
7000	22966	−30.45	411.05	0.59002	312.31
8000	26247	−36.935	356.51	0.52579	308.11
9000	29528	−43.417	308.00	0.46706	303.85
10000	32808	−49.898	264.99	0.41351	299.53
11000	36089	−56.376	226.99	0.36480	295.15
12000	39370	−56.5	193.99	0.31194	295.07
13000	42651	−56.5	165.79	0.26660	295.07
14000	45932	−56.5	141.70	0.22786	295.07
15000	49213	−56.5	121.11	0.19476	295.07
16000	52493	−56.5	103.52	0.16647	295.07
17000	55774	−56.5	88.50	0.14230	295.07
18000	59055	−56.5	75.65	0.12165	295.07
19000	62336	−56.5	64.67	0.10400	295.07
20000	65617	−56.5	55.29	0.088910	295.07
21000	68897	−55.569	47.29	0.075715	295.70
22000	72178	−54.576	40.48	0.064510	296.38
23000	75459	−53.583	34.67	0.055006	297.05
24000	78740	−52.59	29.72	0.046938	297.72
25000	82021	−51.598	25.49	0.040084	298.39
26000	85302	−50.606	21.88	0.034257	299.06
27000	88583	−49.614	18.80	0.029298	299.72
28000	91864	−48.623	16.16	0.025076	300.39
29000	95144	−47.632	13.90	0.021478	301.05
30000	98425	−46.641	11.97	0.018410	301.71

3.2 飞行中的升力和阻力

3.2.1 流体运动定理

1. 连续性定理

我们从日常生活中的经验可知,河水在河道窄的地方流速快,而在宽的地方流得慢。夏天乘凉时,人们总喜欢坐在两座房屋之间的过道中,因为那里有"穿堂风"。在山区,人们可以感到山谷中的风经常比平原开阔的地方来得大。这些现象都是流体"连续性定理"在自然界中的表现。

质量守恒定律是自然界基本的定律之一。它说明物质既不会消失,也不会凭空增加。如果把这个定律应用在流体的流动上,就可以得出这样的结论:当液体稳定、连续不断地流动时,流管里的任一部分流体都不能中断或积累,在同一时间内,流进任何一个截面的流体质量和从另一个截面流出的液体质量应当相等。

因此,当流体以稳定的流速在管道中流动时,流体流速与横截面积成反比,即流体在变截面的管道中流动时,截面积大的地方流速低,而截面积小的地方流速高。这就是流体的连续性定理。流体的连续性定理阐述的是流体的流速与管道横截面积之间的关系。

2. 伯努利定理

在航海史上曾经发生过这样一次奇怪的海上两船相撞的事故。很多年前,在风平浪静的大海上,两艘船平行同方向高速行驶,突然间,两艘船失去控制,猛烈地撞在一起。经过事后的调查,发现并不是驾驶员的人为差错造成了这起事故。到底谁是这次撞船事故的罪魁祸首呢?

下面介绍的伯努利定理将给出答案,解开这起撞船之谜。

伯努利定理是描述流体在流动过程中压力和流速之间的关系。它是研究气流特性和在飞行器上产生空气动力的物理原因及其变化的基本定理之一。

大气的流动速度与压强之间的关系,可用实验说明。如图3.3所示,试验管管径是中间窄两头宽,它与压力计的各玻璃细管相连通。当大气静止时,在试验管的各个截面上的大气压强相同,都等于大气压强,所以在玻璃管道中压强指示剂的液面高度相同;但当大气稳定地、连续地流过试验管道时,情况就不同了。观察测压管中指示剂的液面高度发现:液面的高度发生变化,管道直径小的地方指示剂

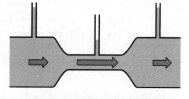

图3.3 伯努利定理实验

液面要比管道直径大的地方指示剂液面低。这一事实表明,流速大的地方气体压强小;流速小的地方,气体的压强大。流体压强随流速变化的这一关系即称为伯努利定理。

反过来说,在气体流动过程中要获得不同的压强,可以通过改变管道横截面积来实现,横截面积变大时,压强变大,横截面积变小时,压强变小。

3.2.2　飞机的升力

1．相对气流

相对气流是空气相对于物体的运动。相对气流的方向与物体运动方向相反。飞机的相对气流就是空气相对于飞机的运动,因此,飞机的相对气流方向与飞行速度相反。只要相对气流速度相同,产生的空气动力也就相同。

2．翼剖面形状

飞机上的大部分升力是由飞机大翼产生的。为了简化问题,我们使用翼型来代表机翼研究它的升力。翼型就是把机翼沿平行机身纵轴方向切下的剖面,机翼的翼型是流线型的,上表面弯度大,下表面弯度小或是平面。

翼剖面最前端的一点叫前缘,最后端的一点叫后缘,翼型前缘与后缘之间的连线称为翼弦(又叫弦线)。翼剖面形式主要有:不对称双凸型、平凸型及对称双凸型,如图 3.4 所示。

3．迎角

相对气流方向与翼弦之间的夹角称为迎角,用 a 表示,见图 3.5。相对气流方向指向翼弦下方为正迎角;相对气流方向指向翼弦上方为负迎角;相对气流方向与翼弦平行为零迎角。飞行中飞行员可通过前后移动驾驶盘来改变飞机的迎角大小或正负。飞行中经常使用的是正迎角。飞行状态不同,迎角的大小一般也不同。在水平飞行时,飞行员可以根据机头的高低来判断迎角的大小:机头高,迎角大;机头低,迎角小。

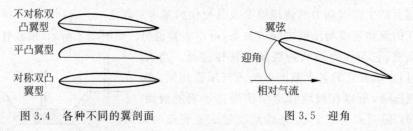

图 3.4　各种不同的翼剖面　　　　　　　　图 3.5　迎角

临界迎角是当升力系数最大时对应的迎角。临界迎角是一个非常重要的空气动力性能参数,它决定飞机的失速特性。超过临界迎角,升力系数突然下降,飞机进入失速而不能保持正常的飞行状态。

有利迎角（最小阻力迎角）是升阻比最大时对应的迎角。以有利迎角平飞，飞机的阻力最小。升阻比是同迎角下飞机升力系数与阻力系数之比。

4. 机翼上的升力

空气流过双凸型机翼时。空气流到机翼的前缘，分成上下两股气流，分别沿机翼的上、下表面流过，在机翼后缘重新汇合后向后流去。由于机翼上表面比较凸出，流管变细，由连续性定理可知，其流速加快；根据伯努利定理，其压力降低；在机翼的下表面，气流受到阻挡，流管变粗，流速减慢，压力增大。于是，机翼上下表面出现了压力差，因而产生了升力，升力的方向垂直于相对气流的方向。机翼升力的作用点，即升力作用线与翼弦的交点称为压力中心。机翼向前运动时，空气必然会产生阻力。阻力和升力的合力形成了向上且向后的力，叫做空气动力，见图3.6。

机翼的升力是由上、下翼面的压力差产生的，要想了解机翼各部分对升力的贡献大小，就需知道机翼的压力分布情况。描述机翼的压力分布情况常用矢量表示法，具体如下：

在描述机翼的压力分布时，通常将机翼上各点的静压（P）与大气压（$P_大$）进行比较。翼面各点静压（P）与大气压（$P_大$）之差（$\Delta P = P - P_大$）称为剩余压力。如果翼面上某点的压力高于大气压，则ΔP为正值，叫正压；如果翼面上某点的压力低于大气压，则ΔP为负值，叫吸力（负压）。吸力和正压可以用矢量来表示，矢量箭头的长度表示吸力或正压的大小。矢量方向与翼面垂直，箭头由翼面指向外，表示吸力；箭头指向翼面，表示正压。将各点矢量的外端用光滑的曲线连接起来，就得到了矢量表示的机翼压力分布图，见图3.7。

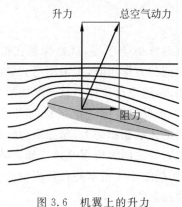

图3.6 机翼上的升力

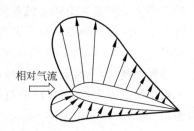

图3.7 翼剖面上的空气动力

从机翼的压力分布图可以看出，机翼升力的产生主要是靠机翼上表面吸力的作用，尤其是上翼面的前段，而不是主要靠下翼面正压的作用。由上翼面吸力所产生的升力，一般占总升力的 60%～80%；而下翼面正压所产生的升力只占升力的 20%～40%。

随着机翼迎角的增大，升力也增大，但迎角不能无限制地增大，因为迎角过大，在机翼上表面的气流就不再沿着机翼表面流动，而是脱离机翼上表面，形成大量旋涡现象，叫做涡流。随着涡流的扩大，机翼上表面的吸力减小，升力会突然降低，而阻力迅速增大，这种现象称为失速，见图 3.8。失速刚刚出现时的迎角称为临界迎角，又称为失速迎角。飞机不应以大于或接近临界迎角的迎角飞行。因为这样会使飞机失去升力的支持，即陷入深度失速，而发生螺旋下降的现象，造成危险。这时，飞机绕其本身的纵轴旋转垂直下降，飞机重心的运动轨迹是一条螺旋曲线。如果有足够的高度，驾驶员可以从螺旋中改正过来，否则可能会发生危险。

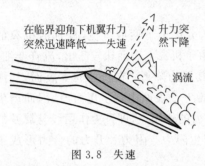

图 3.8　失速

3.2.3　飞机的阻力

飞机在空中飞行时，除了产生升力外，还会产生阻力。它的方向与飞机的运动方向相反，起着阻碍飞机前进的作用，要使飞机飞得快，必须设法减小阻力。

通常用机翼升力来表示整架飞机的升力。但是飞机的阻力却不然，不但机翼会产生阻力，飞机的其他部分如机身、起落架、尾翼等都要产生阻力。现代飞机在巡航飞行时，机翼阻力约占总阻力的 25%～30%，因此，不能以机翼的阻力来代表整个飞机的阻力。

按产生阻力的原因来分析，低速飞机上的阻力有：摩擦阻力、压差阻力、诱导阻力和干扰阻力等。

1. 摩擦阻力

空气流过机翼时，紧贴机翼表面的一层空气，其速度恒等于零，就好像黏在机翼表面一样。当这些流动的空气受到了机翼表面给它的向前的力作用时，由牛顿第三定律可知，这些速度为零的空气也必然给机翼表面一个反作用力，这个反作用力就是摩擦阻力。

摩擦阻力的大小，取决于空气黏性、飞机表面的状况以及同气流接触的飞机表面面积。空气的黏性越大，飞机表面越粗糙，飞机与空气的接触面积越大，摩擦阻力就越大。

为了减小摩擦阻力，在飞机的制造过程中，应把它的表面做得很光滑。如有必要还得把它打磨光，消除飞机表面上的一切小突起物。尽可能缩小飞机暴露在气流中的表面积。飞机要做定期的清洁维护，清除表面的灰尘，减少摩擦阻力，并保护飞机蒙皮。

2. 压差阻力

气流流过机翼的过程中，在机翼前缘，气流受到阻挡，流速减慢，压力增大；而在机翼后缘部分也会产生附面层分离形成涡流区,压力减小。这样在物体的前后便产生了压力差,形成阻力。这种由于前后压力差形成的阻力叫压差阻力。压差阻力同物体的迎风面积、形状和在气流中的位置都有很大关系。

减小压差阻力的办法是:把暴露在气流中的所有部件都做成流线型。飞机无论是机身还是机翼,都被设计成流线外形,减小压差阻力。

3. 诱导阻力

诱导阻力是伴随着机翼升力的产生而产生的。如果没有升力,诱导阻力也就不存在。这个由升力诱导产生的阻力,称为诱导阻力(又叫感应阻力)。

飞机的诱导阻力主要来自机翼。当机翼产生升力时,根据作用与反作用定律,必然有一个反作用力,由机翼作用到气流上,它的方向向下,所以使气流向下转折一个角度,使原来的迎角减小。因而导致升力也向后倾斜一个角度,此升力在水平方向有一个投影分量,即为诱导阻力。诱导阻力的大小与机翼的平面形状、翼剖面形状、展弦比以及升力的大小有关,椭圆形平面形状和大展弦比的机翼的诱导阻力较小。

4. 干扰阻力

飞机的各个部件,如机翼、机身、尾翼等,单独放在气流中所产生的阻力的总和并不等于,而是往往小于把它们组成一个整体时所产生的阻力。这是由于飞机各部件因气流流动时互相干扰所引起的额外阻力,称为干扰阻力。

为了减小干扰阻力,在这些部件连接处加装流线型整流片,使得连接处圆滑过渡,尽可能减少涡流的产生。

3.2.4 影响升力和阻力的因素

升力和阻力是在飞机与空气之间的相对运动(相对气流)中产生的。影响升力和阻力的基本因素有:相对气流速度、空气密度、机翼面积以及机翼的迎角。相对速度越大,升力和阻力也越大。当速度增大到原来的两倍,升力和阻力则增加到原来的四倍,即升力和阻力与飞行速度的平方成正比。另外升力和阻力与空气密度、机翼面积、升力及阻力系数成正比。机翼剖面的形状和迎角的影响通过升力系数和阻力系数表现出来。

升力和阻力的公式如下:

$$Y = C_y \frac{1}{2}\rho V^2 S$$

$$Q = C_x \frac{1}{2}\rho V^2 S$$

Y:升力,Q:阻力,C_y 升力系数,C_x 阻力系数,ρ:密度,V:速度,S:机翼面积。

注意:升力的方向与阻力的方向不同,升力的增加或减少,并不会因阻力的增加或减少而被抵消。

3.3 飞行性能

58

评价飞机的飞行性能的指标有很多,但最主要的是飞多快,飞多高,飞多远和飞多久,也就是最大平飞速度、升限、航程和续航时间。

3.3.1 最大平飞速度

飞机的最大平飞速度是指在水平直线飞行条件下,在一定飞行距离内(一般应不小于3千米),发动机推力为最大状态(如果有加力燃烧室,则在开加力的状态)下,飞机能达到的最大平稳飞行速度。由于不同的高度有不同的空气密度,发动机的推力和耗油率随飞行高度而变化的特性,所以飞机的最大平飞速度与飞行高度有关系。

通常飞机不以最大平飞速度作长时间飞行,因为这样耗油太多,而且发动机容易损坏并缩短使用寿命。除作战或特殊需要,飞机一般以比较省油的经济巡航速度飞行。

巡航速度是指飞机为执行一定任务而选定的适宜于长时间或远距离飞行的定常速度。它主要取决于飞机的最大升阻比以及所装发动机的高度特性和速度特性。飞机以巡航速度飞行,其航程最远。民用飞机主要以巡航速度执行各种任务。超音速军用飞机的出航、返航等多数时间也都是以巡航速度飞行。

与飞机最大平飞速度相关的还有一个指标:最小平飞速度。最小平飞速度是指在给定的飞机构型和飞行高度上,飞机维持稳定水平飞行的最低速度。

3.3.2 升限

飞机上升所能达到的最大高度,叫做升限。飞行中,如果发动机的可用推力等于飞机的需用推力,则飞机保持一定的速度平飞;如果可用推力大于需用推力,则剩余推力可使飞机加速和上升。随着高度的增加,空气逐渐稀薄,进入发动机的空气越来越少,发动机推力(功率)也越来越小,因而飞机上升越来越慢。通常规定最大上升率减小到5米/秒的高度,叫做实用升限。最大上升率减小到零的高度,叫做绝对升限,也叫理论升限,绝对升限没有什么实际意义。因为在绝对升限高度上,飞机仅能作等速直线平飞,飞机稍受干扰或操纵不慎,就有可能降低高度。由于这原因,实际使用中的飞机不得不在低于绝对升限的高度上飞行,以便使飞机具有一定的推力储备和良好的操纵性。

3.3.3 航程

飞机在无风大气中,沿预定的航线飞行,使用完规定的燃油所经过的水平距离称为航程。在一定的装载情况下,航程越大,经济性越好。航程远,表示飞机的活动范围大。对民用飞机来说,可以把客货运到更远的地方,并减少中途停留加油的次数。

对于一定的飞机,航程主要与装载的可用燃油量、发动机工作状态、飞行高度、飞行速度等参数有关。载满可用燃油并适当选择上述飞行参数和发动机工作状态,使飞机飞行单位距离所消耗的燃油最少,便能使航程达到最大。

3.3.4 续航时间

续航时间是指飞机一次加油,在空中所能持续飞行的时间,又称为航时。对于一定的飞机,续航时间主要与装载的可用燃油量、发动机工作状态、飞行高度、飞行速度等参数有关。载满可用燃油并适当选择有关飞行参数和发动机工作状态,使飞机单位时间内所消耗的燃油最少,便能使续航时间达到最大。

增加续航时间的主要办法是多带燃料和减小发动机的燃料消耗。现代作战飞机大都挂有副油箱,就是为了多带燃料,以增大航程和航时。在副油箱中的燃料用完后,或虽未用完而与敌机遭遇进行空战,为了减轻重量和减小飞行阻力,可将副油箱抛掉。

某些飞机为了增大航程,并减少起飞时的载油量,以便缩短滑跑距离或增加其他载重,可用空中加油的方法,在飞行途中由加油机补给燃料。

本 章 小 结

大气是飞机唯一的飞行活动环境,以大气中温度随高度的分布为主要依据,可将大气层划分为对流层、平流层、中间层、暖层和散逸层。其中对流层和平流层是飞机的主要活动空间。大气的密度、压力、温度、湿度等特性对飞机飞行性能和空气动力会产生不同程度的影响。飞机的升力产生于飞机与空气的相对运动。飞机的阻力有摩擦阻力、压差阻力、诱导阻力和干扰阻力等。评价飞机飞行性能的指标主要有:最大平飞速度、升限、航程和续航时间。

复习与思考

1. 对流层和平流层各有什么特点?
2. 大气的特性对飞机飞行产生哪些影响?
3. 飞机机翼升力是如何产生的?
4. 飞机的摩擦阻力、压差阻力、诱导阻力、干扰阻力是如何产生的?
5. 如何评价飞机的飞行性能?

阅读

影响飞机飞行的六种气象因素

(1) 气压、气温、大气密度:这些因素影响飞机起飞和着陆时的滑跑距离,影响飞机的升限和载重以及燃料的消耗。专家指出,飞机的准确落地和高空飞行离不开场压和标准大气压,而气温对飞机的载重和起飞、降落过程的滑跑距离影响较大。随气温的升高,空气密度变小,产生的升力变小,飞机载重减小,同时起飞滑跑距离变长。

(2)风:风影响着飞机起飞和着陆的滑跑距离和时间。专家介绍说,一般飞机都是逆风起降,侧风不能过大,否则无法起降。航线飞行,顺风减少油耗,缩短飞行时间,顶风则相反。易造成飞行事故的是风切变,它占航空事故的20%左右,这是由风的不连续性造成的,具有时间短、尺度小、强度大的特点。

(3)云:机场上空高度较低的云会使飞行员看不清跑道,直接影响飞机的起降。其中,危害最大的云是对流云,飞机一旦进入,易遭到电击,使仪表失灵,油箱爆炸,或者造成强烈颠簸、结冰,使操纵失灵,发生飞行事故。

(4)能见度:能见度的概念是正常视力的人在当时天气条件下,从天空背景中能看到或辨认出目标物的最大水平能见距离。它对飞机的起降有着最直接的关系,所谓的"机场关闭、机场开放,简单气象飞行,复杂气象飞行",指的就是云和能见度的条件。

(5)颠簸:飞机飞行中突然出现的忽上忽下、左右摇晃及机身震颤等现象称为颠簸。颠簸强烈时,一分钟上下抛掷几十次,高度变化几十米,空速变化可达每小时20千米以上。造成飞行员操纵困难或暂时失去操纵,颠簸的出现一般与空气湍流有关。

(6)结冰:飞机结冰是指飞机机体表面某些部位聚集冰层的现象。它主要由云中过冷水滴或降水中的过冷雨碰到飞机机体后结冰形成的,也可由水汽直接在机体表面凝华而成。飞机结冰会使飞机的空气动力性能变差,使飞机的升力减小,阻力增大,影响飞机的安定性和操纵性。在旋翼和螺旋桨叶上结冰,这样会造成飞机剧烈颤动;发动机进气道结冰,可能会损坏飞机;风挡结冰,妨碍目视飞行;天线结冰,影响通信或造成通信中断。

资料来源:中国广播网.影响飞机飞行的六种气象因素.http://www.weather.com.cn/static/html/article/20090907/69964.shtml

思考题

1. 大气中各种气象是如何产生的?
2. 大气环境对飞机飞行产生哪些影响?

第4章

飞机的最大业务载重量

本章关键词

起飞重量(take-off weight)　　　　　滑行重量(sliding weight)

着陆重量(landing weight)　　　　　无油重量(zero-fuel weight)

基本重量(base weight)　　　　　　燃油重量(fuel weight)

航段耗油(trip fuel weight)　　　　备用油量(reserve fuel weight)

最大业务载重量(allowed traffic load)　实际业务载重量(total traffic load)

互联网资料

http://www.carnoc.com　　　　　http://www.caac.gov.cn

http://wiki.carnoc.com　　　　　http://info.jctrans.com

　　任何一种交通工具,由于其自身结构强度、客货舱容积、运行条件及运行环境等原因,都有最大业务载重量的限制。飞机是在空中飞行的运输工具,要求具有更加高的可靠性和安全性以及更加好的平衡状态,因此,严格限制飞机的最大业务载重量具有十分重要的意义。

　　飞机的最大业务载重量受到飞机的最大起飞重量,最大落地重量、最大无油重量的限制以及飞机的基本重量、油量、飞机的最大业载限额等因素的制约。在飞机的每次飞行前,都要严格根据当时当地的具体条件来计算这次飞行的最大业务载重量。

4.1　飞机的最大起飞重量

4.1.1　飞机起飞

飞机从跑道上开始滑跑,加速到抬前轮速度时抬前轮,离地上升到距起飞表面25m

（中国规定）或 50ft（英、美等国规定）的高度，速度达到起飞安全速度的运动过程，叫做起飞。

飞机起飞前，必须确保发动机处于正常工作状态，襟翼和配平设置于起飞位，高度表设定正确，变距杆和混合比杆均置于最前位。得到塔台的许可后，才能从滑行道等待线处进入跑道，然后飞机对准跑道方向，摆正机轮，准备起飞。

飞机从地面滑跑到离地升空，是由于升力不断增大，直到大于飞机重力的结果。而只有当飞机速度增大到一定时，才可能产生足以支持飞机重力的升力。因此可见，飞机的起飞是一个速度不断增加的加速过程。

飞机起飞一般可以分为起飞滑跑、抬前轮离地、初始上升三个阶段，如图 4.1 所示。

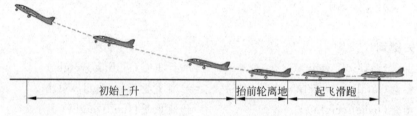

图 4.1　飞机的起飞

4.1.2　最大起飞重量的概念

飞机的最大起飞重量也称为飞机的最大起飞全重，简称起飞全重（Maximum of Take-off Weight，MTOW），是指该型飞机根据结构强度、发动机功率、刹车效能限制等因素而确定的飞机在起飞线滑跑达到抬前轮速度时全部重量的最大限额。

由于升力和重力使飞机各部分受力，并产生力矩，飞机的结构必须要承受这些力。因此，飞机的结构强度情况，就限制了飞机的最大起飞重量。

飞机发动机的功率须提供足够的动力，飞机才能产生足够的升力。因此，飞机所选用的发动机的功率，直接限制了该型飞机的最大起飞重量。

有时飞机在起飞滑跑的过程中，已经达到很大的速度，但由于某种原因需要紧急刹车。如果飞机的重量过大，具有的惯性就很大，若超过了刹车效能的限制，一方面可能会冲出跑道造成事故；另一方面由于轮胎和跑道之间的摩擦产生的热量很大，一旦超过轮胎热容量的限制，将使轮胎损坏。另外，当起飞重量较大时，需要的起飞速度就越大，起落架轮胎的线速度就越大，超过一定限额时，会使轮胎破损。因此，飞机的刹车效能限制也限制了飞机的最大起飞重量。

在任何情况下，飞机都不能超过其最大起飞重量起飞，这是保证飞机飞行安全的基本条件。

4.1.3　影响飞机的最大起飞重量的因素

1.大气温度和机场标高

大气温度较高,空气中氧分子活动越频繁,因此单位体积的空气中氧分子的数量越少,燃油燃烧就越不充分,使发动机的推力降低,导致飞机的升力降低。为了保证飞机在起飞过程中发生一台发动机停车时,仍有最低限额的爬升能力以保证飞机能安全返场着陆,要求飞机的起飞重量不能过大。机场大气温度和允许的最大起飞重量呈反比关系。

机场标高表示机场所处位置的地势高低情况,而地势的高低决定了机场地面的气压情况。因此标高值越大,说明机场地面气压越低,空气中氧分子的密度就越小。同理,飞机的最大起飞重量不能过大。

表4.1示例某型飞机的部分起飞数据,从表中数据可以看出,温度升高或机场标高增加,起飞重量、速度、襟翼角度不变的飞机,其所需要的滑跑距离和起飞距离都明显增加。因此,当滑跑距离和起飞距离一定的情况下,温度升高或机场标高增加,飞机的起飞重量要减小。

表 4.1　某型飞机的部分起飞数据

温度	距离(ft)	机场标高(ft)	
		0	2000
−5℃	滑跑距离	440	512
	50ft 起飞距离	830	966
15℃	滑跑距离	520	622
	50ft 起飞距离	980	1170
35℃	滑跑距离	615	732
	50ft 起飞距离	1150	1376

注：海平面压强为 1013.2hPa,该飞机离地速度为 58 空速,50ft 速度为 65 空速,重量 900kg,襟翼 10°。

2.风向和风速

由于飞机与空气的相对速度越大,产生于飞机机翼上的升力就越大,因此飞机起飞时应逆风起飞,以加大飞机与空气之间的相对速度,进而增大飞机升力,减小需要的起飞速度和起飞滑跑距离,也可增大起飞重量。在一定范围内,沿飞机的正顶风向的风速越大,飞机与空气的相对速度越大,可增大起飞重量。

3.跑道长度、坡度和质量

跑道长度越长,飞机起飞重量可以越大,因为可供起飞滑跑的距离越大,飞机起飞速度越大,获得的升力越大。例如,当跑道长度达到 3200 米时,可以起飞 B747-400 飞机,其最大起飞重量为 385.6 吨;当跑道长度只有 1700 米时,可以起飞 B737-300 飞机,其最大起飞重量为 56.5 吨。如果跑道的长度不能满足飞机的起飞重量要求时,飞机或者不能起飞或者可以减重起飞。根据跑道长度计算飞机的许可起飞重量时,要保证飞机在起飞时如果发生一台发动机停车,要继续起飞时能够安全起飞并返场着陆;如果要中断起飞,则能在安全道内停住。

跑道具有一定坡度时,应沿下坡方向起飞,便于飞机加速,可以减少起飞滑跑距离。因此在一定范围内,坡度越大,起飞重量可以越大。

起飞跑道的硬度越大,跑道能够承受的载荷越大,起飞重量可以越大。一般来说,对于水泥跑道,可以起飞上百吨的飞机;碎石跑道,可以起飞几十吨的飞机;土质跑道只能起飞几吨的飞机。

跑道道面越粗糙或者道面越湿,摩擦力越大,对飞机的阻力越大,飞机滑跑时不易加速,必将延长滑跑距离,因此要求起飞重量越小。各种跑道表面的摩擦系数见表 4.2。

表 4.2　跑道表面状况与摩擦系数

跑道表面状况	不刹车时平均摩擦系数	刹车时平均摩擦系数
干燥混凝土道面	0.03～0.04	0.30
潮湿混凝土道面	0.05	0.30
干燥坚硬草地	0.07～0.10	0.30
潮湿草地	0.10～0.12	0.20
覆雪或积冰道面	0.10～0.12	0.10

4. 机场的净空条件

机场的净空条件是指机场周围影响飞行安全、正常起降飞行的环境条件,例如高建筑物、高山、鸟及其他动物的活动等情况。

在飞机的起飞过程中,有时可能出现一台发动机停车的情况,此时飞机需要继续爬升到一定高度再返场着陆。对于双发飞机来说,当只剩下一台发动机工作时,仍应具有一定的爬高能力,能够安全超越机场周围的障碍物。当机场的净空条件好时,不需要求飞机具有很高的单发爬高能力,因此飞机的起飞重量可以大些。如果机场的净空条件不好,若以最大起飞重量起飞不能安全超越障碍物时,则必须减重起飞。

5. 航路上单发超越障碍的能力

飞机在巡航飞行过程中出现一台发动机熄火时,要求飞机靠另外一台发动机能够超越航路中的障碍物。飞机起飞时的重量越大,飞机单发爬高越困难,因此为了能单发超越航路中所有障碍,起飞重量不能过大,必要时需要在起飞时减重起飞。

6．襟翼角度

襟翼是飞机重要的增升装置,在飞机起飞、降落时放下。襟翼放下增加了机翼翼面面积,增加了翼面弯度,从而增加升力。因此,襟翼放下角度与飞机的最大起飞重量呈正比例关系。

7．发动机喷水设备

当使用喷水设备时,往发动机汽缸中喷水以冷却降温,可以使发动机持续按额定功率工作,因此飞机的起飞重量可以大些。

8．噪声的限制规定

为了减轻对机场周围居民生活的干扰,很多大型机场对于机场内飞机起降的噪声做了严格的规定,并采取了相应的措施。当飞机的起飞重量大时,需要的起飞速度就越大,产生的噪声就大。当产生的噪声会超过限制规定时,飞机就不能以该起飞重量起飞。

4.1.4　飞机的最大起飞重量修正

飞机的最大起飞重量是在设计、生产飞机时由生产厂家确定的,是在一定的气候等条件下才能使用的限额值。在具体使用时,如果实际的生产情况与规定的条件有差别时,需要根据当时的实际情况,按照一定的方法对规定的最大起飞重量进行修正。飞机在出厂时,厂家都要提供一些关于飞机性能等方面的资料,其中包括关于修正最大起飞重量的图表资料和方法规定。

例1　已知某飞机执行航班任务,起飞机场标高为860m,当日机场场压为718.8mmHg,查气压表知道,机场标高为900m时,标准场压为682.50mmHg,机场标高为990m时,标准场压为675.13mmHg。该飞机机型规定,当场压高于(或低于)标准场压10mmHg时,飞机的最大起飞重量可以增加(或减少)100kg,该飞机最大起飞重量为13578kg,请对该飞机规定的最大起飞重量进行修正。

解: $(675.13-682.5)/(990-900)\approx-0.0819(\text{mmHg/m})$

机场标高为860m时,标准场压为:

$$682.5+(860-900)\times(-0.0819)\approx685.8(\text{mmHg})$$

$$\text{现实场压}-\text{标准场压}=718.8-685.8=33(\text{mmHg})$$

最大起飞重量可增加:$100\times(33/10)=330(\text{kg})$

最大起飞重量:$13578+330=13908(\text{kg})$

例2 已知某飞机执行航班任务,当日场温 25℃,风速 8m/s,风向与起飞跑道方向夹角 120°,跑道长 3400m。该机型规定:当跑道长度分别为 2000～2500m、2500～3000m、3000m 以上时,正顶风速每增加 1m/s,最大起飞重量可以分别增加 200kg、250kg、300kg。查飞机起飞全重表,场温 25℃,正顶风速 0m/s 时,飞机最大起飞重量为 42500kg,请对该飞机规定的最大起飞重量进行修正。

解: 正顶风速:$8 \times \cos(180° - 120°) = 4(m/s)$

最大起飞重量可增加:$300 \times 4 = 1200(kg)$

最大起飞重量:$42500 + 1200 = 43700(kg)$

4.1.5 飞机的最大滑行重量

飞机的最大滑行重量是指飞机在滑行时全部重量的最大限额。最大滑行重量大于最大起飞重量,两者得到的差额就是可以多加的滑行用油重量。滑行用油重量包括滑跑用油和地面开车用油的重量,供飞机在起飞前的地面滑行消耗。滑行用油重量必须在飞机起飞前用完,以保证飞机起飞不超过最大起飞重量。

由于滑行用油重量一般只有几十千克,因此,航空公司为了计算方便,常用最大起飞重量代替最大滑行重量。

4.2 飞机的最大着陆重量

4.2.1 飞机着陆

飞机从 25m(中国规定)或 50ft(英、美等国规定)高度下滑,下降接地滑跑直至全停的整个过程,叫着陆。飞机着陆过程一般可分为下降、拉平、接地和着陆滑跑四个阶段,如图 4.2 所示。

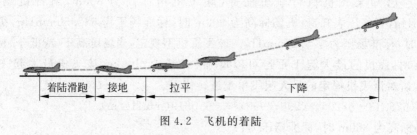

图 4.2 飞机的着陆

4.2.2 最大着陆重量的概念

飞机的最大着陆重量也称为飞机的最大落地全重,简称落地全重(Maximum of Landing Weight,MLDW),是根据飞机的起落设备和机体结构所能承受的冲击载荷而规定的飞机在着陆时全部重量的最大限额。

　　飞机在跑道上着陆时,最理想的状态是触地瞬间升力等于重力,垂直下沉速度等于零。但实际情况往往不是这样,因为许多因素的影响,比如驾驶技术因素,使得触地瞬间的升力小于重力,飞机向下坠落,垂直下沉速度大于零,从而和地面发生撞击。因此,起落架与跑道之间不可避免地要产生一定的冲击力,飞机着陆时重量越大,该冲击力越大。当冲击力超过机体结构强度和起落架所能承受的冲击载荷时,将导致飞机机体结构或起落架的损坏,造成严重事故。因此,飞机着陆重量时不能过大。而且飞机在跑道上着陆时,有时由于某种原因需要重新爬高到一定高度后再行降落。即使发生一台发动机停歇,也要有复飞爬高的能力。因此,飞机着陆时的重量也不能过大。

　　在任何情况下,飞机都不能超过其最大着陆重量着陆,这是保证飞机飞行安全的基本条件。

4.2.3　影响飞机的最大着陆重量的因素

　　飞机的最大着陆重量和最大起飞重量一样,也受到跑道长度和承受力、机场标高和净空条件等因素的影响,因此也需要根据当时当地的具体条件来做相应的修正。通常情况下,应尽可能避免飞机超过最大着陆重量着陆。如在特殊情况下发生超重着陆,该飞机必须经过机务部门检查合格和航行签派室批准后才能继续使用。

1. 大气温度和机场标高

　　飞机在着陆时,仍需足够的升力,以减少与跑道之间的冲击力。当大气温度较高或机场标高较大时,飞机的着陆重量要降低。

2. 风向和风速

　　飞机着陆时逆风着陆,逆风风速越大,可增大空气的阻力,缩短滑跑距离,也可增大飞机的升力,减小飞机着陆时起落架与跑道之间的冲击力,使着陆平稳。而在顺风着陆时则相反。

3. 跑道情况

　　飞机着陆时的重量越大,具有的惯性越大,需要滑跑的距离越长,要求所用跑道的长度越长。对于一定坡度的跑道,飞机着陆时沿上坡方向滑行,可使飞机减速更快,缩短滑跑距离。跑道的硬度越大,能够承受的冲击载荷越大,着陆时可越重。

4. 机场的净空条件

　　机场的净空条件好,飞机可以在更长的时间和更大的空间内降低高度和速度,有利于飞机的平稳着陆,减小飞机与跑道之间的冲击力。

4.3 飞机的最大无油重量

4.3.1 最大无油重量的概念

飞机的最大无油重量也称为飞机的最大无油全重,简称无油全重(Maximum of Zero Fuel Weight,MZFW),是指除燃油之外所允许的飞机最大飞行重量限额。

飞机无油重量是由飞机的基本重量和业务载重量所组成的。飞机的基本重量通常是固定不变的,确定了最大无油重量也就对业务载重量起到了限制作用,使它不得超过最大无油重量与基本重量之差。

4.3.2 限制最大无油重量的原因

由于飞机飞行所需的燃油主要是装在两翼内,燃油的重量抵消了一部分由机翼产生的升力,在燃油逐渐减少乃至耗尽的情况下,作用于机翼的升力相应增大,也即增加了机翼的向上的弯曲扭力。为了在无油的状态下,机翼不受损坏,因此,许多机型都有最大无油重量的限制。

在任何情况下,除燃油以外的全部实际重量不得超过该机的最大无油重量,这是保证飞机飞行安全的基本条件。

4.4 飞机的基本重量

4.4.1 基本重量的概念

飞机的基本重量,简称基重(Base Weight,BW),是指除了业务载重量和燃油外,已完全做好飞行准备的飞机重量。

4.4.2 基本重量的组成

1. 空机重量

空机重量指飞机本身的结构重量、动力装置和固定设备(如座椅、厨房设备等)的重量、油箱内不能利用或不能放出的燃油及润滑油重量、散热器降温系统中的液体重量、应急设备重量等之和。飞机的空机重量由飞机制造厂提供,记录在飞机的履历册内。空机重量所包含的内容,各机型可能不一致,使用和计算应按各机型的重量项目规定执行。

2. 附加设备重量

附加设备重量包括服务用品及机务维修设备等。

3. 空勤组及其随身携带物品的重量

每种机型的空勤组人数是确定的,称为标准机组或额定机组。机组的组成一般用"驾驶员人数/乘务员人数"的格式表示。如有随机机组,但不承担本次航班任务,则再加"/随机机组人数"。

4. 服务设备及供应品的重量

每种机型的供应品重量是确定的,称为额定供应品重量。

5. 其他按规定应计算在基本重量之内的重量

其他按规定应计算在基本重量之内的重量包括飞机的备件等。

飞机的基本重量一般是相对固定的。但是,由于每次实际飞行任务的需求不一样,基重会因机组人员的增减、供应品的增减等而发生变化。因此,不论哪种机型执行飞行任务,在计算业务载重时都应使用当时该架飞机的基本重量。

在飞机固定基本重量基础上增减设备和服务用品、机组人员、随机器材等重量后所得的基重称为修正后基重。一般每增减 1 名机组人员,按 80kg 计算,其他项目重量按实际重量的增减量计算。修正后的基本重量反映了执行航班任务的飞机的实际情况,因此在计算最大业务载重量时应采用修正后的基本重量。

4.5 飞机的燃油重量

飞机的燃油重量也称起飞油量,是指飞机执行任务所携带的航段耗油量和备用油量的合计数。是飞机起飞滑跑并达到抬前轮速度时,飞机油箱内可供飞行使用的全部燃油的重量。不包括地面开车和滑行的油量。

1. 航段耗油量

航段耗油量(Trip Fuel Weight,TFW),是指飞机由起飞站到达降落站整个航段所需消耗的油量。航段耗油量是根据航段的距离、该型飞机平均时速和每小时平均耗油量而确定的。计算公式为:航段耗油量=飞机平均小时耗油量×航程距离/平均地速。

2．备用油量

备用油量(Reserve Fuel Weight,RFW)，是按照飞机到达降落机场不能着陆而需飞抵备降机场上空时，还要有不少于 45 分钟油量的原则确定的。计算公式为：备用油量＝(飞机平均小时耗油量×降落站至备降站的距离/平均地速)＋(飞机平均小时耗油量×45/60)。

例 3　机号 B-2809,B757-200 机型飞机 FM9101 航班执行上海虹桥机场至北京首都机场的飞行任务，起飞时间为 11:00，到达北京首都机场时间为 12:50。备降机场选在天津，北京首都机场与天津滨海机场之间的距离为 300km，该飞机的平均飞行速度为 600km/h，平均每小时耗油 2140kg。计算起飞油量。

解：航段耗油量＝(1＋50/60)×2140＝3923(kg)

备用油量＝(300/600＋45/60)×2140＝2675(kg)

起飞油量＝3923＋2675＝6598(kg)

3．最少油量和最大着陆油量

由于机翼结构强度的限制，有些机型有最少油量的规定，就是飞机的起飞油量不得少于一定的重量，如果所加燃油少于规定的最少油量时，则应从飞机的最大起飞重量中减去相应的燃油重量差，余数作为允许的最大起飞重量。

同样，根据机翼和机身结合部的结构强度，某些机型有最大着陆油量的规定，即所谓备用油量不得超过一定的限额。

4．燃油的作用

飞机携带的燃油是供发动机燃烧而产生推力的。除此之外，它还有以下作用：

(1) 平衡飞机。飞机的油箱一般分为主油箱、副油箱和中央油箱。除去中央油箱位于机身部位以外，其他油箱都分布在两侧机翼内。

飞机携带的燃油，主要加在机翼油箱内。由于飞机的翼展较大，因此机翼内的燃油可以加强飞机的横侧平衡。当航线上有较强气流时，机翼内(尤其是靠近翼尖部位的油箱内)多加燃油可以加强飞机的平稳程度。为了保证飞机的横侧平衡，在给飞机加油时，要使左右机翼所加油量相同；在使用时也需左右机翼内的燃油对称使用。某些机型由于设计等方面的原因，飞机在停机坪上处于不平衡状态，需要加一部分燃油使飞机保持平衡。

(2) 保护机翼不受损坏。如前所述，在飞机起飞和飞行时，机翼内燃油的重量可以抵消一部分升力，使作用于机翼上向上弯曲的扭矩减小，保护机翼不受损坏。因此在加油时，一般先加机翼油箱，再加中央油箱；耗油时则按相反顺序进行。

(3) 减少飞行成本：飞机从燃油价格较低的航站起飞时，如果剩余业载较多，可额外多加一部分燃油,以减小飞机回程时在燃油价格较高的航站的加油量,节省飞行成本费用。

（4）飞机携带油量的多少对可装载的业载量有直接的影响。一般情况下,飞机携带的油量越多,可装载的业载越少。所以为了既保证航班飞行安全,又要提高可装载业载量,应该正确合理地计算飞机的起飞油量。

4.6 飞机的最大业务载重量计算

4.6.1 最大业务载重量的概念

飞机的最大业务载重量（Allowed Traffic Load）,简称最大业载,是执行航班任务的飞机可以装载的旅客、行李、货物、邮件的最大重量。

4.6.2 计算最大业务载重量的意义

1. 确保飞行安全,避免超载

超载飞机表现出的最主要的问题有:
① 需要较高的起飞速度;
② 需要较长的起飞跑道;
③ 减小了爬升速度和角度、降低了最大爬升高度;
④ 缩短了航程;
⑤ 降低了巡航速度;
⑥ 降低了操纵灵活性;
⑦ 需要较高的落地速度;
⑧ 需要较长的落地滑行距离。

这些降低飞机效率的因素在某些情况下可能并不会有严重影响,但如果飞机机翼表面结冰或发动机发生故障等情况时,则可能造成极其严重的后果。因此,正确计算飞机的最大业务载重量,可以确保飞行安全,避免超载飞行。

2. 避免空载,提高运输效益

计算出飞机的最大业务载重量和实际业务载重量后,就可以知道航班的剩余业载有多少,此时如果还有旅客要求乘坐本次航班旅行或者还有可由本航班运出的货物,则可适量地接收旅客和货物,最大限度地减少航班的空载,提高飞机的客座利用率和载运率,进而提高运输经济效益。

4.6.3 计算最大业务载重量的公式

1. 公式一

根据飞机的最大起飞重量计算飞机的最大业载。飞机的起飞重量由飞机修正后的基本重量、燃油重量和业务载重量构成。因此：

最大起飞重量＝修正后的基本重量＋燃油重量＋最大业务载重量

由此推导,公式一：

最大业务载重量＝最大起飞重量－修正后的基本重量－燃油重量

这是根据飞机的最大起飞重量数据计算的最大业务载重量,记为最大业载1。

2. 公式二

根据飞机的最大着陆重量计算飞机的最大业载。飞机的着陆重量由飞机修正后的基本重量、备用油重量和业务载重量构成。因此：

最大着陆重量＝修正后的基本重量＋备用油重量＋最大业务载重量

由此推导,公式二：

最大业务载重量＝最大着陆重量－修正后的基本重量－备用油重量

这是根据飞机的最大着陆重量数据计算的最大业务载重量,记为最大业载2。

3. 公式三

根据飞机的最大无油重量计算飞机的最大业载。飞机的无油重量由飞机修正后的基本重量和业务载重量构成。因此：

最大无油重量＝修正后的基本重量＋最大业务载重量

由此推导,公式三：

最大业务载重量＝最大无油重量－修正后的基本重量

这是根据飞机的最大无油重量数据计算的最大业务载重量,记为最大业载3。

由三大公式,可以看出飞机型号不同、或在不同的航线上飞行时,其最大业载都会不同,因为飞机的最大业载与飞机的三大全重数据、基重和油量等有着密切的关系。

在计算最大业载时,应根据该机型所受到的全重限制,按照上述三种公式计算。由于三个全重是不同的方面对重量进行限制,所以计算出的最大业载也不相同,应取其中最小数值作为本次飞行的最大业务载重量。只有这样才能保证飞机在起飞、降落和无油时不超过飞机的限制重量,以确保飞行安全。

4.6.4 最大业务载重量限额

最大业务载重量限额是飞机制造厂根据该型飞机的结构强度和各种性能要求所规定

的最大装载量的限额。在对飞机进行装载时,实际装载量不应超过飞机的最大业务载重量限额。

因此,飞机的最大业务载重量＝Min(最大业载1,最大业载2,最大业载3,最大业载限额)。几种飞机机型的最大业载限额见表4.3:

表4.3　部分飞机的最大业载限额

机　型	最大业载限额	机　型	最大业载限额
B737-200	15780	A321-200	14000
B737-300	16730	A319-100	14800
B757	24000	A320-200	18000
B767	31570	A340-300	46500
B747 SP	46400	A340-600	58000
B747-200B	70000	CRJ-200	5200
B747-400	75283	MD-82	17000
B747-400F	120000	MD-90	17600

例4 已知 B-2522 号飞机执行 FM9253 航班从上海飞至厦门的飞行任务,飞机修正后基本重量是 32122kg,起飞油量为 8500kg,其中航程耗油 6200kg,飞机的最大起飞全重是 58425kg,最大落地全重是 54320kg,最大无油全重是 50115kg,飞机的最大业载限额为 22500kg,求飞机的最大业载。

解：备用油量：8500−6200＝2300(kg)

最大业载1：58425−32122−8500＝17803(kg)

最大业载2：54320−32122−2300＝19898(kg)

最大业载3：50115−32122＝17993(kg)

最大业载：＝Min(17803,19898,17993,22500)＝17803(kg)

4.7　飞机的实际业务载重量

实际业务载重量(Total Traffic Load),是指飞机上实际装载的旅客、行李、货物和邮件的重量之和。

计算实际业务载重量时,行李、邮件、货物的重量按照实际重量计算,旅客的重量则不易很准确地计算。民航最初是对每个旅客进行称重,得出所有旅客的总重量,但随着乘机旅客人数的增多,这种做法既费时费力,也是一种对旅客不尊重的做法,因此改为按一定的标准折合。

中国民航规定国内航班每位成人按 72 千克计算,儿童按 36 千克计算,婴儿按 10 千克计算;国际航班每位成人按 75 千克计算,儿童按 40 千克计算,婴儿按 10 千克计算。但目前由于各地的情况不同,采用的折合标准不尽相同。本书仍沿用以上折合标准,在具体工作中应按当地的规定执行。

例5 某国内航班的实际业载为：旅客 103 人，其中成人 95 人，儿童 6 人，婴儿 2 人；行李 1100 千克；邮件 200 千克；货物 1800 千克。计算本次航班的实际业务载重量。

解： 成人旅客重量＝95×72＝6840(kg)

儿童旅客重量＝6×36＝216(kg)

婴儿旅客重量＝2×10＝20(kg)

旅客总重量＝6840＋216＋20＝7076(kg)

实际业务载重量＝7076＋1100＋200＋1800＝10176(kg)

需要注意的是，民航规定每位旅客可以随身携带 5 千克物品进入客舱，这部分重量已经包括在上述旅客体重折合值内。因此如果旅客的随身携带物品超过 5 千克的限额，就有可能造成实际的业务载重量超过计算的业务载重量，造成飞机在计算上不超载而实际上超载的结果。所以应严格限制旅客的随身携带品重量。

本 章 小 结

飞机是在空中飞行的运输工具，要求具有更高的可靠性和安全性以及更好的平衡状态，因此，严格限制飞机的最大业务载重量具有十分重要的意义。飞机的最大业务载重量受到飞机的最大起飞重量，最大落地重量、最大无油重量的限制以及飞机的基本重量、油量、飞机的最大业载限额等因素的制约。而这些制约因素会随着飞机执行任务的当时当地情况发生变化，因此，应根据实际情况，计算飞机的最大业务载重量。飞机的最大业务载重量可以由三大全重公式计算得出。每次飞行，飞机的实际业务载重量都不得超过最大业务载重量。

复习与思考

1. 机场环境对飞机的最大起飞重量、最大落地重量产生什么影响？

2. 为什么要对飞机的最大无油重量进行限制？

3. 飞机起飞加油量如何计算？

4. 超载飞机表现的主要问题是什么？

5. 如何计算飞机承运的旅客重量？

阅读

对国航限载减客的思考

2006 年 8 月 30 日，在宁波机场国航 CA1542 航班因飞机限载，有 32 位旅客无法搭乘该架飞机成行，由此旅客意见较大，甚至影响办票大厅正常的运行秩序。在机场各保障单位的通力协作下，经过工作人员一个多小时的解释劝说和细致工作,大部分旅客顺利改道由杭州机场前往北京。

飞机为什么会产生限载情况呢?工作人员解释说,飞机在出厂后飞机制造商根据发动机推力和本身自重等数据会给出一个飞机结构可承受的最大起飞重量;此外,在不考虑飞机所加燃油和航程耗油的等内因的情况下,飞机的起飞重量还会受到爬升越障、跑道、大气状况、刹车能量、轮胎速度等外因条件的限制。而在宁波机场影响飞机载量的最大两个外因是跑道方向和场温条件。

首先,机场的跑道有 13 和 31 两个方向,跑道长度已由 2500 米延长到了 3200 米,但由于 31 跑道方向前方存在着山丘,仍然严重影响着飞机的爬升限载重量;其次,夏季的高温天气对飞机的起飞性能也有较大影响;气温越高飞机的限载越大,以国航的 B737-300 来讲,24 摄氏度时飞机使用 31 跑道可达到 53 吨的起飞重量,而在 34 摄氏度时却最多只能达到 51 吨的起飞重量,少了近 20 个旅客的载量,气温的影响由此可见一斑。

航班因限载减下旅客及货物不但严重损害了航空公司的形象和信誉,同时也给机场服务保障工作带来了难题。那么,如何能避免这种现象的发生呢?

有关专家认为可以通过下面几个途径。一是职能部门可与航空公司积极协调,尽量安排性能较好的机型来执行远程航线,如 B737-700、B737-800 等机型拥有比较大的发动机推力,受跑道方向和场温的影响较小;二是有关保障部门紧密协作,密切关注风向、载量等情况的变化,积极与塔台管制中心及机组协调,在不影响安全的前提下尽量安排飞机从 13 跑道方向起飞;三是旅客服务部门积极与航空公司协调处理被减下旅客的善后工作,一方面积极为旅客改签到后续航班,防止吞吐量的流失。另一方面做好解释和补偿等服务工作,力求把负面影响最小化。

资料来源:励航.对国航限载减客的思考.宁波空港.总第 57 期,2006.9.18

思考题

1. 跑道和场温怎样影响飞机的最大起飞重量?
2. 飞机的载运量受哪些因素的制约?

练习题

1. 某架飞机执行航班任务,航段距离 1000km,目的站与其备降机场的距离 200km。飞机的平均飞行速度 400km/h,平均小时耗油量 2800kg。计算该飞机应带多少起飞油量?

2. 某飞机从福州飞至上海,该飞机起飞全重,落地全重,无油全重分别为 99790kg,89811kg,83461kg;基本重量 58440kg,该航班任务额外增加了一名机组人员,起飞油量 11000kg,其中航段耗油 8000kg。飞机最大业载限额为 30300kg,飞机上到上海的旅客为 200/00/00,行李 806 千克,计算该飞机最大可以载运的货物重量为多少?若飞机上实际载运货物 3159 千克,该航班空载多少?

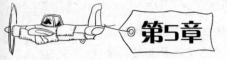

第5章

实际业务载重量配算

本章关键词

配载（load planning） 预配（pre-allocation）

结算（clearing） 通程业载（wide-range of payload）

固定配额（fixed quota） 临时索让（provisional obtain）

近程吨位（short-range tonnage） 远程吨位（far-range tonnage）

前方站（front station） 后方站（after station）

划线法（cross method） 比较法（comparison method）

过境业载（transit payload） 超载（overloading）

互联网资料

http://www.carnoc.com http://www.caac.gov.cn

http://www.airnews.cn http://www.chinaflyer.cn

实际业务载重量配算，简称配载，是根据飞机从本站出发的最大允许业务载重量，配算运至前方各站的旅客、行李、邮件和货物。配载是航空运输地面生产的重要环节，配载工作主要集中在货运配载室。一名业务熟练的配载人员可以根据不同机型的平衡要求，合理利用载量和舱位，达到较高的载运比率，提高营运效益。

5.1 航班配载流程

5.1.1 航班配载相关部门

目前各大航空公司和机场配合配载工作的部门和具体分工虽然有所差异，但总的来说，工作的内容是大致相同的。

1．航务部门

航务部门为配载室和平衡室提供飞机的起飞全重、落地全重的修正，机组的修正和航班油量等数据。

2．机务部门

机务部门负责提供飞机的基础数据和静态数据，包括飞机起飞、落地、无油重量限制、空重指数、客货舱布局等。

3．值机部门

值机在航班起飞前30分钟，通过离港系统，提供实际乘机的旅客人数、座位和行李重量数据。

4．仓管部门

仓管部门遵照配载的预配舱单，从仓库提出相关货物。

5．集控部门

集控部门提供本站出发的集装箱板信息，供航班配载使用。

6．装卸部门

装卸部门按照配载的装机通知单规定的舱位和重量，准确将待运货物、邮件、行李装上飞机。

5.1.2 航班配载步骤

1．预配

航班预配是在航班起飞前一定时间内根据飞机的可用业务载重量、预计的旅客人数、预留的行李和邮件重量，对飞机所载运货物进行配运。

预配工作通常要求在航班离站前2小时完成。航班中途站的预配应注意考虑过境业载，充分利用后方站的剩余吨位。航班预配的流程如图5.1所示。

民航规定，在飞机起飞前30分钟停止办理旅客乘机手续，此时才能获得旅客人数和行李重量等项目的准确情况。由于飞机起飞前需要做很多工作，如果不进行预配而直接在飞机起飞前30分钟进行货物配运工作，将使配载工作在很匆忙的情况下进行，以致一方面可能不能按时完成所有工作，造成航班延误；另一方面，可能造成配载错误，影响飞行安全。尤其对于每天出港航班很多的机场更是如此。另外,预配可以预先了解航班的剩余业载的大致情况,有助于积极筹集客货,减少航班空载。

2. 结算

因为进行预配时,旅客人数、行李和邮件重量都是预估值,只有在飞机起飞前 30 分钟,即柜台办理完旅客乘机手续后,才能得知实际准确的业载情况,因此,预配货物的结果不是最终运输的结果,待运货物数量和种类需要在办理完乘机手续后根据旅客、行李、邮件的实际载运情况在预配的基础上进行适当调整,以得出最终的飞机运输货物的量,这个过程称为结算。航班结算的流程如图 5.2 所示。

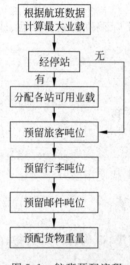

图 5.1　航班预配流程

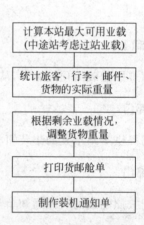

图 5.2　航班结算流程

5.1.3　航班配载基本规定

配载工作是一项安全性强、责任重、时间紧迫、联系面广的工作。因此,必须遵守相应的原则规定和工作要求。

（1）确保配载航班的飞机重心符合飞行要求、航班不超载。

（2）遵循业载分配顺序:先配运旅客、行李,必须当班发运的政府指定货物,紧急货物以及符合优先发运条件的货物,协议吨位以内的邮件,然后配运一般货物、超过协议吨位的邮件。

（3）充分利用航班吨位。尽量利用远程吨位配运远程货,近程吨位配运近程货;在必要时或没有远程货时,才能使用远程吨位配运近程货;避免用近程吨位装运远程货。

（4）预配时应留有机动吨位,宁加勿拉。避免预配过剩,造成超载而临时卸货,保证航班正点起飞。

(5) 了解旅客、货邮的临时增减情况和装机情况,保证配载工作符合飞机载重平衡要求。

(6) 航班离站后,发现计算错误或装卸错误,及时拍发电报或电话通知有关前方站。

(7) 计算实际业载重量时,行李、邮件和货物的重量以 kg 为单位,尾数不足 1kg 部分四舍五入。旅客重量按折合标准计算。专机旅客每个成人按 80kg 计算。

(8) 严格核对有关重量,做到“三相符”。

重量相符:载重表、载重电报上的飞机基本重量与飞行任务书相符;载重表、载重电报上的各项重量与舱单相符;装机单、加拉货物单等工作单据上的重量与舱单、载重表相符。

单据相符:装在业务文件袋内的各种运输票据与舱单相符。

装载相符:出发、到达、过站的旅客人数与舱单、载重表相符;各种物件的装卸件数、重量与舱单、载重表相符;飞机上各个货舱的实际装载重量与载重表、装机单相符。

5.1.4　航班配载主要业务单据

(1) 货运单、邮运单;

(2) 货物分批单;

(3) 预配舱单;

(4) 货邮舱单;

(5) 装机通知单;

(6) 配载外场工作检查单;

(7) 进港航班行李交接单;

其中,货运单、邮运单,货物分批单,货邮舱单,装机通知单是随机业务文件,在航班离站时间前用业务袋统一封装,与机组进行交接。

5.2　单航段航班配载

单航段航班配载,即直达航班配载相对比较简单,在计算出始发站的最大业载后,就可据此进行航班实际业载的配算。

例 1 已知 2008 年 3 月 5 日,B737-800 型 B-2909 号飞机,CZ3523 航班,CAN 至 SHA,飞机起飞全重、落地全重、无油全重分别为 57235kg,51709kg 和 48307kg,修正后基重 32936kg,起飞油量 6800kg,其中航段耗油量 4000kg。CAN 至 SHA 的座位预售 120/00/00,协议邮件 50kg,货运仓库 CAN 到 SHA 待运货物 25 件,共 320kg。航班关闭后,实际乘机旅客 125/00/00,行李 70 件,850kg,无邮件,请写出配载员预配和结算过程。

解：① 预配

根据三大全重计算本次航班最大可用业载：

最大业载 1=57235－32936－6800=17499(kg)

最大业载 2=51709－32936－(6800－4000)=15973(kg)

最大业载 3=48307－32936=15371(kg)

最大业载=Min(17499,15973,15371)=15371(kg)

预留旅客吨位：120×72=8640(kg)

预留行李吨位：120×15=1800(kg)

预留协议邮件吨位：50(kg)

因此，可配货物的吨位：

$$15371－(8640＋1800＋50)=4881(kg)$$

由于 CAN 至 SHA 的待运货物为 25 件，共 320kg，所以全部选配上飞机。

说明：得出选配货物方案后，配载员的航班预配工作就结束了。接下来，配载员需要制作预配舱单，通知仓库取货，然后制作货邮舱单、装机通知单。完成这些工作后，这个航班配载就暂时搁置一边。直到航班关闭后，配载员获得实际载运的旅客、行李、邮件信息后，这个航班的配载工作才重新开始，进入结算阶段。

所以，题目中"实际乘机旅客 125/00/00,行李 70 件,850kg,无邮件"这些数据在航班预配的时候是未知的，只有到航班起飞前半小时，航班关闭的时候，配载才能获得这些数据。这里是为了题目设计方便才写在一起。

② 结算

航班关闭后，实际乘机旅客人数：125/00/00,行李共 70 件,850kg,无邮件，选配的货物 320kg。

实际客货行邮重量合计：125×72＋850＋0＋320=10170(kg)

航班剩余业载 15371－10170=5201kg＞0

所以预配的选配货物方案可行，航班载量不超载，配载结束。

说明：行李的预留额应根据不同航线的平时流量来估计。一般来讲，长途航线行李较多时，可以按 20kg/人或以上来估计，短途游览型航线行李较少时，可以按 10kg/人来估计。本书所有计算都以 15 kg /人来估计。

5.3 多航段航班业载分配

对于单航段直达航班，计算出始发站的最大业载后，就可据此进行航班实际业载的配算。对于有经停站的多航段航班则情况比较复杂，因为一方面，影响飞机的最大起飞重量和最大着陆重量的因素情况在各站可能是不同的，因此导致在航程中飞机在各起飞站的最大起飞重量、最大着陆重量可能不一致；另一方面，多个航段中，每个航段的航程长度不同，航段耗油量不同，而且各站至其备降机场的距离不同，备用油量也不同，因此同一架飞机在不同航站起飞时携带的燃油量是不同的。所以，飞机在航程中的各起飞站的最大业务载重量经常是不相等的。

有经停站的多航段航班在吨位利用上，各起飞站通常都要装载一部分由本站出发的业载。在此情况下，为了使航班的吨位在保证各站的运输要求的前提下，利用得更合理、更充分，更符合整体利益，并达到最好的经济效益，有必要对各航段可用的业载量进行合理的分配。

5.3.1　相关术语

1. 最大通程业载

最大通程业载是指由航班的始发站可以一直利用到终点站的最大业务载运量。

例2　已知由上海经深圳至三亚的 CZ3836 航班，机型为 MD-82，其起飞全重，落地全重，无油全重分别为 67813kg，58968kg，55338kg，基本重量为 37177kg，飞机从上海到深圳的起飞油量为 11200kg，其中航段耗油为 9000kg；从深圳到三亚的起飞油量为 9500kg，其中航段耗油为 4000kg。计算通程业载。

解：① 飞机在上海站起飞时的最大可用业载：

最大业载 $1 = 67813 - 37177 - 11200 = 19436$（kg）

最大业载 $2 = 58968 - 37177 - (11200 - 9000) = 19591$（kg）

最大业载 $3 = 55338 - 37177 = 18161$（kg）

最大业载：$\text{Min}(19436, 19591, 18161) = 18161$（kg）

② 飞机在深圳站起飞时的最大可用业载：

最大业载 $1 = 67813 - 37177 - 9500 = 21136$（kg）

最大业载 $2 = 58968 - 37177 - (9500 - 4000) = 16291$（kg）

最大业载 $3 = 55338 - 37177 = 18161$（kg）

最大业载：$\text{Min}(21136, 16291, 18161) = 16291$（kg）

③ 最大通程业载：$\text{Min}(18161, 16291) = 16291$（kg）

因为，最大通程业载应为由上海站可以一直利用到三亚站的最大载量，应能顺利通过深圳站，因此，最大通程业载应为上海站、深圳站的最大可用业载中的最小者，即为 16291kg。

2. 固定配额

固定配额是经与始发站及其他中途站商定，某中途站在每次航班中固定装载一定数量的货物,销售一定数量的客票。一般来说,固定配额都是由该中途站利用到航班的终点站。

82

3. 临时索让

临时索让是在某次航班上,某中途站在其固定配额之外,要求多装载一部分业载和多销售一部分客票,向其他站临时索要的一部分吨位和座位。

一般来说,航班吨位都由航班始发站控制,航班经停站根据原有配额数进行配载。然而,在特殊情况下,有时会发生配额的索让。通常是航班经停站因临时性的需要而向航班始发站索取一定的吨位,但也不排除航班始发站向经停站索取配额的情况。

在分配固定配额和发生临时索让时,每个座位对应100kg重量的配额。

4. 近程吨位和远程吨位

从某站出发,有包含航段少的吨位和包含航段多的吨位。相对来说,前者为近程吨位,后者为远程吨位。由于最大通程业载包含的航段最多,因此为远程吨位。

5. 前方站和后方站

沿飞行方向确定前方站和后方站。飞机已经经过的航站为后方站,飞机还没有经过的航站为前方站。

5.3.2　各航段业载分配原则

(1) 保证前方各中途站的固定配额和临时索让不被占用

所有后方站在配载时要保证不占用前方中途站的固定配额和临时索让,否则会造成如下后果:

① 如果前方中途站仍然按照分配到的座位/吨位配载,将造成航班的座位/吨位超载;

② 前方中途站的业载中有一部分运不出去,造成该站业载积压,导致该站疏运困难;

③ 前方中途站卸下过站业载,装上由本站出发的业载,造成不正常运输情况的发生和对于卸下的过站业载的查询等。

(2) 优先分配远程吨位

优先分配远程吨位,在配载时就可以尽量多地配运远程货物,最大限度地减少后续航段的空载。

5.3.3　各航段业载分配方法

分配多航段航班各航段可用业载的方法有划线法和比较法两种。

1．划线法

（1）划线法步骤

① 写出航班各站及其可用座位/吨位情况、固定配额及临时索让情况；

② 按照各航段业载分配原则，进行各航段业载的分配，可分为三步进行：

a．预留出所有中途站的固定配额和临时索让的座位/吨位，以保证所有中途站的固定配额和临时索让不被占用。

b．分配最大通程业载。因为最大通程业载为最远程吨位，应优先分配。

c．分配剩余业载。注意：本站的剩余业载先由后方站使用；如仍有剩余业载，再由本站自己使用。

③ 对业载分配结果进行归纳分析。

（2）划线法示例

① 中途站没有固定配额，也无临时索让

例3　某航线情况如下，分配各航段业载。

```
A ——————— B ——————— C ——————— D
48/4460   48/4480   48/4320
```

解：

```
A ——————— B ——————— C ——————— D
48/4460   48/4480   48/4320
48/4320   48/4320   48/4320
———————————————————————————————
 0/140     0/160     0/0
 0/140     0/140
 0/0       0/20
           0/20
           ——————
           0/0
```

各航段业载的分配结果如下：

A—B　0/0　　　　A—C　0/140

A—D　48/4320　B—C　0/20

B—D　0/0　　　　C—D　0/0

检验：

从 A 站出发的分配的座位/吨位为：0/0＋0/140＋48//4320＝48/4460

从 B 站出发的分配的座位/吨位为：0/140＋48/4320＋0/20＋0/0＝48/4480

从 C 站出发的分配的座位/吨位为：48/4320＋0/0＋0/0＝48/4320

由此可见，从各站出发分配的座位/吨位恰好为该站的可用座位/吨位，因此，如果各航段实际配载正好与分配的结果相同时,每一航段都无空载损失,而且由于优先分配了远程吨位,因此能够取得最大的运输效益。

② 中途站有固定配额,无临时索让

例4　某航线情况如下,B站和C站分别有固定配额 6/600 和 4/400。分配各航段业载。

```
              6/600        4/400
A ——————— B ——————— C ——————— D
48/4400   48/3500   48/4300
```

解:

```
              6/600        4/400
A ——————— B ——————— C ——————— D
48/4400   48/3500   48/4300
                          4/400
                          44/3900
              6/600        6/600
              42/2900      38/3300
38/2900   38/2900      38/2900
10/1500   4/0           0/400
4/0       4/0
6/1500    0/0
6/1500                  0/400
0/0                     0/0
```

各航段业载分配结果如下:

A—B　6/1500　　　A—C　4/0

A—D　38/2900　　B—C　0/0

B—D　6/600　　　C—D　4/400＋0/400＝4/800

检验:

从 A 站出发的分配的座位/吨位:6/1500＋4/0＋38/2900＝48/4400

从 B 站出发的分配的座位/吨位:4/0＋38/2900＋0/0＋6/600＝48/3500

从 C 站出发的分配的座位/吨位:38/2900＋6/600＋4/800＝48/4300

③ 中途站既有固定配额,又有临时索让

a. 中途站向始发站索取吨位

例5　某航线情况如下,B站和C站分别有固定配额 15/1500 和 10/100,某次飞行B站和C站在固有配额基础上,分别向始发站 A 站索取 4/400 和 2/200 至终点站。分配各航段业载。

```
          15/1500      10/1000
A ─────── B ─────── C ─────── D
87/7630   87/6280    87/7910
```

解：

```
          ＋4/400      ＋2/200
          15/1500      10/1000
A ─────── B ─────── C ─────── D
87/7630   87/6280    87/7910
                     12/1200
                     ────────
                     75/6710

          19/1900      19/1900
          ────────    ────────
          68/4380      56/4810
56/4380   56/4380      56/4380
          ────────    ────────
31/3250   12/0         0/430
12/0      12/0
────────  ────────
19/3250   0/0
19/3250                0/430
────────               ────────
0/0                    0/0
```

各航段业载分配结果如下：

A—B　19/3250　　　A—C　12/0

A—D　56/4380　　　B—C　0/0

B—D　19/1900　　　C—D　12/1200＋0/430＝12/1630

检验：

从 A 站出发的分配的座位/吨位：19/3250＋12/0＋56/4380＝87/7630

从 B 站出发的分配的座位/吨位：12/0＋56/4380＋0/0＋19/1900＝87/6280

从 C 站出发的分配的座位/吨位：56/4380＋19/1900＋12/1630＝87/7910

例 6　上例中，B 站向 A 站索取的 4/400 利用至 C 站，其他情况不变。分配各航段业载。

解：此时 B 站的固定配额和索取吨位应分别计算。

```
          ＋4/400      ＋2/200
          15/1500      10/1000
A ─────── B ─────── C ─────── D
87/7630   87/6280    87/7910
                     12/1200
                     ────────
                     75/6710
```

4/400

83/5880

15/1500　　　15/1500

68/4380　　　60/5210

60/4380　　60/4380　　60/4380

27/3250　　8/0　　　　0/830

8/0　　　　8/0

19/3250　　0/0

19/3250　　　　　　0/830

0/0　　　　0/0　　　　0/0

各航段业载分配结果如下：

A—B　19/3250　　　A—C　8/0

A—D　60/4380　　　B—C　4/400

B—D　15/1500　　　C—D　12/1200＋0/830＝12/2030

检验：

从 A 站出发的分配的座位/吨位：19/3250＋8/0＋60/4380＝87/7630

从 B 站出发的分配的座位/吨位：8/0＋60/4380＋4/400＋15/1500＝87/6280

从 C 站出发的分配的座位/吨位：60/4380＋15/1500＋12/2030＝87/7910

b. 中途站向后方中途站索取吨位

后方中途站只能在其固定配额的范围内让出座位/吨位，并且让出的座位/吨位可以利用到索取站。

例 7　某航线情况如下，B 站和 C 站的固定配额分别为 8/800 和 4/400，某次飞行 C 站在原有固定配额基础上，分别向 A 站和 B 站各索取 2/200 至终点站。分配各航段业载。

　　　　　　8/800　　　4/400

A —————— B ———— C ———— D

48/4100　　48/4200　　48/4300

解：

　　　　　　　　　　　＋2/200

　　　　　　　－2/200　　＋2/200

　　　　　　　8/800　　　4/400

A —————— B ———— C ———— D

48/4100　　48/4200　　48/4300

　　　　　　　　　　　8/800

　　　　　　　　　　　40/3500

```
                2/200
                46/4000
                6/600        6/600
                40/3400      34/2900
34/2900         34/2900      34/2900
14/1200         6/500        0/0
6/500           6/500
8/700           0/0
8/700
0/0
```

各航段业载分配结果如下：

A—B 8/700   A—C 6/500

A—D 34/2900   B—C 2/200

B—D 6/600   C—D 8/800

检验：

从 A 站出发的分配的座位/吨位：8/700＋6/500＋34/2900＝48/4100

从 B 站出发的分配的座位/吨位：6/500＋34/2900＋2/200＋6/600＝48/4200

从 C 站出发的分配的座位/吨位：34/2900＋6/600＋8/800＝48/4300

c. 始发站向中途站收回一部分吨位

例 8 某航线情况如下，B 站和 C 站的固定配额分别为 8/800 和 4/400，某次飞行 A 站收回 B 站配额 2/200。分配各航段业载。

```
              6/600       4/400
A ——————— B ——————— C ——————— D
48/4400   48/3500    48/4300
```

解：

```
              －2/200
              6/600       4/400
A ——————— B ——————— C ——————— D
48/4400   48/3500    48/4300
                          4/400
                          44/3900
              4/400       4/400
              44/3100     40/3500
40/3100   40/3100    40/3100
```

8/1300	4/0	0/400
4/0	4/0	
4/1300	0/0	
4/1300		0/400
0/0		0/0

各航段业载分配结果如下：

A—B 4/1300   A—C 4/0

A—D 40/3100   B—C 0/0

B—D 4/400   C—D 4/400＋0/400＝4/800

检验：

从 A 站出发的分配的座位/吨位：4/1300＋4/0＋40/3100＝48/4400

从 B 站出发的分配的座位/吨位：4/0＋40/3100＋0/0＋4/400＝48/3500

从 C 站出发的分配的座位/吨位：40/3100＋4/400＋4/800＝48/4300

需要说明的是，以上各例的航段业载分配结果只是理想的结果，实际配载情况如果恰好与画线分配结果相同，就能够取得最大运输效益。但有时划线法得出的某些航段的分配结果实际上是不可行的，例如在例 4 中，A—C 段的业载分配结果为 4/0，即有 4 个座位可用但无吨位可用。因为吨位数包含了旅客的重量，因此，这 4 个座位也不能由 A—C 段使用。另外 B—C 段的业载分配结果为 0/0，也并不是说在实际配载时这一航段就不能装载客货业载，如果该航段有业载而不装机，将造成后续航段更严重的空载。

总之，航段业载分配的结果只是理想的目标，实际配载时只能以此作为参考，要做到实际配载结果和航段业载分配结果完全相同的可能性是很小的，甚至是不可能相同的。因为实际配载情况取决于各航段实际待运客、货的情况，因此只能要求在理想的航段业载分配结果的基础上，根据实际情况，进行实际配载，让实际配载结果尽可能接近航段业载分配的结果，达到尽量大的运输效益。

2. 比较法

利用划线法分配航段载量，计算思路清晰，易于理解，但计算步骤较多，费时且易出错。还有一种分配各航段载量的方法，是利用航站之间的业载比较，确定相应航段的可用载量，这种方法称为比较法。

① 中途站没有固定配额，也无临时索让

例 9   以该例说明比较法的原理和步骤。某航线情况如下，分配各航段业载。

A —————— B —————— C —————— D

48/4460   48/4480   48/4320

解：首先用 A 站的可用座位/吨位与 B 站进行比较：

A—B　48/4460－48/4480＝0/－20

两站的可用座位之差为 0，说如果在 A 站飞机上有 48 名旅客，则恰好可以通过 B 站，不会造成 B 站运力超载，两站的可用吨位之差为－20，说明在 A 站飞机上装载 4460kg 业载时可以通过 B 站，而且 B 站还有 20kg 剩余吨位。由于优先分配远程吨位，因此 A—B 航段的分配可用业载为 0/0。

再把 A 站和 C 站的可用座位/吨位进行比较：

A—C　48/4460－48/4320＝0/140

两站的可用座位之差为 0，说如果在 A 站飞机上有 48 名旅客，顺利通过 B 站后，又恰好可以通过 C 站，两站的可用吨位之差为 140kg，说明在 A 站飞机上装载 4460kg 业载，顺利通过 B 站后，只有其中的 4320kg 可以通过 C 站，剩余的 140kg 业载必须在 C 站卸下。因此 A—C 航段分配的可用业载为 0/140。

从 A 站的最大的可用座位/吨位中扣除已分配给 A—B 航段和 A—C 航段的可用业载后，剩余部分即为 A—D 航段分配的可用业载，即为 48/4320。

由于 B 站的最大可用座位/吨位供 A 站的过站货 48/4460 通过后，还有剩余吨位 20kg，而 C 站的最大可用座位/吨位供 A 站的过站货利用后没有剩余吨位，因此 B 站的 20kg 吨位只能利用到 C 站，于是 B—C 航段的分配可用业载为 0/20，而 B—D 航段及 C—D 航段均无可用业载分配。

② 中途站有固定配额，但无吨位索让

对于中途站来说，应先在本站的最大可用座位/吨位上减去本站及后方中途站的固定配额，然后用剩余额与他站进行比较。

例 10　某航线情况如下，B 站和 C 站分别有固定配额 6/600 和 4/400。分配各航段业载。

```
            6/600        4/400
A ———————— B ———————— C ———————— D
48/4400    48/3500      48/4300
```

解：

A—B＝48/4400－(48/3500－6/600)＝6/1500

A—C＝(48/4400－6/1500)－(48/4300－4/400－6/600)＝4/－400＝4/0

A—D＝48/4400－6/1500－4/0＝38/2900

B—C＝0/0

B—D＝6/600(48/3500－38/2900－4/0)

C—D＝4/400＋0/400＝4/800(48/4300－6/600－38/2900)

③ 中途站有固定配额,也有临时索让

a. 中途站向始发站索取吨位

对于中途站来说,应先在本站的最大可用座位/吨位中减去本站及其后方中途站的固定配额及其索取吨位,然后用剩余额参与比较。

例 11 某航线情况如下,B 站和 C 站分别有固定配额 15/1500 和 10/100,某次飞行 B 站和 C 站在固有配额基础上,分别向始发站 A 站索取 4/400 和 2/200 至终点站。分配各航段业载。

$$
\begin{array}{ccc}
& 15/1500 & 10/1000 \\
A \!-\!\!-\!\!-\!\!-\!\!-\!\!-\! B & \quad C \!-\!\!-\!\!-\!\!-\!\!-\! D \\
87/7630 & 87/6280 & 87/7910
\end{array}
$$

解:

A—B＝87/7630−(87/6280−15/1500−4/400)＝19/3250

A—C＝(87/7630−19/3250)−(87/7910−10/100−2/200−15/1500−4/400)＝68/4380−56/4810＝12/−430＝12/0

A—D＝87/7630−19/3250−12/0＝56/4380

B—C＝0/0

B—D＝87/6280−56/4380−12/0＝19/1900

C—D＝87/7910−15/1500−4/400−56/4380＝12/1630

b. 中途站向后方中途站索取吨位

对于向后方中途站索取吨位的情况,先不考虑中途站之间的索让问题,在航班载量分配完毕后,再在让出站的相应航段减去,在索进站的相应航段加上索取数额,并注意让出额可使用至索进站。

例 12 某航线情况如下,B 站和 C 站的固定配额分别为 8/800 和 4/400,某次飞行 C 站在原有固定配额基础上,分别向 A 站和 B 站各索取 2/200 至终点站。分配各航段业载。

$$
\begin{array}{ccc}
& 8/800 & 4/400 \\
A \!-\!\!-\!\!-\!\!-\!\!-\!\!-\! B & \quad C \!-\!\!-\!\!-\!\!-\!\!-\! D \\
48/4100 & 48/4200 & 48/4300
\end{array}
$$

解:

A—B＝48/4100−(48/4200−8/800)＝8/700

A—C＝(48/4100−8/700)−[48/4300−(8/800−2/200)−8/800]＝6/500

A—D＝48/4100−8/700−6/500＝34/2900

B—C＝2/200

B—D＝8/800−2/200＝6/600(48/4200−6/500−34/2900−2/200)

C—D＝4/400＋2/200＋2/200＝8/800(48/4300－34/2900－6/600)

c. 始发站向中途站收回一部分吨位

例 13 某航线情况如下，B 站和 C 站的固定配额分别为 8/800 和 4/400，某次飞行 A 站收回 B 站配额 2/200。分配各航段业载。

```
            6/600         4/400
A ────────── B ────────── C ────────── D
48/4400    48/3500     48/4300
```

解:

A—B＝48/4400－[48/3500－(6/600－2/200)]＝4/1300

A—C＝(48/4400－4/1300)－[48/4300－4/400－(6/600－2/200)]＝4/－400＝4/0

A—D＝48/4400－4/1300－4/0＝40/3100

B—C＝0/0

B—D＝6/600－2/200＝4/400(48/3500－4/0－40/3100)

C—D＝4/400＋0/400＝4/800(48/4300－40/3100－4/400)

5.4 多航段航班配载

在多航段航班业载分配的基础上，本节以例子说明多航段航班配载的过程和步骤。

5.4.1 航班始发站配载

1. 多经停点的航班

多经停点的航班，意味着航班至少有三个航节。

例 14 已知某航线情况如下：

```
            4/400         6/600
A ────────── B ────────── C ────────── D
48/3500    48/4700     48/4000
```

配载员预配时了解到售票情况为 A—B：2；A—C：8；A—D：20，全部为成人，邮局协议邮件重量为 A—B：20kg；A—C：50kg；A—D：30kg。货运仓库该航线待运货物的情况为：A—B：45kg，A—C：107kg，A—D：20kg。

办理完乘机手续后航班实际业载情况如表 5.1 所示，根据以上情况写出配载员预配和结算的过程。

表 5.1

航段	旅客/人	行李/kg	邮件/kg
A—B	3	35	30
A—C	8	100	40
A—D	22	310	50

解：

（1）各航段业载分配

```
              4/400        6/600
A ─────────── B ────────── C ────────── D
48/3500     48/4700      48/4000
                         6/600
                         42/3400
            4/400        4/400
            44/4300      38/3000
38/3000     38/3000      38/3000
10/500      6/1300       0/0
6/500       6/500
4/0         0/800
4/0         0/800
0/0         0/0
```

由 A 站出发的各航段业载分配为：

A—B：4/0　　A—C：6/500　　A—D：38/3500

说明：

① 各站的最大可用业载(48/3500、48/4700、48/4000)是分别根据三大全重公式计算得出的,这里省略了计算过程,直接给出结果。

② 用比较法或划线法分配各航段可用业载,因为是始发站进行配载,所以,不需要归纳 B、C 站业载分配的结果。

（2）预配,结果如表 5.2 所示：

表 5.2

航段	可用业载	旅客	行李	邮件	可配货	合计
A—B	4/0	2/144	30	20	−194/0	2/194
A—C	6/500	8/576	120	50	−246/0	8/746
A—D	38/3000	20/1440	300	30	1230/790	20/2560
合计	48/3500					30/3500

说明：

① "可用业载"栏，表示某航段可用的座位/吨位。

② "旅客"栏，表示旅客人数/重量；

③ "可配货"栏，表示"该航段剩余吨位/可配货物重量"，计算公式：剩余吨位＝可用业载吨位－旅客重量－行李重量－邮件重量；

当"剩余吨位"项为负数时，说明该航段在配运旅客、行李、邮件后已经超载，因此没有吨位配运货物了，故"可配货物重量"应为0。

当航段没有可用业载或者可用业载少于实际有的业载时，该航段的实际业载仍可照样进行配运，出现的超载部分可由一个或几个更远航段的空载抵消。如表5.2中，A—B段超载194kg，A—C段超载246kg，而A—D段空载1230kg，可以抵消掉前两个航段的超载共440kg，因此，剩余的790kg才是A—D航段的可配货物重量。

④ 最后一列的"合计"，表示预配运的旅客、行李、邮件和可配货物重量之和，计算公式：合计＝旅客人数/（旅客重量＋行李重量＋邮件重量＋可配货物重量）。如果预配过程不超载，那么表中最后一行与第二列和最后一列相交中，"重量"的值应该相等（"人数"的值可以不等）。如表5.2中，第二列合计3500和最后一列合计3500相等，如果不等，要么是计算错误，要么是在预配过程航班就出现超载。

（3）选配货物

目前，航线上待运货物的情况为：A—B：45kg，A—C：107kg，A—D：20kg，而预配计算得出各航段可配货物重量为：A—B：0kg，A—C：0kg，A—D：790kg。

所以，可以将待运货物全部选配上航班。

说明：A—B、A—C航段虽然可配货物重量为0kg，但是A—D段在载运相应的20kg货物后，还有吨位剩余，远程吨位剩余可以用来配运近程货物，所以A—B、A—C段的货物可以全部配上飞机。

（4）结算

根据办理完乘机手续后的实际业载，结算得到结果如表5.3所示：

表 5.3

航段	可用业载	旅客	行李	邮件	实配货	合计	备注
A—B	4/0	3/216	35	30	45	3/326	−1/326
A—C	6/500	8/576	100	40	107	8/823	2/323
A—D	38/3000	22/1584	310	50	20	22/1964	−16/−1036

说明：

① 结算中使用的旅客、行李、邮件数据，在航班预配的时候是不知道的。

② 由于预配后选配好货物就装上飞机，所以，预配阶段选配的货物在结算阶段就是

实配货。

③"备注"栏,该栏用于判断各航段超载情况,计算公式:备注＝合计－可用业载。如果结果为正,表示相应航段超载数量,如果结果为负,表示相应航段空载量。

（5）对结算结果进行审核

A ————— B ————— C ————— D

－1/326

2/323　　　2/323

－16/－1016　－16/－1016　－16/－1016

审核:

① A—B:（－1/326）＋（2/323）＋（－16/－1036）＝－15/－387

表示:飞机承运现有的载量,在 A 站起飞时,飞机上还有 15 个座位和 387kg 的吨位没有被利用,符合总业载不能超载的要求。

② B—C:2/323＋（－16/－1036）＝－14/－713

表示:飞机承运现有的载量,在 B 站起飞,供 A 过站货使用的运力还会有 14 个座位和 713kg 的吨位没有被利用。因此可知 B 站的固定配额没有被 A 站占用,符合业载分配的要求。

③ C—D:－16/－1036

表示:飞机承运现有的载量,在 C 站起飞,供 A 过站货使用的运力还会有 16 个座位和 1036kg 的吨位没有被利用。因此可知 C 站的固定配额没有被 A 站占用,符合业载分配的要求。

由上述审核可知,在预配中得出的选配货物方案是可行的。

说明:通常到此,配载员关于预配和结算的计算就结束了。但有时候,因为考虑到可能有临时增运的货物,所以还可以继续对航班剩余业载进行再分配。

（6）剩余业载再分配

A ————— B ————— C ————— D

15/387　　14/713　　　16/1036

14/387　　14/387　　　14/387

1/0　　　　0/326　　　2/649

1/0

0/0

A 站剩余业载重新分配后,结果如下:A—B:1/0;A—D:14/387

说明:剩余业载的分配仍然使用划线法和比较法进行。由于是始发站配载,所以只需将 A 站的剩余业载分配到 0/0 即可。

若假设,航班关闭后,又来了一批紧急货物 A—B:5kg,A—D:20kg 有待运输,那么配载应在保证航班不延误的前提下给予安排。根据剩余业载分配的结果和待运货物比较,得出,可以将这些紧急货物配运上飞机。最后,飞机上实际载运货物为:A—B:50kg,A—C:107kg,A—D:40kg。

2．单经停点的航班

当多航段航班只有一个经停点时,它的配载相对简单,可以不用如上例那样画表格,可以简化进行。下面以例子说明。

例 15 已知某航线情况如下:

```
              7000
SHA ————— SZX ————— SYX
18161       16291
```

配载员预配时了解到售票情况为 SHA—SZX:60/01/00;SHA—SYX:67/02/00,邮局协议邮件为 0kg,货运仓库该航线待运货物的情况为:SHA—SZX:3330kg,SHA—SYX:2470kg,办理完乘机手续后实际业载情况如表 5.4 所示,根据以上情况写出配载员预配和结算的过程。

表 5.4

航段	旅客/人	行李/kg	邮件/kg
A—B	68/01/01	500	72
A—C	69/02/00	370	64

解:

(1) 各航段业载分配

```
              7000
SHA ————— SZX ————— SYX
18161       16291
              7000
              9291
9291        9291
8870          0
8870
0
```

由 A 站出发的各航段业载分配为:

SHA—SZX:8870 SHA—SYX:9291

说明:该例题默认航班座位足以提供给相应航段的旅客使用,所以只围绕运力吨位进行计算;同样,因为是始发站进行配载,所以,不需要归纳 SZX 站业载分配的结果。

(2)预配

SHA—SZX

预留旅客、行李、邮件重量分别为:$60\times72+1\times36+0=4356$;915;0

得出:可配货物重量为:$8870-4356-915-0=3599(kg)$

SHA—SYX

预留旅客、行李、邮件重量分别为:$6772+2\times36+0=4856$;1035;0

得出:可配货物重量为:$9291-4856-1035-0=3400(kg)$

因为仓库待运货:SHA—SZX:3330kg,SHZ—SYZ;2470kg

所以可以全部配上飞机。

(3)结算

SHA—SZX

实际旅客、行李、邮件、货物重量分别为:$68\times72+1\times36+10=4942$;500;72;3330

共:$4942+500+72+3330=8844kg<8870kg$

SHA—SYX

实际旅客、行李、邮件、货物重量分别为:$69\times72+2\times32+0=5040$;370;64;2470

共:$5040+370+64+2470=7944kg<9291kg$

所以,预配阶段选配的货物不会造成航班超载,飞机配载结束。

5.4.2 航班经停站配载

经停站的配载工作内容与始发站基本相同,所不同的是经停站的实际可用业载不等于其最大可用业载,而应是从其最大可用业载中扣除其过站业载。

经停站的实际可用业载=最大可用业载-该站的过站业载

而该站的过站业载则应由始发站及所有后方中途站拍发给该站的载重电报来确定。由于始发站及所有后方中途站在配载时都应做到不占用前方站的固定配额和临时索让,因此一般情况下经停站的实际可用业载都不会低于其固定配额和索取吨位。

航班经停站的配载工作一般也分为预配和结算两步进行。先按照航段业载分配结果进行预配,在接到后方站发来的航班载重电报后,从本站的最大可用业载中扣除本站的过站业载,算出本站的实际可用业载并进行航段业载分配,据此进行结算工作。如果后方站缺载而本站又可以利用空出的吨位,在本站有待运业载时应加以利用。

如果后方站占用了本站的吨位而影响本站的装载时,应根据实际情况决定是否拉卸过站货物。对于多航段航班来说,各站要互相配合,顾全大局,以提高整个航线的运输经济效益。

计算出中途站的实际可用业载后,如果由该站出发的航段只有一条,则可以根据实际可用业载直接进行配载。如果由该站出发的航段有多条,还要把本站的实际可用业载在由本站出发的各航段上进行分配,然后根据各航段业载分配结果进行预配和结算。

例16 某航线由 A—B—C—D 三个航节组成。由始发站 A 发来的载重电报得知:A—B 航段运输的业载为 331 千克,A—C 航段运输的业载为 823 千克,A—D 航段运输的业载为 1984 千克。由 B 站发来的载重电报得知:B—C 航段运输的业载为 498 千克,B—D 航段运输的业载为 264 千克。通过计算得知 B 站的最大可用业载为 4700 千克,C 站的最大可用业载为 4000 千克,试分别计算 B 站、C 站的过站业载和实际可用业载量。

解:

A—C 航段和 A—D 航段运输的业载需要经过 B 站而不在 B 站卸下,因此为 B 站的过站业载。所以有:

B 站的过站业载为:823+1984=2807(kg)

B 站的实际可用业载量为:4700-2807=1893(kg)

A—D 航段和 B—D 航段的业载需要经过 C 站而不在 C 站卸下,因此皆为 C 站的过站业载。所以有:

C 站的过站业载为:1984+264=2248(kg)

C 站的实际可用业载量为:4000-2248=1752(kg)

例17 某航线情况如下:

```
          4/400        6/600
A ————————— B ————————— C ————————— D
48/3500    48/4700      48/4000
```

B 站配载员预配时,获知定座人数 B—C:2 人,B—D:2 人,协议邮件 B—C:20kg,B—D:10kg,货运仓库待运货物:B—C:1200kg,B—D:600kg。

飞机从 A 站起飞后,B 站收到 A 站拍发的载重电报,知道 A 站出发到 C 站目的地的载量为 8/823,到 D 站目的地的载量为 22/1984。B 站办理完乘机手续后,B 站出发的实际旅客、行李、邮件情况如表 5.5 所示,根据以上情况写出 B 站配载员预配和结算的过程。

表 5.5

航段	旅客/人	行李/kg	邮件/kg
A—B	4	70	20
A—C	2	50	10

解：

（1）各航段业载分配

```
                4/400        6/600
A ──────── B ──────── C ──────── D
48/3500   48/4700   48/4000
                    6 /600
                    42/3400
          4/400     4/400
          44/4300   38/3000
38/3000   38/3000   38/3000
10/500    6/1300    0/0
6/500     6/500
4/0       0/800
4/0       0/800
0/0       0/0
```

由 B 站出发的各航段业载分配为：

B—C：0/800　　B—D：4/400

说明：因为是经停站 B 进行配载，所以只要归纳 B 站业载分配的结果。

（2）预配，结果如表 5.6 所示：

表 5.6

航段	可用业载	旅客	行李	邮件	可配货	合计
B—C	0/800	2/144	30	20	606/606	2/800
B—D	4/400	2/144	30	10	216/216	2/400
合计	4/1200					4/1200

（3）选配货物

根据预配的结果，B—C 航段还可配货物重量 606kg，B—D 航段还可配货物重量 216kg。货运仓库里面待运货物：B—C：1200kg，B—D：600kg。

所以，选配 B—C：606kg，B—D：216kg 货物装上飞机。

（4）收到载重电报后，B 站可用业载重新分配

飞机从 A 站起飞后，B 站收到 A 站拍发的载重电报，获知 A—C 航段载运货为 8/823，A—D 航段的载运货为 22/1984。

因此，可以计算得出，B 站的过站业载为 30/2807，B 站还可用的业载量为 48/4700－30/2807＝18/1893，C 站上被 A 站使用的过站业载为 22/1984，C 站供自身和 B 站过站业

载使用的业载量还有 48/4000－22/1984＝26/2016。

对 B 站的还可用业载量 18/1893 进行业载分配。

```
          4/400         6/600
A —————— B —————— C —————— D
          18/1893       26/2016
                        6/600
                        20/1416
          18/1416       18/1416
          0/477         2/0
          0/477         2/0
          0/0           0/0
```

此时,B 站出发的各航段业载分配为:B—C:0/477　　B—D:18/1416

(5) 结算,结果如表 5.7 所示:

表　5.7

航段	可用业载	旅客	行李	邮件	实配货	合计	备注
B—C	0/477	4/288	70	20	606	4/984	4/507
B—D	18/1416	2/144	50	10	216	2/420	－16/－996

审核:B—C:(4/507)+(－16/－996)＝－12/－489

　　　C—D:－16/－996

由上述审核可知,预配中的选配货物方案可行。

(6) 剩余业载再分配

```
B —————— C —————— D
12/489    16/996
12/489    16/996
0/0       4/507
```

B 站剩余业载重新分配后,结果为:B—C:0/0;B—D:12/489

因为仓库待运货物还有 B—C:594kg,B—D:384kg,

所以将库存 B—C:105kg,B—D:384kg 货,装上飞机。最终,B 站出发,载货:B—C:711kg,B—D:600kg。

例 18　上例中,C 站配载员预配时,获知 C 站订座人数 5 人,协议邮件 10kg,仓库待运货 200kg。飞机从 B 站起飞后,C 站收到 A 站、B 站拍发的电报,知道 A 站过站 C 业载为 22/1984,B 站过站 C 业载为 2/600,C 站办完乘机手续后,实际乘机人数 8 人,邮件

40kg,行李 240kg,写出 C 站配载人员预配和结算的过程。

解：

（1）各航段业载分配

用划线法或比较法可以计算出,该航班 C 站的业载分配为 6/600。

（2）预配,结果如表 5.8 所示：

表 5.8

航段	可用业载	旅客	行李	邮件	可配货	合计
C—D	6/600	5/360	75	10	155/155	5/600

（3）选配货物

根据预配的结果,C—D 航段还可配货物重量 155kg。货运仓库里面待运货物：B—D：200kg。

所以,选配 C—D：155kg 货物装上飞机。

（4）收到载重电报后,C 站还可用业载为：48/4000—22/1984—2/600＝24/1416

（5）结算,结果如表 5.9 所示：

表 5.9

航段	可用业载	旅客	行李	邮件	实配货	合计	备注
C—D	24/1416	8/576	240	40	155	8/1011	—16/—405

根据结算结果,可知预配选配货物方案可行。

此时,C 站还剩余业载 405kg,

因为仓库待运货物还余 45kg,

所以将 45kg 货,装上飞机,

最后,C 站共配货 200kg。

5.5　航班超载的处理

5.5.1　航班超载的原因

（1）实际乘机旅客人数、行李、邮件重量超过估计数太多,造成超载;

（2）临时调整飞机、机型由大调小时,调整后飞机的最大业载不能满足原飞机的载量,造成超载;

（3）由于机场场温、场压等限制飞机的最大起飞重量的因素发生变化，导致飞机必须减载起飞，造成超载。

5.5.2　航班超载的处理原则

（1）发生超载后，拉载顺序：首先拉普货、超过协议吨位的邮件，逾重行李，再拉紧急货，协议吨位内邮件，行李，最后拉免票旅客，优惠折扣票价旅客；

（2）拉货应坚持"宁多勿少"的原则，例如，A—B航段需要拉下货物200kg，但实际卸货的时候，一般很难正好凑成200kg，因此，要遵守"宁多勿少"的原则，并尽可能将所拉货物的货运单一并取出；

（3）临时拉下货物，应尽早在后续航班运出，若原货运单已运至前方站，应在货邮舱单上注明；

（4）当只有近程航段出现超载时，拉载时先拉近程业载，若仍不足以解决超载问题时，才拉远程业载，以减少后续航段的空载；

（5）若几个航段同时存在超载现象，则先解决前方航段超载，再解决后方航段超载；

（6）当座位和吨位都超载时，先解决座位超载，再解决吨位超载。

5.5.3　航班超载处理示例

航班超载主要发生在两个时候，一种情况，是航班尚未配货，就已经有超载迹象，这主要是因为航班超售造成的。根据航班出票情况、估计行李数，以往的协议邮件量，判断航班有可能出现超载。这称之为预配阶段超载。另一种情况，是在航班关闭后，配载结算时发生，这是因为实际乘机的旅客、行李、邮件重量大大超出预配时的估计，造成预配时选配的货物没有足够的运力运输，出现超载。这称之为结算阶段超载。两种超载形式，发生的时间和原因虽然不相同，但是具体处理上却是相似的。

1. 预配阶段超载处理

例19　某航班航程为A—B—C—D—E，飞机在始发站A站最大业载为24/2100，A站出发各航段业载分配结果为：A—B：5/400，A—C：6/100，A—D：6/500，A—E：7/100；航班预配时订座人数：A—B：6人，A—C：4人，A—D：3人，A—E：11人，航班协议邮件重量：A—B：40kg，A—C：35kg，A—D：20kg，A—E：50kg，根据以上数据，判断航班载量有没有问题，若有问题，分别考虑在以下情况下，超载的解决办法。

① B、C、D站固定配额全部用光或B、C、D站没有固定配额。

② A站可以从C站要1个座位，从D站索要3个座位。

③ A站只能从B站索取2/200固定配额。

解：

（1）超载判断，结果如表 5.10 所示：

表 5.10

航段	可用业载	旅客	行李	邮件	可配货	合计	备注
A—B	5/400	6/432	90	40	−162/0	6/542	1/162
A—C	6/100	4/288	60	35	−283/0	4/383	−2/283
A—D	6/500	3/216	45	20	249/0	3/281	−3/−219
A—E	7/100	11/792	165	50	93/0	11/1007	4/−93
合计	24/2100					24/2133	

审核：

A—B：$(1/162)+(−2/283)+(−3/−219)+(4/−93)=0/133$

B—C：$(−2/283)+(−3/−219)+(4/−93)=−1/−29$

C—D：$(−3/−219)+(4/−93)=1/−312$

D—E：$4/−93$

所以若航班根据现有订座人数、预计行李和协议邮件量进行载量，飞机在 A—B 段将超载 133kg，C—D 段将超载 1 个座位，D—E 段站将超载 4 个座位。

（2）超载处理

① B、C、D 站固定配额全部用光或 B、C、D 站没有固定配额。即 A 站无法向经停站索要配额，因此，解决超载只能依靠拉载。

解决方法：减少 A—E 航段 4 名旅客，则 A—E 航段减少重量 $(72+15)×4=348(kg)$，此时航段剩余业载情况如下：

```
A ————————— B ————————— C ————————— D ————————— E
1/162
−2/283      −2/283
−3/−219     −3/−219     −3/−219
4/−93       4/−93       4/−93       4/−93
−4/−348     −4/−348     −4/−348     −4/−348
```

审核：

A—B：$(1/162)+(−2/283)+(−3/−219)+(4/−93)+(−4/−348)=−4/−215$

B—C：$(−2/283)+(−3/−219)+(4/−93)+(−4/−348)=−5/−377$

C—D：$(−3/−219)+(4/−93)+(−4/−348)=−3/−660$

D—E：$(4/−93)+(−4/−348)=0/−441$

所以取消 A—E 航段 4 个订座后，将解决航班超载问题。

② A 站可以从 C 站索要 1 个座位，D 站索要 3 个座位。那么 A 站索取配额后，航段剩余业载情况如下：

A	B	C	D	E
1/162		−1/−100	−1/−100	
−2/283	−2/283		−3/−300	
−3/−219	−3/−219	−3/−219		
4/−93	4/−93	4/−93	4/−93	

审核：

A—B：(1/162)＋(−2/283)＋(−3/−219)＋(4/−93)＝0/133

B—C：(−2/283)＋(−3/−219)＋(4/−93)＝−1/−29

C—D：(−1/−100)＋(−3/−219)＋(4/−93)＝0/−412

D—E：(−1/−100)＋(−3/−300)＋(4/−93)＝0/−493

所以此时只有 A—B 段仍超载 133kg 货。

所以把 A—B 段、A—C 段、A—D 段的邮件全部卸下，A—E 段的邮件至少卸下 38kg，可以解决超载问题。

说明：因为 A 站向经停站索取配额是从经停站一直利用到终点站，所以 A 站从 C 站索要 1 个座位，D 站索要 3 个座位，相当于 C—E、D—E 段航程分别增加了 1/100、3/300 的运力。

③ A 站只能从 B 站索取 2/200 固定配额。那么 A 站索取配额后，航段剩余业载情况如下：

A	B	C	D	E
1/162	−2/−200	−2/−200	−2/−200	
−2/283	−2/283			
−3/−219	−3/−219	−3/−219		
4/−93	4/−93	4/−93	4/−93	

审核：

A—B：(1/162)＋(−2/−200)＋(−3/−219)＋(4/−93)＝0/133

B—C：(−2/−200)＋(−2/283)＋(−3/−219)＋(4/−93)＝−3/−229

C—D：(−2/−200)＋(−3/−219)＋(4/−93)＝−1/−512

D—E：(−2/−200)＋(4/−93)＝2/−293

所以此时 D—E 段仍超载 2 个座位，A—B 段超载 133kg

所以取消 A—E 段 2 个订座，则 A—E 段减轻重量(72＋15)×2＝174(kg)，此时航段剩余业载情况如下：

```
A ——————— B ——————— C ——————— D ——————— E
1/162        −2/−200    −2/−200    −2/−200
−2/283       −2/283
−3/−219      −3/−219    −3/−219
4/−93        4/−93      4/−93      4/−93
−2/−174      −2/−174    −2/−174    −2/−174
```

审核：

A—B：$(1/162)+(-2/283)+(-3/-219)+(4/-93)+(-2/-174)=-2/-41$

B—C：$(-2/-200)+(-2/283)+(-3/-219)+(4/-93)+(-2/-174)=-5/-403$

C—D：$(-2/-200)+(-3/-219)+(4/-93)+(-2/-174)=-3/-686$

D—E：$(-2/-200)+(4/-93)+(-2/-174)=0/-467$

所以此时，超载问题得到解决。

2. 结算阶段超载处理

例 20 某航班航程为 A—B—C—D，飞机在始发站 A 站最大业载为 86/8800，A 站出发各航段业载分配为：A—B：8/700，A—C：5/500，A—D：73/7600；

配载员预配时 A—B 配货：100kg，A—C 配货：0kg，A—D 配货：700kg，航班结关后，实际乘机旅客、行李、邮件情况如表 5.11 所示，问此时飞机载量有没有问题，若有问题分别写出两种情况下的解决方案。①各站均无配额供 A 站使用；②A 站可向 B 站临时索让 3/300 的配额。

表　5.11

航段	旅客/人	行李/kg	邮件/kg
A—B	5	150	0
A—C	4	140	0
A—D	76	1150	0

解：

(1) 超载判断，结果如表 5.12 所示：

表　5.12

航段	可用业载	旅客	行李	邮件	实配货	合计	备注
A—B	8/700	5/360	150	0	100	5/610	−3/−90
A—C	5/500	4/288	140	0	0	4/428	−1/−72
A—D	73/7600	76/5472	1150	0	700	70/7322	3/−278

审核：

A—B：$(-3/90)+(-1/-72)+(3/-278)=-1/-440$

B—C：$(-1/-72)+(3/-278)=2/-350$

C—D：$3/-278$

所以此时飞机如果以现有载量起飞,将在 B—C 航段超载 2 个旅客,在 C—D 航段超载 3 个旅客。

(2) 超载处理

① 各站均无配额供 A 站使用

解决方法：从 A 站拉下 A—D 航段 3 个旅客,则 A—D 航段减少重量 $3\times72=216(kg)$。此时航段剩余业载情况如下：

```
A ——————— B ——————— C ——————— D
-3/90
-1/72        -1/72
3/-278       3/-278       3/-278
-3/-216      -3/-216      -3/-216
```

审核：

A—B：$(-3/90)+(-1/-72)+(3/-278)+(-3/-216)=-4/-656$

B—C：$(-1/-72)+(3/-278)+(-3/-216)=-1/-566$

C—D：$(3/-278)+(-3/-216)=0/-494$

所以此时航班超载问题解决。

② A 站可向 B 站临时索让 3/300 的配额,那么 A 站索取配额后,航段剩余业载情况如下：

```
A ——————— B ——————— C ——————— D
-3/90        -3/-300      -3/-300
-1/72        -1/72
3/-278       3/-278       3/-278
```

审核：

A—B：$(-3/90)+(-1/-72)+(3/-278)=-1/-440$

B—C：$(-1/-72)+(3/-278)+(-3/-300)=-1/-650$

C—D：$(3/-278)+(-3/-300)=0/-578$

所以此时航班超载问题解决。

本章小结

实际业务载重量配算,简称配载,是根据飞机从本站出发的最大允许业务载重量,配算运至前方各站的旅客、行李、邮件和货物。在直达航班上,飞机的最大允许业载就是航班的最大业载,可以据此进行配算。但在多航段航班上,飞机的最大业载必须通过划线法或比较法进行全程统一分配后,才能得出航段上各航站的可用业载。根据可用业载、旅客的预售情况、行李、邮件的预留可以预配出货物的吨位;当完成值机手续,航班关闭后,有了确切的客货行邮总量,就可对飞机出港进行配载结算。这是飞机配载的基本工作。有时航班会出现超载现象,应按工作程序和基本规定及时处理。

复习与思考

1. 什么是通程业载?
2. 配载中,如何最大限度地利用货运吨位?
3. 为什么说用划线法进行航段业载分配的结果只是理想的结果?
4. 多航段航班始发站配载和经停站配载有什么不同?
5. 航班超载主要原因是什么?

阅读

起飞准备阶段——航空公司和机组的准备工作

航班确定以后,航空公司下属的各部门就要齐心协力确保航班的正常运行。

航空公司所属的飞机维修部门首先行动起来。他们利用晚上飞机停场的时间,检修和维护飞机,发现并确定飞机是否存在影响飞行的设备故障,有一些故障,他们能够及时进行修复。如果故障较大,维修组人员有权停止飞机的飞行,安排其他飞机执行这次航班任务。

航空公司的运输部门负责飞机客票的销售、货物托运、机上的食品和用品的准备等工作。

航空公司的油料部门要准备飞机使用的燃油及其他油料的添加工作。

航空公司的航务部门要搜集气象情报,安排机组人员。下属的签派室专门负责制订飞行计划,并将本次飞行计划通知空中交通管制部门,经对方同意后,签派室则代表航空公司负责飞机的放行及以后整段时间内飞机的运行和安排。签派室是航空公司的飞行指挥中心。

机长及全体机组人员在接到任务通知后,要做一系列准备工作,大致情况如下:飞机起飞前8小时之内,他们不能饮酒也不能食用易引起腹泻的海鲜贝类等食物,带好必要的有效证件如驾驶执照、护照、卫生防疫证明等,在飞机起飞前

1～2小时必须抵达机场,先到航管部门签到,再到签派室与签派人员仔细研究飞行计划、飞行高度、使用的航线、天气状况、可能发生的问题等。这其中关于飞机的载油和天气状况往往是要讨论的重点。天气状况有很多不确定因素,例如目的地的机场可能因天气恶劣而关闭,那么飞机就要在备用机场降落。所以在正式的飞行计划之外还要做一个备用计划,使飞机能在出现计划外情况时,还有能力继续飞行。飞机装多少燃油好呢? 从安全的角度出发,机长当然会愿意飞机多装些燃油,以备不时之需。但是签派室不一定这么想,多带燃油就得少载货物或旅客,何况装载多余的燃油本身就会使油耗增加。因此签派员和机长要实事求是地根据需要决定合理的载油量及商业载荷。确定飞行计划后,由签派员签发放行许可单。随后机长召集全体机组人员开一个飞行前的准备会。机组成员在会上相互熟悉一下,机长向大家说明本次任务的情况,并向各部门工作的负责人布置具体任务。机上各部门工作人员也向机长汇报工作准备情况。大约在飞机起飞前40分钟,机组人员开始登机。登机前机长或副驾驶要在地面上先绕机一周对飞机进行例行的检查,地面维修人员向机长交代飞机的状况。在维修工作方面,放飞一架飞机有严格的标准,个别系统的某些故障有时并不影响飞行安全。但机长对这些标准的掌握具有决定权,如果认为这些故障不能保证飞行安全的话,机长可以决定不使用这架飞机执行本次航班任务。

机长和机组成员登机的同时,其他各项工作也在紧张有序地进行,如加油、上水、准备各种餐饮食物及机上用品、旅客登机、货物和行李装机等。在飞机货舱内装入货物时,配载人员要认真仔细地按重量安排货物的安放位置,使飞机的重心保持在一定范围内,这样才不至于导致飞机在空中操纵困难。这类工作都是由专门的人员去完成的。装货完毕后,要将这些配载数据填在飞机配重表和平衡图上,然后交给机长,机长同意后在上面签字。配重表和平衡图是这次飞行的随机文件,由机组保存。机上的乘客位置也影响着飞机重心的改变,因此即使在机上空位较多的情况下,乘客也不能随意选择座位,而必须服从乘务员的安排,在指定位置就坐。某些发动机装在尾部的飞机,其重心靠后,当乘客较少时,乘客就被要求集中坐在前部以保持飞机的重心位置。

地面人员把乘坐本次航班的乘客名单交给乘务长,乘务员清点乘客人数准确无误后,他们将机舱门关好,飞机就准备起飞了,飞行过程由此开始。

资料来源:中国民航局网站.起飞准备阶段——航空公司和机组的准备工作.http://www.caac.gov.cn/MHBK/MHMC/200706/t20070621_5532.html

思考题

1. 民航运输地面工作和空中飞行是如何衔接起来的?
2. 配载人员的工作如何和其他部门工作衔接起来?

练习题

1. 某航线情况如下，B 站和 C 站在固定配额的基础上分别向 A 站索取 2/200 到终点站，分配各航段业载。

```
              4/400        3/300
A ———————— B ———————— C ———————— D
48/4200    48/3900    48/4100
```

2. 某航线情况如下，C 站在固定配额的基础上分别向 A 站、B 站索取 1/100 到终点站，分配各航段业载。

```
              3/300        1/100
A ———————— B ———————— C ———————— D
50/3900    48/4100    49/4420
```

3. 某航线情况如下：

```
              4/400        3/300
A ———————— B ———————— C ———————— D
45/4200    45/3900    45/4100
```

配载员预配时了解到售票情况为 A—B：4；A—C：6；A—D：20，全部为成人，协议邮件重量为 A—B：40kg；A—C：30kg；A—D：60kg。预配时，货运仓库的待运货物情况为：A—B：100kg，A—C：160kg，A—D：80kg，办理完乘机手续后实际业载情况如下表。根据以上情况写出 A 站配载员预配和结算的过程。

航段	旅客/人	行李/kg	邮件/kg
A—B	10	150	40
A—C	6	60	50
A—D	22	250	70

4. 某航线情况如下：

```
              8/800        4/400
A ———————— B ———————— C ———————— D
68/6800    70/7300    69/6700
```

从 B 站出发到各站的理想业载分配为：B—C：0/0；B—D：8/800，B 站预配时，订座人数 B—C：2 人，B—D：4 人，协议邮件 B—C：20kg，B—D：30kg，仓库待运货物为：B—C：60kg，B—D：150kg。飞机从 A 站起飞后，B 站收到 A 站拍发的载重电报，知道 A 站出发目的地到 C 的载量为 6/650，目的地到 D 的载量为 32/4800，B 站办理完乘机手续后，B 站出发的实际旅客、行李、邮件情况如下，请写出 B 站配载人员预配和结算的过程。

航段	旅客/人	行李/kg	邮件/kg
B—C	2	10	20
B—D	6	80	40

5. 某航班航程为 A—B—C—D,A 站出发各航段业载分配为 A—B:10/600；A—C:3/600；A—D:33/2600；办完乘机手续后,航班所乘载的旅客、货物、行李、邮件情况如下,问该航班载量有没有问题? 如果有问题,请写出航班 A 站只能向 B 站索要 1/100 配额的情况下,该超载问题的处理方案。

航段	旅客/人	行李/kg	邮件/kg	货物/kg
A—B	8	30	10	0
A—C	10	50	40	85
A—D	28	300	10	100

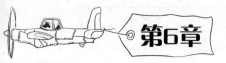

第6章

货 运 装 载

本章关键词

货舱(cargo cabin)　　　　　　集装板(aircraft pallet)

集装箱(aircraft container)　　　集装棚(aircraft igloo)

鲜活易腐物(perishable cargo)　　活动物(live animal)

贵重物品(valuable cargo)　　　　危险品(dangerous goods)

超大超重货物(outsized and overweight cargo)

骨灰灵柩(human remains and casket)　外交信袋(diplomatic pouch)

装机通知单(loading notice)

互联网资料

http://www.carnoc.com　　　　http://www.caac.gov.cn

http://www.avbuyer.com.cn　　http://sky.news.sina.com.cn

> 货运装载是民航运输业务工作不可缺少的组成部分,是货物运输过程中的重要环节。货运装载涉及普通散装货邮装载、集装货邮装载以及特种货物装载等。货运装载必须严格按照配载平衡人员填制的装机通知单的指示内容装机,以保证飞行安全。

6.1　货舱

6.1.1　货舱布局

货舱一般位于飞机的下腹部,分为前货舱和后货舱,普通飞机下舱的前后货舱通常又可以进一步被分为若干个分货舱。货物是通过前后货舱门被装入货舱的,并且通过一个货舱门可以进入几个分货舱。分货舱一般是用永久性的固体舱壁或可移动的软网隔离而成。如用可移动的软网隔开的货舱可以装载超过分货舱容积的货物,但用固定舱壁的不可以。

6.1.2 货舱的压力和温度

虽然由于座舱环境控制系统的存在,飞机主舱中的压力、通风和温度都是可以控制的,但飞机的下舱情况却不大一样,尤其是旧机型的下舱更是如此。

某些飞机上,下舱是不通风的,但当机身内部和外部存在一个气压差时,从货舱门外会漏进空气。因此,货舱的通风情况依赖于气压差。所以当飞机停在机坪上且货舱门关闭状态下,下舱就不通风;而当飞机开始飞行,上升并达到最大巡航速度飞行时,下舱就开始通风了。

另有一些机型的下舱温度无法控制,有时飞行过程中温度可能降到0℃以下。此外,一些类型的飞机上有少量的暖空气透过舱壁进入下舱,提供补充气体以代替货舱门附近所泄漏的气体。而在载运动物的机型上,驾驶舱可以通过加热和制冷保持货舱温度,以适应动物的生存需要。目前大多数现代飞机上,温度和压力是通过飞机工程师来调节的。

6.1.3 货舱的重量限制

由于飞机结构的限制,飞机制造商规定了每一货舱可装载货物的最大重量限额。例如B737-700型飞机,前货舱最大重量限额为1835kg,后货舱最大重量限额为3172kg。任何情况下,货舱所装载的货物总重量都不可以超过货舱重量限额。否则,飞机的结构有可能遭到破坏,飞行安全会受到威胁。

货舱的重量限制还在于货舱地板承受力。货舱内每一平方米的地板可承受一定的重量,如果超过它的承受能力,地板和飞机结构很有可能遭到破坏。不同机型有不同的地板承受力限制,称为最大允许地板承受力,装载货物时应注意不能超过该限额。

货物重量作用于每平方米货舱地板的压力是货舱地板的实际承受力。当货舱地板的实际承受力超过最大允许地板承受力时,应采取相应的措施,否则不予承运。例如,可以在货物底部与货舱地板之间加一块垫板。如果垫板重量难以获得,则忽略垫板重量,在得出的垫板面积的基础上乘以120%以充分保证安全,并将面积采用进位法保留小数点后两位。

$$垫板面积(m^2)=\frac{货物重量+垫板重量}{最大允许地板承受力}$$

例1 某件货物重140kg,接触底面积为45cm×40cm,此种情况下机舱地板每平方米所受货物的重量为多少? 能否在B737-800货舱内承运(地板承受力为732kg/m²)? 如果不能,需怎样处理方可承运?(计算结果精确到小数点后两位)

解：机舱地板承受力＝140÷(0.45×0.4)≈777.78kg/m²＞732kg/m²

因此，应加垫板，垫板面积＝140÷732×120%≈0.23m²。

6.1.4 货舱的容积限制

货舱内可利用的空间有限，所以货舱存在容积限制。例如 B737-700 型飞机，前货舱最大容积 11m³，后货舱最大容积 16.4m³。货运装载中，有时，轻泡货物已占满了货舱内的所有空间，但尚未达到重量限额。有时候，高密度货物的重量已达到重量限额而货舱内仍有很多的剩余空间无法利用。所以将轻泡货物和高密度货物混运装载，是货运装载比较经济的解决方法。

6.1.5 货舱的舱门限制

由于货物只能通过舱门装入货舱内，货物的尺寸必然会受到舱门的限制。为了便于确定一件货物是否可以装入货舱，飞机制造商提供了舱门尺寸表。例如 B737-700 型飞机，前货舱门尺寸为 120cm 宽×88cm 高，后货舱门尺寸为 120cm 宽×78cm 高。

飞机装载货物的最长、最宽、最高的限制取决于所用机型货舱门的大小以及货舱容积。当货物单件的尺寸超过规定的标准尺寸时，则可视具体机型的货舱门尺寸来判断是否可装运，一般来说，装卸时要考虑操作空间，货物的实际尺寸需小于货舱门尺寸 10cm 左右。如果不能就要事先安排选择较大的机型，或分批发运。在接受超大货物时应根据不同的机型，判断是否能装入机舱内后方可收运。

6.2 货运装载规定

6.2.1 货运装载原则

货运装载过程应遵循以下原则：

（1）除了满足飞机的配载平衡和结构强度限制以外，装载业载时要保证各到达站（尤其是多航段航班）装卸处理迅速方便。

（2）对于多航段航班来说，到达不同航站的业载必须容易辨认，为此有时在中途站需要部分地重装业载以保证飞机平衡和方便下站的装卸。

（3）装载业载的顺序应与业载到达站的顺序相反。所有站都应注意这一点，以保证在下一站卸载方便迅速。为了保证装载顺序，在空间允许时，中途站必须把本站装入的业载与到达相同目的站的过站业载堆放在一起，为此有时需要重新堆放过站业载。

（4）行李应该最后装机以便到达目的站后最先卸下来，尽快交给旅客。因此，当行李较多时,如果到达下站的行李分装在两个货舱内可能更好,这样可以加速行李的卸机。

(5)对于免费载运的业载,除去紧急或贵重物品外,应放在易取出的位置,以便万一航班超载时方便取出。

(6)重要旅客的行李应放在易于取出的地方(如舱门附近)并做明显标记,以便到达目的站后首先卸机交给旅客。

6.2.2　货运装载要求

货运装机时主要的要求如下:

(1)装卸人员应严格按装机通知单要求,把货物装入飞机的指定舱位。

(2)无论装载多少货物,都应轻拿轻放,堆放整齐,方便后方站处理。

(3)货物装机前,装机后,要核对件数,进行交接,防止漏装、多装。

(4)装机时要注意,大不压小,重不压轻,木箱不压纸箱,不以货物棱角抵触机壁,以免损坏货物和飞机。

(5)超过货舱地板承受力的货物,装机时必须加上垫板。

(6)装机时应尽量把引起注意的标志摆在明显处。

(7)装机时应先装前舱,后装后舱。

(8)装机后应使用系留设备(网、锚链、带子、绳子等工具)固定好板、箱及货物,防止板箱、货物在飞机起飞,降落时滑动而损坏飞机和货物。

(9)装机过程中,若发现货物破损,有液体流出等不正常情况,应立即拉下该货物并报告相关部门查明原因,妥善处理。

6.3　集装货物装载

6.3.1　集装设备

集装设备是宽体飞机的装载器具。使用集装设备,承运人能够更好地处理大体积、大批量的货物运输,提高装卸工作效率和飞机载运率。当使用集装设备装运货物时,货舱被再次划分为若干个货位,在这些货位上放置集装设备。当然这些货位并没有采用隔板真正地把它们分开。在各个货位上都有固定集装设备的装置,把集装设备固定在飞机上,此时集装设备成为飞机的一部分,所以飞机的集装设备的大小有严格的规定。

在航班配载中实际业务载重量计算应包括集装设备本身的重量,所有集装设备都应在装机通知单以及载重表中显示出来,包括空的集装设备。

6.3.2 集装设备种类

1. 按适航性划分

集装设备按其适航性可以分为适航审定的集装设备和非适航审定的集装设备。

（1）适航审定的集装设备

适航审定的集装设备是国家政府有关部门授权集装设备生产厂家生产的,适宜于飞机安全载运的,在使用过程中不会对飞机的内部结构造成损害的集装设备。

（2）非适航审定的集装设备

非适航审定的集装设备是未经有关部门授权生产的,未取得适航证书的集装设备。因为它的形状与飞机机舱轮廓不能完全符合,所以一般不允许装入飞机的主货舱,仅适合于地面的操作环境和某些特定机型的特定货舱,如 DPE 类的集装设备仅适宜于 B767 飞机。

2. 按结构特点划分

（1）集装板和网套

集装板是具有标准尺寸的,四边带有卡锁轨或卡锁眼,具有中间夹层的硬铝合金制成的平板。网套是用来把货物固定在集装板上。

（2）结构和非结构集装棚

非结构集装棚是前面敞开,没有底部的拱形结构,用硬质的玻璃纤维、金属或其他材料制成。非结构集装棚通常与集装板同用,罩在货物和网套之间,由于它的外形与飞机货舱的轮廓相适应,所以能起到保护飞机内壁,并使集装板容纳最大载量的作用。当非结构集装棚具备前部和底部形成了一个完整的箱,不需要网套固定,可以单独使用时,就变为结构集装棚。

（3）集装箱

集装箱可以分为三种:

① 内结构集装箱。长 20ft、宽 40ft、高 8ft,可装在宽体货机的主舱内,主要用于陆空,海空联运。

② 主舱集装箱。高度为 163cm 或更高,因此只能用于货机的主舱内。

③ 下舱集装箱。只能装于宽体飞机的下货舱,有全型和半型两种类型。机舱内可放入一个全型或两个半型此类集装箱,该集装箱高度不得超过 163cm。

6.3.3 集装设备代号

在每一集装设备的面板或四周,都标有 10 位数字或拉丁字母组成的识别代号(1990

年前为 9 位,其中编号为 4 位),如 DQF12211FM,表示集装设备的类型、尺寸、外形以及所有人等信息。集装设备代号的组成如表 6.1 所示:

表 6.1 集装设备代号组成

位 置	字母或数字	含 义
1	字母	集装设备类型代号
2	字母	底板尺寸
3	字母	外形或适配性
4、5、6、7、8	数字	编号
9、10	字母	所有人、注册人

集装设备代号的第 1 位字母是集装设备类型代号,具体含义如表 6.2 所示:

表 6.2 集装设备代号首字母含义

字母	含 义	
A	CERTIFIED AIRCRAFT CONTAINER	适航审定的集装箱
D	NON-CERTIFIED AIRCRAFT CONTAINER	非适航审定的集装箱
F	NON-CERTIFIED AIRCRAFT PALLET	非适航审定的集装板
G	NON-CERTIFIED AIRCRAFT PALLET NET	非适航审定的集装板的网套
J	THEMAL NON-STRUCTURED IGLOO	保温的非结构集装棚
M	THEMAL NON-CERTIFIED AIRCRAFT CONTAINER	非适航审定的保温集装箱
N	CERTIFIED AIRCRAFT PALLET NET	适航审定的集装板的网套
P	CERTIFIED AIRCRAFT PALLET	适航审定的集装板
R	THERMAL CERTIFIED AIRCRAFT CONTAINER	适航审定的保温集装箱
U	NON-STRUCTUAL IGLOO	非结构集装棚

集装设备代号的第 2 位字母表示集装设备的底板尺寸,具体含义如表 6.3 所示:

表 6.3 集装设备代号第 2 位字母含义

字母	英制(in)	公制(mm)
A	88×125	2235×3175
B	88×108	2235×2743
E	88×53	2235×1346
F	96×117.75	2438×2991
G	96×238.5	2438×6058
H	96×359.25	2438×9125
J	96×480	2438×12192
K	60.4×61.5	1534×1562
L	60.4×125	1534×3175

续表

字母	英制(in)	公制(mm)
M	96×125	2438×3175
N	61.5×96	1562×2438
P	47×60.4	1194×1534
Q	60.4×96	1534×2438
X	96<最大长度<125	2438<最大长度<3175
Y	最大长度<96	最大长度<2438
Z	最大长度>125	最大长度>3175

集装设备代号的第 3 位字母表示集装设备的外形以及与飞机的适配性,具体含义如表 6.4 所示:

表 6.4　集装设备代号第 3 位字母含义

字母	含　义
E	适用于 B747、A310、DC10、L1011 等机型下货舱的无叉眼装置的半型集装箱
N	适用于 B747、A310、DC10、L1011 等机型下货舱的有叉眼装置的半型集装箱
P	适用于 B747COMB 上舱、B747、A310、DC10、L1011 等机型下货舱的集装板
A	适用于 B747F 上舱的集装箱

6.3.4　集装货物装载规定

(1) 根据货物的重量、体积、包装材料、货物性质以及运输要求选择合适的集装设备。一般情况下,大货、重货装在集装板上;体积较小、重量较轻的货物装在集装箱内。

(2) 检查集装设备是否满足以下条件:完好无损、各焊接部件牢固、内部清洁、干燥、无味、无尘、具有合格检验证书。

(3) 组装时,体积或重量较大的货物放在下面,并尽量向集装设备中央集中码放;小件和轻货放在中间;码放货物时,做到大不压小、重不压轻、木箱或铁箱不压纸箱;同一目的站的货物应装在同一集装设备上,一票货物也尽可能集中装在一个集装设备上。

(4) 在集装设备内的货物应码放紧凑,间隙越小越好;上下层货物之间要相互交错,骑缝码放。

(5) 集装箱内如果没有装满货物,即所装货物的体积不超过集装箱容积的 2/3,且单件货物重量超过 150kg 时,就要对货物进行捆绑固定。最好用标准的绳具将货物固定在集装箱的卡锁轨里。

(6) 底部为金属的货物和底部面积较小重量较大的货物必须使用垫板,以防损坏集装设备,同时分散货物对集装设备底板的压力,保证集装设备能够平稳顺利地装入飞机。

6.4 特种货物装载

特种货物是指在收运、储存、保管、运输及交付过程中,因货物本身的性质、价值等条件,需要特别照料和服务的货物。特种货物运输往往利润空间较大,但是操作难度也较大,虽然运输量并不大,但稍有不慎就会出现问题。

常见的特种货物有:鲜活易腐物、活动物、贵重物品、危险品、超大超重货物、骨灰灵柩、外交信袋等。

特种货物运输需要采取特殊处理方法,否则会危害到飞机、旅客以及机组人员的安全。所以特种货物装载除了要遵守一般货运装载规定外,还应严格遵守每一类特种货物的特殊规定。承运特种货物时,货运部门需将特种货物情况通报配载平衡部门,由配载平衡部门决定特种货物装机位置并将相关信息填写在装载通知单上,同时也在载重平衡图和载重电报上注明。

6.4.1 鲜活易腐物

1. 鲜活易腐物概念

鲜活易腐物是指在一般运输条件下易于死亡或变质腐烂的物品,如虾、蟹类,肉类,花卉,水果、蔬菜类,沙蚕、活赤贝、鲜鱼类,植物、树苗,蚕种,蛋种,乳制品,冰冻食品,药品,血清、疫苗、人体白蛋白、胎盘球蛋白等。鲜活易腐物一般要求在运输和保管中采取特别的措施:如冷藏、保温等,以保持其鲜活或不变质。

2. 鲜活易腐物装载规定

(1) 鲜活易腐物应优先配运,并尽可能利用直达航班;

(2) 根据飞机机型以及飞机所能提供的调温、通风设备决定收运鲜活易腐物的数量,适用机型如表 6.5 所示;

(3) 鲜活易腐物运输必须全程订妥舱位。

3. 几类鲜活易腐物处理的特殊要求

(1) 鲜花

鲜花对温度的变化很敏感,所以载运的飞机货舱应有调温设备,通常应使用集装箱运输。

(2) 蔬菜

由于一些蔬菜含较高的水分,若不保持充分通风状况的话,会导致氧化变质,因此蔬菜的包装必须保证通风。在货舱内摆放时应远离活动物以及有毒物品,防止污染。如果由集装箱装运,不可与其他货物混装。由于大多数蔬菜会散发出乙醇气体,会对鲜花和植物造成影响,因此蔬菜与鲜花、植物也不可放在同一货舱内。

（3）新鲜/冷冻的鱼、肉

必须密封包装、不致渗漏液体,必须小心存放以免造成污染。机舱和集装器内必须洁净,若之前运输过活动物,则必须经过消毒处理,操作人员也应经过卫生检查。

（4）干冰

干冰不允许与活动物以及正在孵化的禽蛋放在同一货舱内。

6.4.2 活动物

1．活动物概念

活动物是指活的家禽、家畜、野生动物（包括鸟类）、试验用的动物、两栖动物、鱼、昆虫以及其他动物。

2．活动物装载规定

（1）活动物运输应尽量利用直达航班,如无直达航班,应尽量选择中转次数少的航班;

（2）根据飞机机型以及飞机所能提供的调温、通风设备决定收运活动物的数量,适用机型如表6.5所示;

（3）活动物运输必须全程订妥舱位;

（4）应注意动物运达目的站的日期,尽量避开周末和节假日,以免动物运达后延误交付,造成动物死亡;

（5）活动物不能与食品、放射性物质、毒性物质、传染物质、灵柩、干冰等放在同一货舱内;

（6）互相是天敌的动物不能装在一起、检疫动物与非检疫动物应分开放置,试验用的动物也不能放在其他动物旁边,避免交叉感染。

表 6.5　鲜活易腐物和活动物运输适用机型及装机位置

机　　型	货　　舱	适合鲜活易腐物和活动物载运的舱位
B737- 700/800	前下货舱	可以载运
	后下货舱	
B747- 400COMBI B747- 200COMBI	主货舱	可以载运
	前下货舱	
	后下货舱	
	散舱	

续表

机　　型	货　　舱	适合鲜活易腐物和活动物载运的舱位
B747-400 全客机 B747-200 全客机	前下货舱	可以载运
	后下货舱	
	散舱	
B747-400F B747-200F	主货舱前	可以载运
	主货舱侧	
	前下货舱	
	后下货舱	
	散舱	
B757-200	前货舱	可以载运
	后货舱	
B767-300	前货舱	不可以载运
	后货舱	可以载运
	散舱	
B777-200/300	前货舱	限制载运
	后货舱	限制载运
	散舱	可以载运
A300	前货舱	可以载运
	后货舱	
	散舱	
A310	前货舱	可以载运
	后货舱	不可以载运
	散舱	
A320	前货舱	不可以载运
	后货舱	可以载运
	散舱	
A340	前货舱	可以载运
	后货舱	不可以载运
	散舱	可以载运
MD-80/82/90	前货舱	可以载运
	中货舱	不可以载运
	后货舱	
MD-11F	主货舱	可以载运
	前下货舱	
	后下货舱	
	散舱	

6.4.3　贵重物品

1.贵重物品概念

凡交运的一批货物中,含有下列物品中的一种或多种的,称为贵重物品。

(1)毛重每千克运输声明价值超过或等于 1000 美元的国际货;超过或等于 2000 元人民币的国内货。

(2)黄金(包括提炼和未提炼过的金锭)、混合金、金币以及各种形状的黄金制品,如金粒、片、粉、绵、线、条、管、环和黄金铸造物;白金(铂)类稀有贵重金属(钯、铱、锇、钌、锇)和各种形状的铂合金制品,如铂粒、绵、棒、锭、片、条、网、管、带等。但上述金属以及合金的放射性同位素不属于贵重物品,而属于危险品,应按危险品相关规定处理。

(3)合法的银行钞票、有价证券、股票、旅行支票及邮票(从英国出发,不包括新邮票)。

(4)钻石(包含工业钻石)、红宝石、蓝宝石、绿宝石、蛋白石、珍珠(包括养殖珍珠),以及镶有上述钻石、宝石、珍珠等的饰物。

(5)金、银、铂制作的饰物和表。

(6)珍贵文物(包括书、古玩、字画等)。

2.贵重物品装载规定

(1)贵重物品运输优先使用直达航班;

(2)贵重物品运输必须全程定妥舱位;

(3)总重量在 45kg 以下,单件体积不超过 45×30×20 立方厘米的贵重物品,应放在机长指定位置,有保险箱的尽量放在保险箱内,超过上述体积和重量的应放在有金属门的集装箱内或飞机散舱内。当使用集装箱时,贵重物品不得与其他货物混装在一起,当散货舱运输时,在情况许可下应单独装舱。

6.4.4　危险品

1.危险品概念

危险品是一个总称,它是指在运输过程中,凡具有燃烧、爆炸、腐蚀、毒害、放射等性质,在运输、装卸、保管过程中能引起人身伤亡和财产损毁而需要特别防护的货物。危险品按其主要特征可以分为九类,如表 6.6 所示:

表 6.6 危险品

类型	名　称	示　例
第一类	爆炸品	火药、炸药、弹药、硝化纤维(广泛用于造漆、摄影胶片、赛璐珞等)、烟花爆竹
第二类	气体	乙炔、打火机(丁烷)、煤气、氮、硫化氢、氯气
第三类	易燃液体	汽油、乙醇、油漆
第四类	易燃固体、自燃固体和遇湿易燃固体	白磷、油浸的麻棉纸及其制品、活泼金属及其合金、碳磷化合物(碳化钙、磷化钙)、乒乓球、火柴、樟脑、钠
第五类	氧化剂和有机过氧化物	含氯的含氧酸及盐类(氯酸钾)、含有过氧基(-O-O-)的有机物
第六类	毒性物质和传染性物质	砒霜、农药、肝炎病毒
第七类	放射性物质	含有铀、镭、氡等放射性物质
第八类	腐蚀性物质	硫酸
第九类	杂项危险物品	磁性物品、干冰、麻醉物品、电池等

2．危险品装载规定

(1) 互不相容的危险物品必须分开存放。

(2) 贴有"向上"标志的危险品不可侧置。

(3) "只限货机"的危险品严禁装在客机上。

(4) 严禁运输包装破损的危险货物。

(5) 装在客机上的四级包装放射性危险品必须放在飞机底部货舱且与主舱保持一定距离。

(6) 在搬运或装卸危险物品包装件时,无论是采用人工操作还是机械操作,都必须轻拿轻放,切忌磕、碰、摔、撞;危险物品包装件装入飞机货舱后,装载人员应设法固定,防止危险物品在飞机飞行中倾斜或翻滚,造成危害。

6.4.5 超大超重货物

1．超大超重货物概念

"超大货物"一般是指体积超过机型限制,需要一个以上的集装板方能装下的货物,这类货物的运输需要特殊处理程序以及特殊装卸设备。"超重货物"一般是指每件超过150kg的货物,但最大允许货物的重量主要还取决于飞机机型(地板承受力),机场设施以及飞机在地面停站的时间。

超大超重货物又称为超限货物,常见的有:汽车、飞机发动机、大型机器设备、钢材等。

2．超大超重货物装载规定

（1）非宽体机上承运超限货物每件重量可放宽至 150kg，但在 An24、Y7 飞机上禁止承运超过 120kg 的货物，在宽体机上承运超限货物，应请示值班经理同意。

（2）超限货物运输必须全程订妥舱位。

（3）超限货物尽量装在集装器的中间位置，如果未超过集装箱的 2/3 容积，且属于重货，则必须固定。

（4）承运超限货物时，所需垫板等装卸设施应由托运人提供，并且按普货计费。

6.4.6　骨灰灵柩

骨灰灵柩具有很高的感情色彩，是敏感且紧急的货物，所以没有特殊原因，承运人一般不会受理此类货物。

1．骨灰装载规定

（1）承运人接受骨灰运输后，处理基本与普通货物处理一致。通常情况下骨灰的运输可被任何飞机接受无须订舱。

（2）骨灰可装在下货舱，亦可由旅客随身携带。

（3）骨灰运输应事先通知机组人员。

2．灵柩装载规定

（1）灵柩运输必须全程订妥舱位。

（2）灵柩尽量装在集装板上，不可与其他货物混运，除非整票集运货都是灵柩。

（3）灵柩必须远离动物和食品，散装时，灵柩不能与动物装在同一货舱内，集运时，分别装有灵柩和动物的集装器，装机时中间至少应有一个集装器间隔。

（4）灵柩必须在旅客登机前装机，在旅客下机后卸机。

（5）灵柩只可以水平放置，不可以直立或侧放。

（6）灵柩应装在全货机或有独立货舱的客机上。

6.4.7　外交信袋

1．外交信袋概念

外交信袋是指各国政府（包括联合国下属组织）与其驻外大使、领馆、办事处之间运输作为货物托运的，使用专用包装袋的公务文件。

2．外交信袋装载规定

（1）外交信袋应按指定航班日期运出。

（2）外交信袋一般安排在直达航班上运输，国际航班国内段不安排外交信袋的运输。

（3）外交信袋应放在货舱内明显的位置，并且不能与航空邮件装在一起。

（4）外交信袋不可与放射性物质或磁性物质放在同一货舱内。

6.5　装机通知单

装机通知单也称为装载通知单，简称装机单，是装载部门进行飞机装载作业的依据。装机通知单由配载部门填制或认可，如有更改，必须得到配载部门的同意。

配载人员必须认真填写装机通知单，装卸人员必须严格按照装机通知单指示装卸，做到实际装载各舱重量与装机通知单相符，实际箱、板的放置位置符合装机通知单指示的要求，避免飞机前后或左右装载不均。

装机通知单一式四份：一份配载室留存；一份交目的站放业务袋内；一份随业务袋交平衡室；一份带至外场装卸。

6.5.1　装机通知单内容介绍

不同机型的装机通知单各不相同，但大都能反映飞机货舱的基本布局、舱门尺寸及各舱的最大载量和联合载量等信息。下面以示例来介绍装机通知单普遍包含的内容。

1. 各货舱的最大载量及联合载量限制栏

图 6.1 是 B737-700 飞机装机通知单上显示的货舱载量限制栏。表示飞机前货舱最大容积 11m³，货舱门尺寸宽 120cm×高 88cm，前货舱内分隔成两个分货舱，其中 1 舱最大载运量 814kg，2 舱最大载运量 1021kg；后货舱最大容积 16.4m³，货舱门尺寸宽 120cm×高 78cm，后货舱内分隔成两个分货舱，其中 3 舱最大载运量 2409kg，4 舱最大载运量 763kg。

最大载量(kg)	1舱	2舱	3舱	4舱
	814	1021	2409	763
最大容积(m³)	11		16.4	
货舱门尺寸 cm	120ᵂ×88ᴴ		120ᵂ×78ᴴ	

图 6.1　B737-700 装机单显示的货舱载量

图 6.2 和图 6.3 是 B767-300 飞机装机通知单上显示的货舱载量限制栏。表示飞机前货舱最大容积 47.0m³，货舱门尺寸宽 340cm×高 175cm，前货舱内分隔成两个分货舱，其中 1 舱最大载运量 8230kg，2 舱最大载运量 8230kg，1 舱和 2 舱联合载量不得超过 16460kg；后货舱最大容积 47.6m³，货舱门尺寸宽 177cm×高 175cm，后货舱内分隔成两个分货舱，其中 3 舱最大载运量 7242kg，4 舱最大载运量 5432kg，3 舱和 4 舱联合载量不得超过 12674kg；散舱是 5 舱，最大容积 12.2m³，货舱门尺寸宽 96cm×高 114cm，最大载运量为 2925kg；货舱地板最大负荷为 732kg/m²，允许装运的集装板高度不得超过 160cm。

舱位 CPT	CPT 1&2	CPT 3&4	CPT 5
可载最大容积 MAXIMUN VOLUME (m³)	47.0	47.6	12.2
货舱门尺寸 SIZE OF CARGO (cm) COMP ARTMENT DOOR	$340^W \times 175^H$	$177^W \times 175^H$	$96^W \times 114^H$
货舱地板最大负荷 MAXIMUN LOADING FOR CARGO COMPARTMENT FLOOR	732kg/m²		
集装板限高 HEIGHT LIMITATION FOR CONTAINER	160cm		

图 6.2　B767-300 装机单显示的货舱载量(1)

CPT 1&2 (COMBINED MAX 16460 kg)		CPT 3&4(COMBINED MAX 12674 kg)		CPT 5
CPT 1 MAX 8230 kg	CPT 2 MAX 8230 kg	CPT 3 MAX 7242 kg	CPT 4 MAX 5432 kg	MAX 2925 kg

图 6.3　B767-300 装机单显示的货舱载量限制(2)

2. 货舱分布情况栏

图 6.4 是 B737-700 飞机装机通知单显示的货舱分布。显示该飞机货舱的布局以及货舱门的位置。图 6.5 是 B767-300 飞机装机通知单显示的货舱分布。显示飞机货舱分为 5 个分货舱,其中 11L、11R、12L、12R、13L、13R、14L、14R 都属于 1 舱。11L 可以理解成 1 舱的左 1 号箱位,14R 可以理解成 1 舱的右 4 号箱位。同理,21L、…24R 都属于

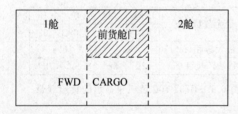

图 6.4　B737-700 装机单显示的货舱分布

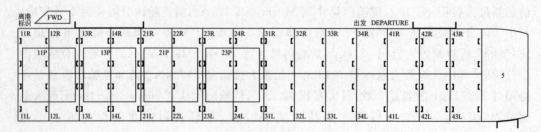

图 6.5　B767-300 装机单显示的货舱分布

2 舱,31L、…34R 都属于 3 舱,41L、…43R 都属于 4 舱。飞机上集装板的位置在图中用 11P、13P、21P、23P 表示(有的航空公司标注为 P11、P23 等)。飞机货舱中放板或放箱的位置都有限制,图中标明放箱板的位置才可以放箱板,例如 B767-300 飞机只有 1 舱、2 舱能够放集装板,3 舱、4 舱只能放集装箱,5 舱没有箱板标志,任何集装箱板都不能放,是散货舱。另外,可放箱板的型号需要查阅飞机性能部分的有关内容,这关系到舱门尺寸和舱内空间等问题的限制,不可以随意选择。例如 B767-300 飞机集装板最多可装 4 块 PMC 板(宽 244cm×长 318cm,也称 P6P 板)或 4 块 PAG 板(宽 224cm×长 318cm,也称 P1P 板),集装箱最多能装 15 个 DQF(宽 153cm×长 244cm)或 30 个 DPE(宽 153cm×长 120cm)。这里要注意,一块板只占 2 个 DQF 或 4 个 DPE 的位置,所以放了板的位置,不可重复安排放箱。在装机通知单上,粗线为货舱门的位置。"【"、"】"为集装箱卡锁及其固定方向的符号,集装板固定件则没有标出。

在宽体飞机的装机通知单上还有到达(ARRIVAL)和出发(DEPARTURE)两部分。如表 6.5 显示的是 B767-300 飞机出发的部分。"到达"部分供中途站记录过站装载情况用,以便合理安排本站业载的装载,也可作为修正栏使用;"出发"部分是供始发站或中途站安排出港装载时使用的。

在填写装机通知单时,在装载邮件和货物的集装设备的位置上要填写到达站、集装箱板号、物品重量和物品代号。但在装载行李的集装设备的位置,只需填写到达站、集装箱板号和行李代号。放在散货舱内的物品,需填写到达站、物品重量和物品代号,同样,如果行李装在散货舱,则行李重量不用写。当到达站只有 1 个时,到达站的填写可以省略。

3. CODES FOR CPM 装载图代号栏

图 6.6 是装机通知单填写以及集装箱板报拍发中常用的简语代号的含义。其中,代号 0、1、2、3 是供中途站参考的,只有在中途站客货载量大,并且始发站经中途站的过站客货载量也大时候使用,一般情况下不用填写。

	CODES FOR CPM
	装载图代号
B	BAGGAGE
	行李
BT	BAGGAGE TRANSFER
	转运行李
C	CARGO
	货物
D	CREW BAGGAGE
	机组行李
E	EQUPMENT
	装备
F	FIRST CLASS BAGGAGE
	头等舱行李
L	CONTAINER IN LEFT HAND POSITION
	左示位置集装箱
M	MAIL
	邮件
N	NO CONTAINER OR PALLET IN POSITION
	此处不允许有集装箱板
P	PALLET
	集装板
PP	IGLOO
	特种集装箱
R	CONTAINER IN RIGHT HAND POSITION
	右示位置集装箱
S	SERVICE
	勤务
T	TRANSFER LOAD
	转运货
U	UNSERVICEABLE CONTAINER/PALLET
	无法使用集装箱板
V	VIP BAGGAGE
	重要客人行李
W	CARGO IN SECURITY CONTROLLED CONTAINER
	安全控制集装箱内的货物
X	EMPTY CONTAINER OR EMPTY PALLET
	空集装箱
Z	MIXED DESTINATION LOAD
	多目的地的业务装载
0	FULLY LOADED
	满载
1	1/4 AVAILABLE
	1/4 可用
2	1/2 AVAILABLE
	1/2 可用
3	3/4 AVAILABLE
	3/4 可用

图 6.6　装载图代号

4. 特殊要求栏

在有制表人（PREPARED BY）、审核人（APPROVED BY）签名的特殊要求栏（SPECIAL INSTRUCTIONS）图 6.7 中，填写一些配载人员和装载人员的注意事项，例如改变或对换集装设备位置，特种货物装运等信息。

5. 装载负责人签名栏

图 6.8 为装载负责人签名栏。通常在该栏上会有一段英文说明：This aircraft has been loaded in accordance with these instructions including the deviations recorded. the containers/pallets and bulk load have been secured in accordance with company instructions. 意思是：本机已按装载指令装载完毕，装载情况包括记录中的偏差。集装箱、板及散舱的网锁已按公司规定锁牢。

特殊要求： SPECIAL INSTRUCTIONS：   制表人：　　　　　审核人： PREPARED BY：　　　APPROVED BY：

图 6.7　特殊要求栏

装载负责人： LOAD SUPERVISOR：

图 6.8　装载负责人签名栏

6.5.2　装机通知单填写示例

例 2　2008 年 7 月 10 日，由 B-2228 号飞机（B737-700）执行 FM7401 航班（SHA—CAN）飞行任务，起飞时间 12：00。配载人员经过计算，决定由该航班运出一批货物 3036kg/260ps，邮件 267kg/8ps，并通知仓管人员取货，仓管人员平板车装货情况如下：

1099♯平板车：货物 250kg；

1083♯平板车：货物 1000kg；

1206♯平板车：货物 630kg；

1153♯平板车：货物 1156kg；

1102♯平板车：邮件 267kg。请据此填制飞机装机通知单。

解：填制的装机通知单如图 6.9 所示。

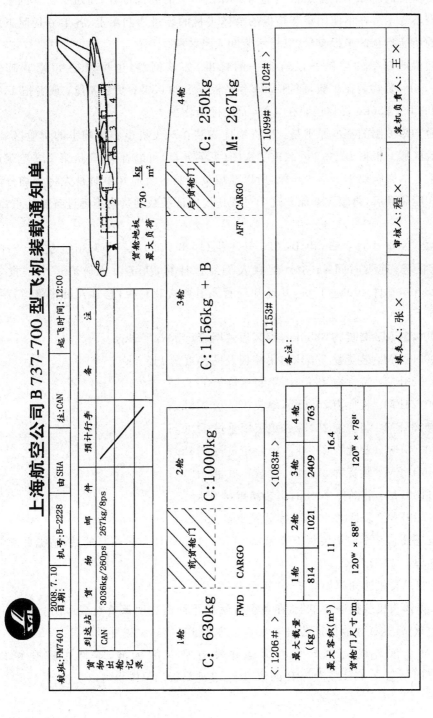

上海航空公司 B 737-700 型飞机装载通知单

航班:FM7401					
日期:2008.7.10	机号:B-2228	由SHA		往:CAN	起飞时间:12:00

货物出舱记录

到达站	货 物	邮 件	件	预计行李	备	注
CAN	3036kg/260ps	267kg/8ps				

1舱
C: 630kg

航货舱门

FWD   CARGO

2舱
C:1000kg

3舱
C:1156kg + B

4舱
C: 250kg
M: 267kg

与货舱门

AFT   CARGO

货舱地板
最大负荷 730·kg/m²

< 1206# >   <1083# >   < 1153# >   < 1099# 、 1102# >

	1舱	2舱	3舱	4舱
最大载重（kg）	814	1021	2409	763
最大客积（m³）	11		16.4	
货舱门尺寸 cm	120ᵂ × 88ᴴ		120ᵂ × 78ᴴ	

备注:

填表人:张 ×	审核人:程 ×	装机负责人:王 ×

图 6.9 B737-700 飞机装机单

说明：在装机通知单上配载人员通常只标出行李的装机位置，而对于行李的重量等其他信息则不表示。在不使用集装箱板的窄体飞机的装机通知单上，各个分货舱下面需注明对应的所装货物的平板车号，以指示装卸人员装载。

对于装机通知单的填制并没有唯一的标准，如该例题，也可以把1102♯邮件和1099♯的250kg货物装在1舱，而把1206♯平板车上的630kg货装4舱；或者把1102♯邮件和1099♯的250kg货物也装在3舱，而把行李装在4舱。

装机通知单填制的基本原则是：将货物优先装在对飞机重心影响小的货舱区域，然后再装其他区域。根据B737-700载重平衡图（见第8章）可以看出，飞机第2、3舱载运货物对飞机重心的影响要小于第1、4舱，所以配载员填制装机通知单时是先将货物分配在2、3舱，2、3舱装满后，再装1、4舱。这个过程还要保证装载的货物不超过各舱的重量、容积限制。

例3 2008年9月3日，由B-2026号飞机（B767-300）执行FM7015航班（SHA—PEK）飞行任务，起飞时间9：30。配载人员经过计算，决定由该航班运出一批货物20980kg/980ps，邮件400kg/15ps，并通知仓管人员取货装箱板，仓管人员将待运货物装箱板情况如下：

PMC00001FM：装货物3850kg，集装板及网套重量145.5kg；

PMC00002FM：装货物3450kg，集装板及网套重量145.5kg；

DQF00023FM：装货物2630kg，集装箱重量118kg；

DQF00424FM：装货物2556kg，集装箱重量118kg；

DQF00035FM：装货物2649kg，集装箱重量118kg；

DQF00206FM：装货物2331kg，集装箱重量118kg；

DQF00218FM：装货物2714kg，集装箱重量118kg；

DPE01108FM：装邮件400kg，集装箱重量95kg；

DPE01349FM：装货物800kg，集装箱重量95kg。

该航班还需将一个空集装板PMC00200FM（自重134kg）运往目的站，请据此填制飞机装机通知单。

解：填制的装机通知单如图6.10所示。

说明：宽体飞机装机通知单上，在各个分货舱下面需注明该货舱载运的货物使用的集装箱板的重量，这样才能保证装机通知单上的重量和实际装载重量相符。

同样，对于该装机通知单的填制也并没有唯一的标准，本例中完全可以把DPE01108FM放置在43R或者13R的位置上，其他箱板的位置也可以变换。

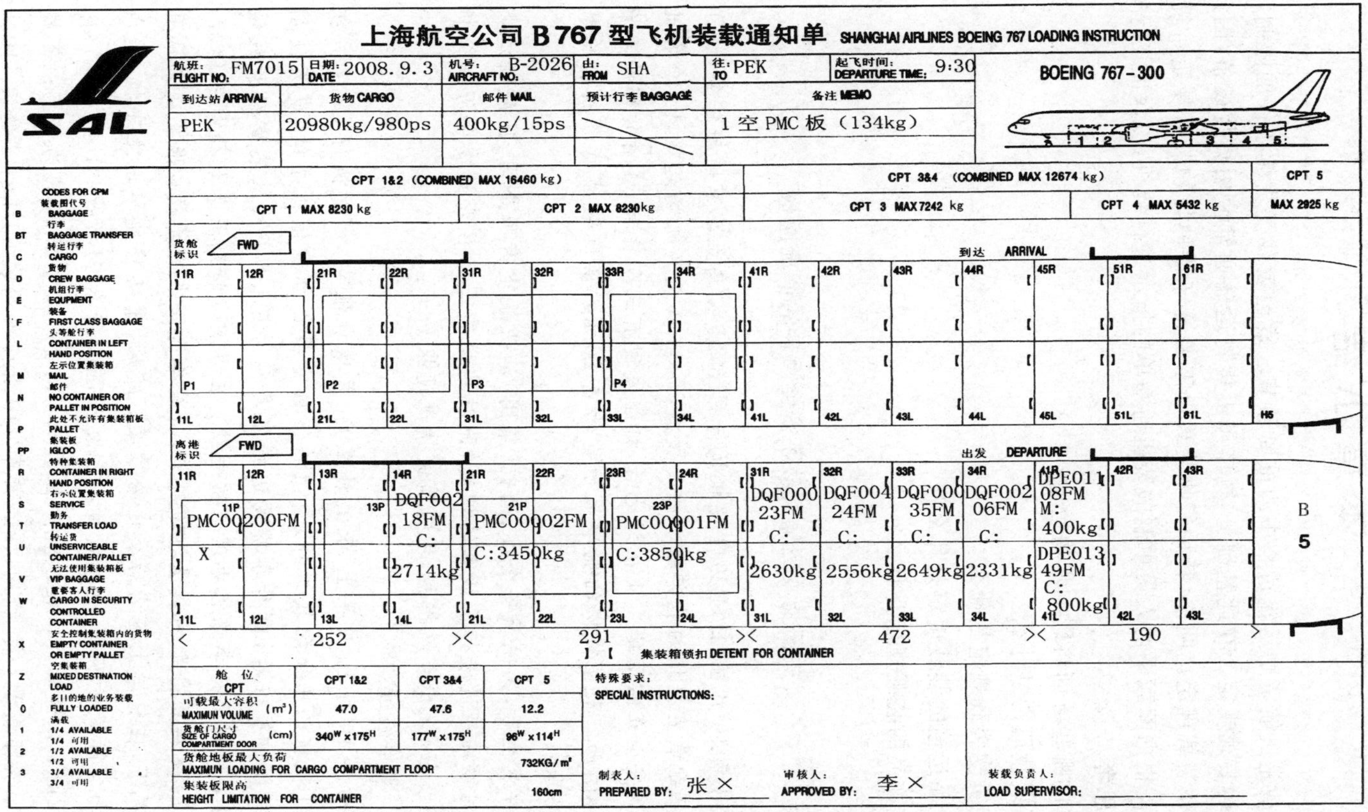
SAL

上海航空公司 B 767 型飞机装载通知单 SHANGHAI AIRLINES BOEING 767 LOADING INSTRUCTION

航班: FLIGHT NO.	日期: DATE	机号: AIRCRAFT NO.	由: FROM	往: TO	起飞时间: DEPARTURE TIME:
FM7015	2008.9.3	B-2026	SHA	PEK	9:30

到达站 ARRIVAL	货物 CARGO	邮件 MAIL	预计行李 BAGGAGE	备注 MEMO
PEK	20980kg/980ps	400kg/15ps		1 空 PMC 板（134kg）

BOEING 767-300

CODES FOR CPM 装载图代号
B BAGGAGE 行李
BT BAGGAGE TRANSFER 转运行李
C CARGO 货物
D CREW BAGGAGE 机组行李
E EQUPMENT 装备
F FIRST CLASS BAGGAGE 头等舱行李
L CONTAINER IN LEFT HAND POSITION 左示位置集装箱
M MAIL 邮件
N NO CONTAINER OR PALLET IN POSITION 此处不允许有集装箱板
P PALLET 集装板
PP IGLOO 特种集装箱
R CONTAINER IN RIGHT HAND POSITION 右示位置集装箱
S SERVICE 勤务
T TRANSFER LOAD 转运货
U UNSERVICEABLE CONTAINER/PALLET 无法使用集装箱板
V VIP BAGGAGE 重要客人行李
W CARGO IN SECURITY CONTROLLED CONTAINER 安全控制集装箱内的货物
X EMPTY CONTAINER OR EMPTY PALLET 空集装箱
Z MIXED DESTINATION LOAD 多目的地的业务装载
0 FULLY LOADED 满载
1 1/4 AVAILABLE 1/4 可用
2 1/2 AVAILABLE 1/2 可用
3 3/4 AVAILABLE 3/4 可用

CPT 1&2 (COMBINED MAX 16460 kg)　CPT 3&4 (COMBINED MAX 12674 kg)　CPT 5
CPT 1 MAX 8230 kg　CPT 2 MAX 8230kg　CPT 3 MAX 7242 kg　CPT 4 MAX 5432 kg　MAX 2925 kg

货舱标识 FWD　到达 ARRIVAL
11R 12R 21R 22R 31R 32R 33R 34R 41R 42R 43R 44R 45R 51R 61R
P1 P2 P3 P4
11L 12L 21L 22L 31L 32L 33L 34L 41L 42L 43L 44L 45L 51L 61L H5

离港标识 FWD　出发 DEPARTURE
11R 12R 13R 14R 21R 22R 23R 24R 31R 32R 33R 34R 41R 42R 43R
11P PMC00200FM X
13P DQF00218FM C: 2714kg
21P PMC00002FM C:3450kg
23P PMC00001FM C:3850kg
31R DQF00023FM C: 2630kg
32R DQF00424FM C: 2556kg
33R DQF00035FM C: 2649kg
34R DQF00206FM C: 2331kg
41R DPE01108FM M: 400kg
41L DPE01349FM C: 800kg
B 5
11L 12L 13L 14L 21L 22L 23L 24L 31L 32L 33L 34L 41L 42L 43L
252　291　472　190
] [集装箱锁扣 DETENT FOR CONTAINER

舱位 CPT	CPT 1&2	CPT 3&4	CPT 5
可载最大容积 MAXIMUN VOLUME (m³)	47.0	47.6	12.2
货舱门尺寸 SIZE OF CARGO COMPARTMENT DOOR (cm)	340ᵂ×175ᴴ	177ᵂ×175ᴴ	96ᵂ×114ᴴ
货舱地板最大负荷 MAXIMUN LOADING FOR CARGO COMPARTMENT FLOOR	732KG/m²		
集装板限高 HEIGHT LIMITATION FOR CONTAINER	160cm		

特殊要求: SPECIAL INSTRUCTIONS:

制表人: PREPARED BY: 张×　审核人: APPROVED BY: 李×　装载负责人: LOAD SUPERVISOR:

图 6.10　B767-300 飞机装机单

本 章 小 结

货运装载是民航货物运输过程中的重要环节。货运装载受货舱条件的限制,必须遵守相关的货运装载规定。在此基础上,宽体飞机货物运输通常使用集装设备,因此,还需遵守集装设备装载规定。同样,特种货物装载也需要遵守特种货物装载规定。货运装载的具体操作需根据配载平衡人员填制的装机通知单的指示进行装机,以保证飞行安全。

复习与思考

1. 货舱的哪些方面将影响货物运输?
2. 货运装载原则是什么?
3. 集装货物装载规定是什么?
4. 危险品运输的装载规定是什么?
5. 贵重物品的装载规定是什么?

阅读

关于货物运输配载不安全事件的情况通报

2008 年 10 月 26 日,B2941 飞机执行 CZ3725 义乌至北京航班任务,机组按义乌机场配载室提供的舱单输入相关数据,7:38 从义乌机场起飞,9:40 在北京首都机场安全正常落地。飞机落地后,机组发现有三车货物,查看货邮舱单货物重 3647kg,而配载室提供的舱单显示货物重 267kg,实际装载货物较舱单载量多出 3380kg。

事件发生后,民航局安全办、南航(集团)汕头航空有限公司、民航浙江监管办相继对事件经过进行了认真的调查,民航局党委及时召开党委会仔细分析原因、追查责任、提出整改措施,现将有关情况通报如下:

一、事件经过

2008 年 10 月 26 日早上,配载员虞某、复核员张某,负责执行 CZ3725 航班的 B2941 飞机的平衡配载工作。7:18,值机室截止办理值机手续,虞某使用离港系统关闭该航班后,对行李货物进行了载量分配;7:20,虞某重新开放该航班,为两名晚到无行李旅客办理值机手续;在办理完晚到旅客的值机手续后,虞某按照 7:18 截止分配的载量打印舱单,将舱单送给张某复核;张某在未认真复核的情况下,在舱单上签名后交还给虞某;随后,虞某将舱单送上飞机,造成舱单载量与实际载量不符(舱单载量:货物 267kg,行李 1107kg;1 舱装 267kg;3 舱装 632kg;4 舱装 475kg;重心位置为 19.26%;重心指数为 4.5;余载为 4728kg。实际载量:货物 3647kg,行李 1107kg;1 舱装 667kg;2 舱装 1100kg;

3舱装2280kg；4舱装707kg；重心位置为19.34%，重心指数为4.5；余载为1348kg。舱单载量与实际载量的重心基本相符，余载相差3380kg)。

二、原因分析

(1) 安全观念淡薄，粗心大意，责任心不强。配载员在输入配载数据时，没有按照规定的程序进行操作，凭经验办事，麻痹大意，将货物代码错误地输成了行李代码，并在未对输入数据进行认真核对的情况下打印舱单，使舱单载量比实际载量少3380kg，是造成此次不安全事件的直接原因。

(2) 复核工作流于形式。复核人员没有很好地履行复核职责，在未认真复核的情况下，在打印的舱单上签字确认，使复核工作流于形式，未将差错及时发现和纠正，是造成此次不安全事件的主要原因。

(3) 部门负责人管理不到位。运输科虽然制定了配载平衡的操作程序、复核制度，制作了装机通知单、配载表、航班配载作业检查、行李件数重量复核单，有较完善的防差错机制，但运输科负责人王某管理不到位，没有认真落实制度，负起领导责任。

三、责任追究

(1) 虞某调离配载工作岗位；

(2) 张某免去部门安全员职务；

(3) 根据《义乌民用航空站月奖惩考核办法》有关规定，对直接责任人、主要责任人、部门负责人和运输科进行经济处罚。

资料来源：义乌市民用航空管理局.关于货物运输配载不安全事件的情况通报.2008.10.30,http://mhj.yiwu.gov.cn/bmwj/200902/t20090222_169813.html

思考题

1. 配载工作对飞机安全飞行的重要性？

2. 如何确保航班配载工作准确无差错？

练习题

1. 2009年3月24日，由B-2120号飞机(B737-700)执行FM1200航班(SHA—KMG)飞行任务，起飞时间14：00。配载人员经过计算，决定由该航班运出一批货物3120kg/190ps，邮件350kg/10ps，并通知仓管人员取货，仓管人员平板车装货情况如下：

1023#平板车：货物460kg；

1024#平板车：货物700kg；

1212#平板车：货物600kg；

1134#平板车：货物820kg；

1167#平板车：货物540kg；

1123#平板车：邮件350kg。请据此填制飞机装机通知单。

2. 2009 年 9 月 12 日,由 B-2026 号飞机(B767-300)执行 FM1013 航班(SHA—CKG)飞行任务,起飞时间 14：15。配载人员经过计算,决定由该航班运出一批货物 16653kg/350ps,邮件 750kg/15ps,并通知仓管人员取货装箱板,仓管人员将待运货物装箱板情况如下：

PMC00011FM：装货物 3150kg,集装板及网套重量 145.5kg；

PMC00012FM：装货物 2950kg,集装板及网套重量 145.5kg；

DQF00123FM：装货物 2130kg,集装箱重量 118kg；

DQF00378FM：装货物 2623kg,集装箱重量 118kg；

DQF01030FM：装货物 2400kg,集装箱重量 118kg；

DQF00216FM：装货物 2600kg,集装箱重量 118kg；

DPE01123FM：装邮件 750kg,集装箱重量 95kg；

DPE01334FM：装货物 800kg,集装箱重量 95kg。请据此填制飞机装机通知单。

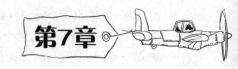

第7章

飞机的重心与平衡

本章关键词

飞机重心(center of aircraft gravity)   飞机机体轴(aircraft body-axis)

飞机平衡(aircraft balance)   稳定性(stability)

操纵性(manipulative)   代数法(algebraic method)

站位法(station method)   指数法(index method)

平衡图表法(balance chart method)

平均空气动力弦(mean aerodynamic chord)

互联网资料

http://www.carnoc.com   http://www.kepu.net.cn

http://www.caacnews.com.cn   http://www.sfsa.cn

民航运输顺利而圆满地完成,首先要保证飞行安全,而确保飞行安全的要求和条件是多方面的,其中尤为重要的一点就是满足飞机平衡的要求。飞机平衡要求飞机的重心在安全的范围内,这对飞机的稳定性、操纵性是极其重要的。作为民航工作人员,要充分了解和掌握相关飞机平衡的知识和工作方法。

7.1 飞机的重心和机体轴

7.1.1 飞机的重心

1. 飞机重力和重心

重力是地球对物体的吸引力,飞机的各个部件、燃料、机组、乘客、货物都要受到重力的作用,这些重力的合力,就叫做飞机的重力。飞机重力的着力点为飞机的重心。见图 7.1。飞机重心具有两个特性:第一,飞行中,重心位置不随飞机姿态改变。第二,飞机在空中的一切运动,无论怎样错综复杂,总可以分解为:飞机各部分随飞机重心一起移动和飞机各部分转绕着飞机重心的转动。

2. 飞机重心位置的表示

（1）翼弦

飞机机翼上任何部位的横截面如图 7.2 所示。机翼前部 A 称为机翼前缘,机翼后部 B 称为机翼后缘。A 和 B 之间的直线段称为机翼的翼弦。由于现代飞机机翼的几何形状不是简单的矩形,而常为锥形的后掠状,因此飞机机翼上从翼根至翼尖之间每一处的翼弦的长度一般是不相同的。

（2）标准平均翼弦

在飞机机翼的所有翼弦中,长度等于机翼面积与翼展之比的翼弦称为标准平均翼弦,用 SMC 表示,英文全称为 Standard Mean Chord。

（3）平均空气动力弦

假设一个矩形机翼,该矩形机翼的面积、空气动力特性和俯仰力矩等都与原机翼相同。该矩形机翼的翼弦与原机翼某处的翼弦长度相等,则原机翼的这条翼弦称为平均空气动力弦,如图 7.3 所示,用 MAC 表示,英文全称为 Mean Aerodynamic Chord。

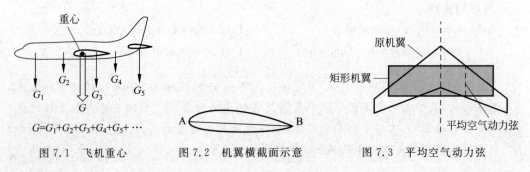

图 7.1　飞机重心　　　　图 7.2　机翼横截面示意　　　　图 7.3　平均空气动力弦

飞机的标准平均翼弦和平均空气动力弦的位置及长度,一般都可以从各型号飞机技术手册上查到。

（4）飞机重心位置的表示方法

飞机重心位置取决于载量在飞机上的分布,除了在重心位置上,飞机上任何部位的载重量发生变化,都会使飞机重心位置发生移动,并且重心总是向载重增大的方向移动。在飞行中,收放起落架、燃油的消耗等都会使飞机重心位置发生变化。

飞机重心的前后位置通常以平均空气动力弦来表示。设重心的投影点到平均空气动力弦前缘点的距离为 X_T，平均空气动力弦长为 b_A，则重心相对位置 G_T 可用下式表示（参见图 7.4）：

$$G_T = (X_T/b_A) \times 100\%$$

例 1 某架飞机的平均空气动力弦长度为 7.2541m，重心在该弦上的投影点距平均空气动力弦前缘点的距离为 2.325m，求飞机的重心位置表示。

解：重心位置 $= 2.325 \div 7.2541 \times 100\% = 32.05\%$ MAC

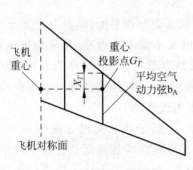

图 7.4 重心位置表示法

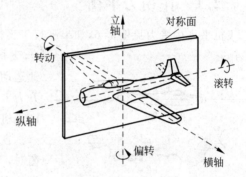

图 7.5 飞机的机体轴

7.1.2 飞机的机体轴

为了确定飞机的姿态、受力和空气动力矩的方向，必须建立坐标轴系。

通过飞机重心的三条互相垂直的、以机体为基准的坐标轴，称为机体轴，如图 7.5 所示。

（1）纵轴：沿机身轴线通过飞机重心。飞机绕纵轴的转动，称为飞机的横向滚转，因此纵轴又称为横滚轴。操纵副翼可使飞机产生横滚运动。

（2）横轴：沿机翼方向通过飞机重心并垂直于纵轴。飞机绕横轴的转动，称为飞机的俯仰转动，因此横轴又称为俯仰轴。操纵升降舵可使飞机产生俯仰运动。

（3）立轴：通过飞机重心并垂直于纵轴和横轴平面。飞机绕立轴的转动，称为飞机的方向偏转，因此立轴又称为偏航轴。操纵方向舵可使飞机产生偏航运动。

7.2 飞机的平衡

飞机的平衡，是指作用于飞机的各力之和为零，各力对飞机重心所构成的各力矩的代数和也为零。飞机处于平衡状态时，飞行速度的大小和方向都保持不变，也不绕飞机重心转动。反之，飞机处于不平衡状态时，飞行的速度的大小和方向都将发生变化，并绕飞机重心转动。

飞机能否自动保持平衡状态,是稳定性的问题;如何改变其原有的平衡状态,则是操纵性的问题。所以,研究飞机的平衡,是分析飞机稳定性和操纵性的基础。

飞机的平衡包括"作用力平衡"和"力矩平衡"两个方面。飞行中,飞机重心移动速度的变化,直接和作用于飞机的各力是否平衡有关;飞机绕重心转动的角速度的变化,则直接和作用于飞机的各力矩是否平衡有关。

7.2.1 作用力平衡

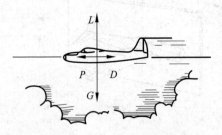

图 7.6 飞机平飞中的受力

飞机平飞中受力见图 7.6,如果平行于飞行方向的各力互相平衡,即拉力 P 等于阻力 D,飞行速度的大小就不会改变,也就是飞机做等速运动;如果垂直于飞行方向的各力互相平衡,即升力 L 等于重力 G,飞行速度的方向就不会改变,即飞机做水平直线运动。

在飞行中,平行于飞行速度方向的各力不平衡时,飞机就会做减速或加速运动。在平飞中,如果拉力大于阻力,则剩余拉力将迫使飞机加速,反之,如果阻力大于拉力,则多余阻力将迫使飞机减速。垂直于飞行速度方向的各力不平衡,就会形成向心力,迫使飞机做曲线运动。如果升力 L 大于重力 G,则升力与重力之差 $L-G$ 形成向心力,迫使飞机向上进入曲线飞行。如果升力小于重力或与重力指向同一方向,重力与升力之差 $G-L$ 或重力与升力之和 $G+L$,形成向力心,迫使飞机向下进入曲线飞行。

7.2.2 力矩平衡

1. 俯仰平衡

俯仰平衡是指作用于飞机上的上仰力矩和下俯力矩彼此相等,使飞机既不上仰,也不下俯。如图 7.7 所示。

图中 G 为飞机的总重量,作用于飞机的重心位置。$F_{机翼}$ 为机翼产生的升力,其作用点与飞机重心的距离为 $L_{机翼}$,对飞机产生的力矩为上仰力矩。$F_{尾翼}$ 为空气流对水平尾翼产生的升力,其作用点与飞机重心的距离为 $L_{尾翼}$,对飞机产生的力矩为下俯力矩,水平尾翼上升力的大小和方向,可以根据需要,利用水平尾翼的偏转来获得,当满足 $F_{机翼} \times L_{机翼} = F_{尾翼} \times L_{尾翼}$ 时,飞机既不下俯也不上仰,即处于俯仰平衡状态。

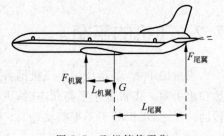

图 7.7 飞机俯仰平衡

飞机主要的重量位于纵轴线上,飞机上载运的旅客的座位安排方式和货物的装载位置及滚动情况、机上人员的走动、燃料的消耗、不稳定气流、起落架或副翼的伸展和收缩等都会对飞机重心产生影响,飞机重心的变化又对飞机俯仰平衡的影响很大,如果对飞机配载安排的重心不符合规定要求,就会影响飞机的俯仰平衡,同时还会影响飞机的稳定性和操作性。因此配载人员在安排旅客的座位时,除去按照舱位等级与旅客所持客票的票价等级相当来安排之外,在对重心影响较小的舱位尽量多安排旅客,并且在飞机起降时请旅客不要在客舱内走动,以免影响飞机的俯仰平衡和旅客的安全;在安排货物时,对重心影响程度小的货舱尽量多装货物,并且对于散装货物来说,要固定牢靠,防止货物在货舱内滚动,影响俯仰平衡及造成货物损坏。

当飞机由于外界干扰而失去俯仰平衡时,可以靠飞机自身的稳定性能自动恢复平衡,也可通过操纵驾驶杆改变升降舵的角度而使飞机恢复俯仰平衡。驾驶员操纵驾驶杆,当前推驾驶盘时,位于水平安定面上的升降舵向下偏转,使飞机水平尾翼的升力增大,从而增大飞机的低头力矩;当后拉驾驶杆时,升降舵向上偏转,使飞机水平尾翼的升力减小,可使飞机抬头力矩增大。

现代大中型飞机由于纵向尺寸大,重心纵向位移量大,如果重心偏前或偏后,需要的纵向操纵量很大,单靠升降舵不能完全实现在各种飞行状态下的纵向平衡,因此大多数飞机的水平安定面的安装角是可调节的。需要长时间或大角度操纵升降舵时,可以改变水平安定面的安装角实现纵向配平,见图7.8。

飞机在起飞之前应根据飞机的配载平衡的情况进行水平安定面的配平。水平安定面在起飞之前必须调节到起飞位,以保证飞机在起飞过程中的纵向平衡。水平安定面起飞前调定的角度就是配平格。

2. 横侧平衡

横侧平衡是指作用于飞机机身两侧的滚动力矩彼此相等,使飞机既不向左滚转,也不向右滚转。如图7.9所示。

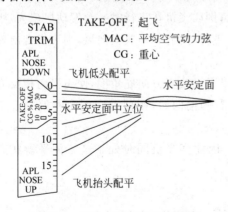

图 7.8 飞机水平安定面的配平

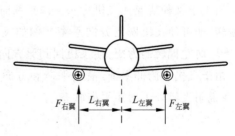

图 7.9 飞机横侧平衡

图中 $F_{右翼}$ 和 $F_{左翼}$ 分别为作用于左右机翼上的力,$L_{右翼}$ 和 $L_{左翼}$ 分别为 $F_{右翼}$ 和 $F_{左翼}$ 在机翼上的作用力与机身中轴线的距离,因此,($F_{右翼} \times L_{右翼}$)产生使飞机向左滚转的力矩,($F_{左翼} \times L_{左翼}$)产生使飞机向右滚转的力矩,当满足 $F_{右翼} \times L_{右翼} = F_{左翼} \times L_{左翼}$ 时,飞机处于横侧平衡状态。

影响飞机的横侧平衡的因素主要有燃油的加装和利用方式、货物装载情况和滚动情况,以及空气流的作用等。因此加油和耗油时都要保持左右机翼等量。尤其对于宽体飞机,装载货物时要保证机身两侧的载量相差不大,同时固定稳固,避免货物在飞机失去横侧平衡时向一侧滚动而加重不平衡的程度。

当由于某种原因使飞机失去横侧平衡时,可以通过改变某侧机翼的副翼角度而使飞机恢复横侧平衡。例如当飞机向左侧滚转时,则增大左侧副翼放下角度使左侧升力增大,即使向右滚转的力矩增大,使飞机重新回到横侧平衡状态。

3. 方向平衡

方向平衡是指作用于飞机两侧的力形成的使飞机向左和向右偏转的力矩彼此相等,使飞机既不向左偏转,也不向右偏转。如图 7.10 所示。

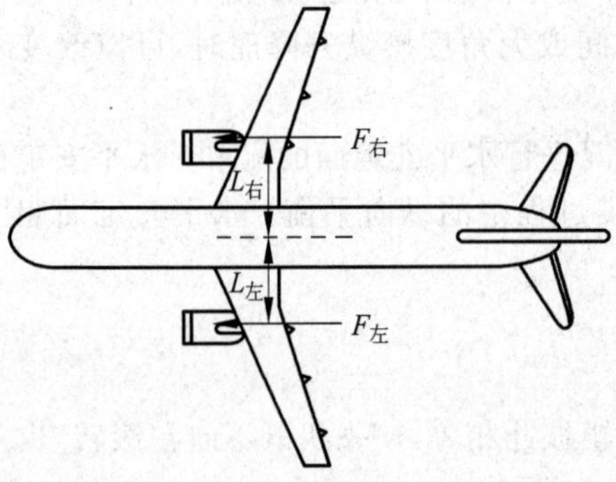

图中 $F_右$ 和 $F_左$ 分别为左右两侧发动机产生的推力,$L_右$ 和 $L_左$ 分别为左右发动机与机身中轴线的距离,因此,($F_右 \times L_右$)产生使飞机向左偏转的力矩,($F_左 \times L_左$)产生使飞机向右偏转的力矩,当满足 $F_右 \times L_右 = F_左 \times L_左$ 时,飞机处于方向平衡状态。

影响方向平衡的因素主要有发动机推力和横向风,例如飞机在飞行时一台发动机熄火,则飞机必然向该发动机所在一侧偏向。又如飞机在飞行时,遇到一股横向风,则飞机会出现偏向。

图 7.10　飞机方向平衡

当由于某种情况使飞机失去方向平衡时,可以通过改变方向舵角度,使飞机向相反方向偏转,即可使飞机恢复方向平衡。例如飞机向右侧偏向时,则使方向舵向左偏一定角度,产生向左偏转的力矩,使飞机回到原方向来。

由于飞机有俯仰平衡,横侧平衡和方向平衡,因此当飞机同时处于这三种平衡状态时,才说明飞机处于力矩平衡状态。

7.3　飞机的稳定性

　　飞机的稳定性指在飞行中,当飞机受微小扰动而偏离原来状态,并在扰动消失以后,不经飞行员操纵,飞机能自动恢复原来平衡状态的特性。

　　在飞行中,飞机会经常受到各种各样的扰动,如气流的波动,发动机工作的不均衡,驾驶员偶然触动杆舵等,这些扰动会使飞机偏离原来的平衡状态。在偏离后,飞机能否自动恢复原来的平衡状态,这就是飞机的稳定或不稳定的问题。

　　要说明如何使飞机在空中稳定地飞行,先来看一下物体,比如说圆球的稳定情况,见图7.11。

　　一个物体的稳定和它是否平衡有关。一个圆球首先应能平衡,然后才有稳定。

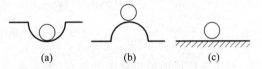

图7.11　圆球的三种平衡状态

当圆球处于平衡状态时,在图7.11(a)的情况下,对它稍加一点力,使它离开原来状态,外力一取消,它立刻就恢复到原来状态。这种情况叫"稳定平衡"。图7.11(b)的情况恰恰相反,加外力后它就离开了原位,外力取消后,并不能恢复到原来状态,这就叫"不稳定平衡"。在图7.11(c)的情况下,施加外力后,小球偏离原来状态,当外力消失时,小球在一个新的位置处于平衡状态,这就叫"随遇平衡"或"中和稳定"。

　　飞机的情况也是一样,也有稳定、不稳定和中和稳定三种情况。

　　如果飞机在空中做水平直线匀速飞行,这时升力等于重力,拉力等于阻力,各个力量互相抵消,同时各个力矩也互相抵消,那么,这架飞机处于平衡状态,正在平衡地飞行。

　　倘若飞机受到一个小的外力短暂的干扰(例如突然吹来一阵风),破坏了它的平衡,在外力取消后,驾驶员不加操纵,飞机靠自身某个构件产生的力矩,就能恢复到原来的飞行状态,那么这架飞机具有稳定性。如果不能恢复或者更加偏离原来的状态,那么这架飞机就是不稳定的,不具有稳定性。如果飞机始终保持一定的偏离,或者转入另一种平衡飞行状态,那么,这架飞机就是中和稳定的。

　　飞机与圆球的运动有一点不同,即飞机是在空间飞行,而圆球是在平面上滚动的,因此,飞机是否稳定须按三个互相垂直的机体轴来考虑。飞机绕三根机体轴分别有纵向稳定、方向稳定和侧向稳定。

7.3.1　飞机纵向稳定性

　　飞机纵向稳定性又叫做俯仰稳定性、仰角稳定性,指飞机受微小扰动迎角发生变化,自动恢复原来迎角的特性。

　　飞机主要是通过水平尾翼产生的附加升力,对飞机重心形成机头下俯或上仰的稳定力矩来获得纵向稳定性的。如图 7.12 所示,飞机飞行中,若有一个小的外力干扰,使它的迎角变大,飞机抬头,绕横轴向上,那么机翼和水平尾翼上将分别产生附加升力,形成稳定力矩,抑制飞机迎角增大,使飞机恢复原有状态。

图 7.12　飞机的纵向稳定性

影响飞机纵向稳定的因素很多,差不多飞机上每一个大部件(如机身、机翼等)都会对稳定产生一定的影响。但影响最大、起决定作用的因素是水平尾翼和飞机重心位置。

飞机重心的位置对飞机的纵向稳定性具有影响。若飞机重心后移,会导致稳定力矩减小,使其纵向稳定性变差,严重时甚至会失去纵向稳定性。为了保证飞机具有足够的纵向稳定性,重心向后移动不允许超过极限位置,此极限位置称为重心后极限。若飞机重心前移,则稳定力矩增大,纵向稳定性增强。但是稳定性过强会使操纵性变差,为了保证飞机具有一定的操纵性,飞机的重心位置也不能无限前移,允许重心移动的最前极限位置称为飞机重心前极限。

由于重心位置的变化与飞机纵向稳定性强弱有直接关系,因此,对于配载平衡人员来讲,必须认真做好飞机客、货、行、邮在机舱内布局的工作,以保证飞机的重心位置合适,使飞机具有良好的纵向稳定性。

7.3.2　飞机方向稳定性

飞机方向稳定性又叫航向稳定性,指飞机受微小扰动偏航角发生变化,自动恢复原来偏航角的特性。偏航角是飞机纵轴同飞行方向之间所夹的角度。

飞机稳定飞行时,偏航角等于零,如果飞机受到一个小的外力干扰,破坏了它的平衡,产生了偏航角,当外力取消后,飞机不需驾驶员操纵,靠其本身的构造就能消除偏航角,自动的恢复到原来的飞行状态,那么这架飞机就是方向稳定的,否则就是方向不稳定的。

对飞机方向稳定影响最大的是垂直尾翼。如图 7.13 所示,起初飞机做稳定飞行,不存在偏航角,处于平衡状态。倘若一阵风突然吹来,使机头向右偏,便产生偏航角,阵风消失后,飞机仍保持原来的方向,向前冲一段距离。这时相对风吹到垂直尾翼上,产生了一个向右的附加力。这个附加力对飞机重心产生了一个向左的稳定力矩,使机头向左偏,经过一阵短时间的摇摆,消除了偏航角,将恢复到原有的飞行状态。

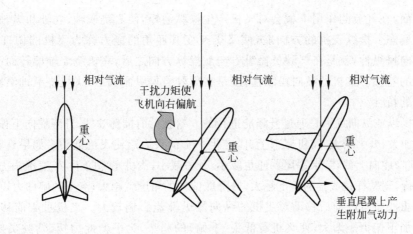

图 7.13　飞机的方向稳定性

7.3.3　飞机侧向稳定性

飞机绕纵轴的稳定运动叫侧向稳定性,指飞机受微小扰动以致横侧平衡状态遭到破坏,而在扰动消失后,飞机又趋向于恢复原来的横侧平衡状态。

飞机侧向稳定性主要靠机翼上的反角、后掠角和垂直尾翼的作用产生的。以机翼上反角为例,如图 7.14 所示,假定飞机在稳定状态下飞行,如果受到微小扰动,使左翼抬起,右翼下沉,飞机绕纵轴发生倾斜。飞机倾斜后,由于机翼上反角的作用,相对气流与右翼之间所形成的迎角,要大于与左翼所形成的迎角。因此,右翼产生的升力大于左翼的升力,这个升力之差,对飞机产生了一个恢复力矩,经过短时间的左右倾侧摇摆,就会使飞机恢复到原来状态。

图 7.14　飞机的侧向稳定性

7.4　飞机的操纵性

飞机的操纵性是飞机跟随驾驶员操纵驾驶杆、脚蹬动作而改变其飞行状态的特征。

飞机必须具有可操纵性,能改变原来的平衡状态,实现起飞、降落、转弯等飞行状态的变化。飞机在空中的操纵是通过三个操纵面:升降舵、方向舵和副翼来进行的。转动这三个操纵面,在气流的作用下就会对飞机产生操纵力矩,使之绕横轴、立轴和纵轴转动,以改变飞行姿态。操纵飞机的方向舵,使飞机改变其迎角的能力称为飞机的俯仰操纵性。飞机的方向操纵性,就是在驾驶员操纵方向舵操纵方向之后,飞机绕立轴偏转而改变飞行状态参数的特性。飞机的横向操纵性,就是在驾驶员操纵副翼后,飞机绕纵轴滚转而改变其滚转角的特性。

俯仰操纵或纵向操纵是通过升降舵进行的。驾驶员前推驾驶杆,升降舵向下偏转,水平尾翼迎角加大,升力增大,飞机尾部上升,产生一个低头力矩使飞机低头。如果驾驶员后拉驾驶杆,升降舵向上偏转,水平尾翼迎角减小,升力减小,飞机尾部向下,产生抬头力矩,飞机就向上飞行,驾驶杆拉或推的角度越大,升降舵偏转的角度就越大,产生的俯仰力矩就越大。

飞机重心位置的前后移动对飞机的纵向操纵性能影响较大。飞机重心前移,升力所形成的附加下俯力矩增大,使飞机有低头(下俯)的趋势,为平衡此力矩,驾驶员要后拉驾驶杆,使升降舵向上偏转,以产生一个上仰操纵力矩;飞机重心后移,升力所形成的下俯力矩减小,飞机有抬头(上仰)趋势,为平衡此力矩,驾驶员要前推驾驶杆,使升降舵向下偏转,以产生一个下俯操纵力矩。因此,重心前移,增大同样迎角,所需要的升降舵上偏角增大,重心前移越多,上偏角越大,但升降舵上偏角是有一定限定的,重心前移过多,就可能出现即使驾驶杆拉到底,飞机也不能增加到所需要的迎角,因此重心位置应有个前限,称为重心前极限。飞机重心位置靠前,迎角变化时稳定力矩大,使飞机不容易改变迎角,即重心靠前的飞机对俯仰操纵的反应比较迟钝。飞机重心位置靠后,迎角变化时稳定力矩较小,使飞机容易改变迎角,即重心靠后的飞机对俯仰操纵的反应比较灵敏。由此可见,俯仰稳定性强的飞机,俯仰操纵时比较迟钝;俯仰稳定性弱的飞机,俯仰操纵时比较灵敏。

方向操纵由改变方向舵的偏转角度实现。横侧操纵是指飞机绕纵轴的横向滚转,它是由操纵副翼实现的。

一架飞机在稳定飞行时,倘若驾驶员用不大的力施加在驾驶盘或脚蹬上,改变一个操纵舵面的偏转角度,飞机很快做出反应,改变了飞行状态,那么这架飞机的操纵性能是好的;倘若反应很慢,则是操纵不灵敏。操纵性好的飞机,稳定性必然下降,因此飞机的操纵性和稳定性要达到合理的平衡。

为保证飞机有良好的操纵反应,使飞机的操纵性和稳定性达到合理的平衡,要求稳定性不要过强或过弱,必须限制重心位置的前限或后限。所以通过配载平衡后的飞机,重心在前后极限的范围内才是安全的。

7.5 飞机重心位置求算

飞机重心位置的计算方法有代数法、站位法、指数法、平衡图表法、计算机配载平衡法等,其中代数法是各种计算方法的基础。

7.5.1 代数法

1. 定义

以重心到基准点的距离作为未知数 x，按照逐项计算力矩，最后求算重心位置的方法，叫代数法。

2. 原理公式

从俯仰平衡的角度来看，飞机的重心是使下俯力矩和上仰力矩在数量上相等的一点。即上仰力矩之和等于下俯力矩之和。

所以，重心到基准点的距离 x＝总力矩÷总重量

3. 计算方法

从其定义和原理公式可知，重心的位置是由重心到基准点的距离 x 来表示，首先，要设定基准点；其次，应求算总力矩和总重量；最后，即可得出重心距离基准点的长度。

例2 AB 长 9 米，A 点重量 1 千克，B 点重量 2 千克。求重心位置。

解：方法 1

设基准点在 A 右方 2 米处，规定基准点右边为正，左边为负，见图 7.15。

则：A 点力矩＝（－2）×1＝－2（kgm）

B 点力矩＝7×2＝14（kgm）

所以：

重心位置＝（－2＋14）÷（1＋2）＝ 4（m）

即重心位置在基准点右 4 米，A 点右面 6 米处。

解：方法 2

设基准点在 B 右方 1 米处，规定基准点右边为正，左边为负，见图 7.16。

则：

A 点力矩＝（－10）×1＝－10（kgm）

B 点力矩＝（－1）×2＝－2（kgm）

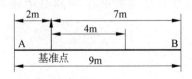

图 7.15　方法 1

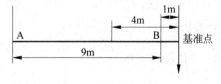

图 7.16　方法 2

所以：

重心位置＝（－10－2）÷（1＋2）＝－4（m）

即重心位置在基准点左 4 米，重心位置仍在 A 点右面 6 米处。

由此可见：基准点可以设在两点之间或两点以外的任何位置，重心位置不受基准点变化的影响（注意：以上计算中的力臂有方向，力矩数为矢量值）。

4. 代数法计算飞机重心位置

如果将代数法用于飞机重心的计算，其过程是：

（1）根据计算的方便随意在飞机的机身纵轴线上假设一个基准点。

确定计算原则：抬头力矩为正，低头力矩为负，则：

在基准点的前面增加重量：（－）力矩

在基准点的后面增加重量：（＋）力矩

在基准点的前面减小重量：（＋）力矩

在基准点的后面增加重量：（－）力矩

（2）把飞机上装载的各项重量分别根据它们距离基准点的力臂长度，逐项算出装载力矩数。

（3）每架飞机的空机重量和空机重心位置飞机制造厂已提供，即可求出飞机的空机力矩，以空机力矩数为基础，加上装载力矩数，得出飞机装载后的总力矩。

（4）总力矩再除以总重量，得飞机装载后得重心距离基准点的长度，即重心位置的所在。

（5）根据平均空气动力弦换，将飞机重心位置换算成％MAC 值。

代数法是计算飞机重心位置的基本方法。计算中基准点的改变不影响重心位置。但由于基准点的不确定，造成表示重心位置的数字千变万化。虽然其最终值％MAC 是一致的，但在实际操作中仍然非常不便。

7.5.2 站位法

站位法是对代数法的一种改进，它采用固定的基准点来计算飞机重心位置。站位是用以表示机身上位置的一种单位。站位基准点为 0 站位。采用英制的国家用"in（英寸）"，采用公制的国家用"m（米）"表示站位数。以站位法计算飞机重心，可以具体分为以下三种方法。

1. 站位基准点法

应用代数法的计算方式，设定"零站位"点为基准点，逐项计算力矩，最后计算重心位置。与代数计算法相比，站位法固定其基准点为"零站位"点，因此站位法计算出重心位置的数据是唯一的。但以站位数表示的重心位置,由于数值太大等原因在商务配平中不常用(更适合用在机务维修中)。

2．平均空气动力弦百分比法

站位基准点法计算结果中的重心站位可以换算成％MAC值,这是商务配平中最常用的重心表示方法。换算方法:设AB为飞机的纵轴,见图7.17。

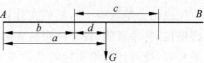

a：重心站位数

b：平均空气动力弦前缘站位数

c：平均空气动力弦长度

图7.17　示例

d：重心到平均空气动力弦前缘距离

$$\%MAC = d / c \times 100\% = (a-b) / c \times 100\% \text{（用％MAC表示的重心站位）}$$

3．平衡基准点法

站位法计算飞机重心有诸多优点,但由于千篇一律的"零站位"基准点在计算某一机型时可能会带来计算的不便。根据基准点的选择不影响重心位置的原理,为计算的方便,在站位法的基础上,更进一步选择方便计算的基准点(平衡基准点)计算重心位置。这就需要把各个装载项目原来以站位基准点为准计算的力臂换成距平衡基准点的长度,再求算重心位置。(计算结果是重心距离平衡基准点的长度,但不是重心的站位数。需要把这个长度和平衡基准点的站位数相加,才是重心的站位数,再换成％MAC值。)因为这种方法方便准确,在商务配平中,大部分机型均采用平衡基准点代替站位基准点为新的坐标体系计算飞机重心。

7.5.3　指数法

指数法是为了便于计算飞机的重心位置而采用的一种和力矩有一定关系的数值,这种数值是人为制定的,称为指数。目前很多机型配载平衡在重心的计算中采用指数,所用的指数大体可以分为两类,一类是以力矩数为基数按照一定的规定换算成指数;另一类是以平均空气动力弦百分比作为基数,按照一定的规定换算成指数。

1．以力矩数为基础的指数

（1）原理

计算飞机重心时,大量的运算是计算各项重量的力矩数。空飞机的重量和重心位置是已知的,因此,相对于某个基准点的力矩数是可算的,当在空飞机上加入附加设备、空勤组及携带物品、服务设备、供应品等项目后,也可计算出基本重量的力矩数,这个数值一般也是固定的。在此基数上，再计算出燃油、旅客和货物的力矩数，这三项的重量虽然在每次飞行时是不同的，但客舱每排座位的位置、每个货舱的位置、每个油箱的位置都是固定的，因此可预先计算出每一部位的单位装载量（例如1个人或100kg重量）所构成的力矩数（例如第一排座位安排1名旅客时构成的力矩数、第二排座位安排1名旅客时构成的力矩数……第1号货舱装载100kg货物时构成的力矩数、第2号货舱装载100kg货物时构成的力矩数……第1号油箱装入100kg燃油时构成的力矩数、第2号油箱装入100kg燃油时构成的力矩数……），然后在计算每次飞行的飞机装载各项重量的力矩时，只需要把各排座位、各个货舱、各个油箱的实际装载量与其单位装载量的比值和其单位装载量的力矩数相乘，便可计算出实际装载的各项重量构成的力矩数。把这些力矩数与基本重量的力矩数相加，就得到飞机装载后总的力矩数。

在计算时，重量一般以千克/磅为单位，力臂一般以米/英寸为单位，因而以此计算出的力矩数值很大，为了计算方便，通常把单位装载量构成的力矩数再乘以一个适当的缩小系数（如1/100，1/1000，1/3000等，因机型不同而不同）作为实际使用的基数，这个基数就称为单位装载量的指数。把基本重量、燃油和业载构成的力矩数分别乘以该缩小系数，就分别得到基本重量指数、燃油指数和业载指数，再把这三个指数相加就得出飞机装载后的总指数。根据飞机装载后的总指数和总重量，就可以从已有的经计算画出的平衡图中查出飞机的重心位置。

（2）计算步骤

第一步：求单位装载量的力矩数：如第一排载1位旅客，其力矩数的多少作为基数，再乘以缩小系数，即为单位装载量的指数。

第二步：计算各实际装载量的指数、燃油指数以及基本重量指数，得出总力矩指数。

第三步：查平衡图中的计算表得出无油重量的重心、落地重量的重心和起飞重量的重心。

平衡图的计算表是根据总力矩、总重量、重心位置的关系，而画成表格。计算表的设计目的是通过已知的总力矩指数，查出飞机重心的平均空气动力弦百分比。

例如：B737-700飞机的重心位置计算。

B737-700飞机的基本重量指数为：$\text{DOI} = \dfrac{Wt \times (\text{arm} - 658.3)}{30000} + 45$

DOI：基本重量指数

arm：以英寸为单位的力臂数（站位数）

658.3：平衡基准点站位

Wt：修正后的基本重量值

30000：缩小系数

45：常数

则飞机重心位置的计算步骤为：

第一步：把基本重量的站位力臂换算成平衡基准点为准的力臂长度。

第二步：$Wt \times (\mathrm{arm} - 658.3)$，重量乘以力臂，得出基本重量的力矩数。

第三步：$\dfrac{Wt \times (\mathrm{arm} - 658.3)}{30000}$，将力矩数缩小系数得出指数。

第四步：$\dfrac{Wt \times (\mathrm{arm} - 658.3)}{30000} + 45$，加常数使得指数为正，更方便计算，得出基本重量指数。我们绘制载重平衡图时已知的飞机基本重量指数，就是根据此公式得出。

第五步：除加常数 45 外，按照以上计算步骤，再预先求算出单位载量指数。

第六步：根据单位载量指数求算出飞机实际业载的指数。

第七步：把所有的指数相加（包括基本重量指数），得出总指数。即总力矩数。

第八步：查平衡图的计算表可求得无油重心位置。加上油量指数，即能得到起飞重量指数。

2．以平均空气动力弦百分比为基础的指数

（1）原理

从计算飞机重心位置的公式和计算以％MAC 来表示飞机重心位置的公式中，可以看出，在总重量不变的条件下，总力矩与％MAC 之间具有一定的关系，总力矩越大，％MAC 也越大，因而也可以用％MAC 作为指数。

（2）计算步骤

第一步：用％MAC 作为指数，把空机重心％MAC 作为空机指数。

第二步：算出各种装载项目的单位载量对空机重心％MAC 的影响数值（即在空机上装了这个单位装载量以后，使空机％MAC 重心位置移动多少，通常用 Δx％MAC 表示）。称为单位装载量指数。

第三步：有了这两种指数，算出飞机实际装载后的总指数。

第四步：根据总指数和装载量从平衡图中的计算表求出相应的无油重量的重心、落地重量的重心和起飞重量的重心。

7.5.4　平衡图表法

飞机在每次飞行前都要求准确地计算出重心位置。用指数法虽然比用代数法、站位法要简便，但仍需要进行很多的计算，既费时费力又容易出现错误。载重平衡图表是以指数法为基础设计出来的，即指数法的图表化，用平衡图表计算飞机的重心位置要比用指数法简便得多。平衡图表法的原理与指数法完全相同，具体将在第 8 章中介绍。

7.5.5　计算机配载平衡法

计算机配载平衡法仍是根据代数法的计算原理,它所有的计算过程均由计算机程序代替。在输入飞机数据(飞机基重、基重指数、油量、载量等)后,自动计算重心位置。其优势在于更准确快捷,重心调整更方便,而且能够考虑到更多的影响细节,可以精确考虑到每排座位、每个分货舱的载量对重心的影响,这是手工绘制平衡图表无法做到的,手工绘制平衡图表计算重心,通常只能考虑到某个区域对重心的影响。

7.6　装载移动/增减后的重心位置

配载平衡人员应该能够快速和精确地处理任何重量移动、增加和减少后的飞机重心问题。例如,装载的重量在飞机的重量限制范围内,但是重心超出了飞机的重心极限范围,这种情况下最好的解决办法就是移动乘客或行李货物。配载平衡人员应该能够确定使飞机安全飞行所需的最小载荷移动量,有能力确定当移动一个部分载荷到新的位置后,飞机重心是否仍在重心限制范围内。对于这些问题,有一些标准的处理方法。

7.6.1　装载重量移动

当装载重量从一个位置移动到另一个位置,飞机的总重量没有发生变化,而总力矩却发生了变化,总力矩的变化量取决于重量移动的方向以及移动的距离大小。抬头力矩为正,低头力矩为负,当重量前移时,总力矩减小,当重量后移时,总力矩增加。飞机客舱座位有前后排,货舱也有前后分货舱,通过将重量在客货舱前后进行移动可以调整重心的位置。重量移动后的新的总力矩除以飞机的总重量就能得到新的重心位置。

为确定新的总力矩,首先需要找出装载重量移动后的力矩增加或减小量。假设1000kg的重量从力臂 1 米站位处后移到站位 4 米处,那么总力矩的增加量为 1000×(4－1)＝3000(kgm),若原总力矩为 300000kgm,则新的总力矩为 3000＋300000＝303000(kgm),飞机总装载重量不变,为 4000kg,则新的重心位置等于 303000/4000＝75.75m,相对于原来的重心位置 300000/4000＝75(m),后移了 0.75m。

对于上述的重心位置移动,可以使用一个标准的公式来进行处理,即

$$\frac{\text{移动的装载重量}}{\text{飞机总重量}} = \frac{\text{重心位置移动量}}{\text{装载重量移动的力臂改变值}} \text{(重心移动公式Ⅰ)}$$

注意:重心位置移动量后移为正,前移为负。装载重量移动位置前后的力臂增大为正,减小为负。

用这一公式处理上述问题,即可得到:

$$\frac{1000}{4000} = \frac{\Delta G}{4-1} \quad \Delta G = 0.75(\text{m})$$

重心位置移动量加上原来重心位置 75m,即可得到新的重心位置:
$$新重心位置＝75＋0.75＝75.75(m)$$
重心移动公式 I 也可用于当重心移动量为已知时,求需要移动的装载重量大小。

例 3　已知装载后飞机总重量为 48000kg,重心位置在 15m 站位处,重心后极限为 14m。货物装在 4 号货舱,4 号货舱力臂为 38m,1 号货舱力臂为 4m。试确定最少需要将多少重量的货物从 4 号货舱移动到 1 号货舱。

解: 为满足装载要求,飞机的最小重心移动量为 $14-15=-1(m)$,其对应的移动的装载重量即为最小重量移动量,应用重量移动公式 I,得:
$$\frac{移动的装载重量}{48000}=\frac{-1}{4-38}$$

移动的装载重量$\approx1412(kg)$

所以,最少需要将 1412kg 的货物从 4 号舱移动到 1 号舱,此时飞机的重心位置处于后极限 14m 内。

例 4　某航班,飞机的重心为 18.7%MAC,配载人员认为飞机重心过于靠前,希望将飞机重心调整至 20.2%MAC。已知飞机装载重量移动时重心位置移动如表 7.1 所示:

表 7.1　重心位置随载量变化的移动量

每移动 100kg 货物	重心位置移动量
1 号货舱移动至 2 号货舱	0.1%MAC
2 号货舱移动至 3 号货舱	0.3%MAC

解: 需要调整的重心位置移动量为:20.2%MAC$-$18.7%MAC$=$1.5%MAC
方案一:货物从 1 号货舱移动至 2 号货舱,则需要移动的货物重量为
$$(1.5\div0.1)\times100=1500(kg)$$
方案二:货物从 2 号货舱移动至 3 号货舱,则需要移动的货物重量为
$$(1.5\div0.3)\times100=500(kg)$$
方案三:货物从 1 号货舱移动至 3 号货舱,则需要移动的货物重量为
$$[1.5\div(0.1+0.3)]\times100=375(kg)$$

7.6.2　装载重量增减

在配载平衡中,当装载完成后,常常碰到需要对飞机装载量进行调整的情况。这时需要进行新的重心位置以及总重量的检查,以确保它们不超过限定的范围。

载量增加或减小引起的重心位置变化的确定工作必须在飞机飞行前完成。装载重量增加或减少情况下新的重心位置确定的方法类似于前面讲的装载重量移动的处理方法。可以使用一个标准的公式来进行处理,即:

$$\frac{\text{装载重量的改变量}}{\text{新的飞机总重量}} = \frac{\text{重心位置移动量}}{\text{增减重量与原重心的距离}} \quad \text{(重心移动公式Ⅱ)}$$

注意：装载重量增加为正，装载重量减少为负；重心位置移动量后移为正，前移为负；增减重量位置在原重心前，则距离为负，在原重心后，则距离为正。

例5 已知飞机装载后原总重量为41000kg，原重心位置在8m站位处，准备在3号货舱增加1000kg货物，3号货舱的力臂站位为32m。试确定飞机装载增加后新的重心位置。

解：应用重心移动公式Ⅱ，可得：

$$\frac{1000}{41000+1000} = \frac{\text{重心位置移动量}}{32-8}$$

重心位置移动量＝1.75(m)

即重心位置向后移动1.75m，新的重心位置在9.75m站位处。这符合在重心后增加重量，飞机重心后移的原理。

例6 已知飞机装载后原总重量为41000kg，原重心位置在8m站位处，准备在3号货舱减少1000kg货物，3号货舱的力臂站位为32m。试确定飞机装载减少后新的重心位置。

解：应用重心移动公式Ⅱ，可得

$$\frac{-1000}{41000-1000} = \frac{\text{重心位置移动量}}{32-8}$$

重心位置移动量＝-1.67(m)

即重心位置向前移动了1.67m，新的重心位置在6.33m站位处。这符合在重心后减少重量，飞机重心前移的原理。

本 章 小 结

飞机的重心是飞机上各部分重力合力的作用点，重心的位置通常用平均空气动力弦来表示，通过飞机重心有三条互相垂直的、以机体为基准的坐标轴，称为机体轴。飞机的平衡，是指作用于飞机的各力之和为零，各力对飞机重心所构成的力矩的代数和也为零。飞机能否自动保持平衡状态，是飞机稳定性的问题，飞机的稳定性要求飞机的重心向后移动不允许超过某极限位置。飞机能否改变其原有的平衡状态，则是飞机操纵性的问题，飞机的操纵性要求飞机的重心向前移动不允许超过某极限位置。民航运输要确保飞机能够平衡，而飞机平衡就是要求飞机的重心在安全的范围内。飞机重心位置的计算以代数法为基础，包括代数法、站位法、指数法、平衡图表法、计算机配载平衡法等。飞机上装载重量的移动、增减会对飞机重心位置产生影响，配载平衡人员应该要有能力快速和精确处理这类问题。

复习与思考

1. 如何以平均空气动力弦表示飞机重心位置？
2. 操纵副翼、升降舵和方向舵将使飞机产生什么运动？
3. 现代民航飞机的水平安定面有何特点，起飞前水平安定面位置如何决定？
4. 飞机平衡需具备什么条件？
5. 飞机的稳定性和操纵性之间是什么关系？
6. 飞机重心位置对飞机稳定性和操纵性有什么影响？

阅读

多种行为可导致飞机失衡，乘机请勿擅自换座

2009 年 7 月 22 日发生的 500 年一遇的日全食引发了大众的逐日热潮，有部分天文爱好者选择了在万米高空观看日全食，"逐日航班"成了当天的一个热门词汇。但是，在各媒体对于逐日航班的报道中，有一个细节引起了记者的注意。

当日全食发生的时候，许多乘客为了争相目睹这一历史时刻，都拥到了飞机的一侧，扎堆观看或者拍照，更有兴奋者，甚至在客舱里跳了起来。由于乘客过于集中在客舱的一侧，导致飞机有些倾斜，空乘人员见此状，赶紧劝阻："快坐下来，请大家各自回到各自的座位上。"由于飞机在飞行中执行拐弯动作时需要侧倾，所以大多数乘客对于飞机的倾斜，不会有太多的直接感受，也有乘客对此不以为然，飞机这么大，还怕这点重量的变化？

实际上，事情远没有这么简单。据民航专业人士介绍，由于飞机在空中运行过程中没有任何着力点，所以平衡重心是影响飞行安全的重要因素。每一个航班在起飞前，地面配载平衡部门都会根据旅客的人数和所装货物的重量，计算出飞机的平衡参数，将旅客合理分布在飞机的"某一座位上"，这"某一座位"就是旅客在机场值机柜台办理登机手续时领取的登机牌上所指定的座位号，而飞行人员则根据相关平衡参数来飞行。因此在飞行过程中，为避免引起飞机失衡从而影响飞机操作性能危及飞行安全，是不允许旅客擅自调换座位的，更何况这么多人同时集中到飞机的一侧。

实际上，各种原因导致的飞机失衡并非罕见。2008 年英国的《每日电讯报》曾报道，一对英国夫妇，两人体重之和超过了 241 千克，当两人一次乘飞机出行时，选择了坐在一起，结果由于过重，飞机配载失衡，导致飞机无法起飞，最后不得不分开就座，而在国内关于乘客机上吵架引发混乱导致的飞机失衡的例子也时常见诸报端。

前不久发生的法航空难，由于失事飞机的黑匣子尚未找到，对于失事原因至

今尚无定论,在此期间曾传出过多种猜测,其中一种观点就认为,飞机空中发生故障,造成乘客恐慌混乱,向客舱一端拥去,从而导致飞机失去平衡而失事。且不论法航事故是否由此造成,但是飞机因失去平衡而发生飞行事故的确是有可能的。因此飞机在空中发生紧急情况时,乘客需要听从机组成员的安排,不要盲目乱动,因为秩序混乱时可能会导致飞机的配载失衡。

保证飞机的配载平衡,除了乘客要在客舱内按照登机牌的座位号对号入座外,客机腹舱内旅客托运的行李和货物,工作人员也会经过准确的计算,进行合理的摆放和固定。总之航空公司会根据货物和客人的情况使飞机在整个飞行过程中,重心始终处于安全区域之内。因此,旅客在乘坐飞机时,不能擅自更换座位。旅客如果在未经机组人员允许的情况下擅自调换座位,可能会影响航空器载重平衡或妨碍应急出口功能。为此,民航管理部门也出台了相关的规定,要求乘客在乘坐飞机时要对号入座,乘机过程中机场地面服务人员和空乘人员也会对旅客进行多次提示。

资料来源:孙松杰.多种行为可导致飞机失衡,乘机请勿擅自换座.中国民航报,2009.7.30

思考题

1. 旅客乘机擅自换座,为什么可能导致飞机失衡?
2. 配载平衡部门应该如何安排客货在机舱内布局,使飞机重心处在最佳的位置上?

第8章

载重平衡图

本章关键词

载重表(load sheet)   平衡图(balance diagram)

起飞重心(take-off weight center)   无油重心(zero-fuel weight center)

起飞配平(stabilizer trim for take-off)

折线型载重平衡图(line-based load and balance sheet)

指数型载重平衡图(index-based load and balance sheet)

互联网资料

http://www.carnoc.com   http://air.sohu.com/

http://www.minhang.com   http://www.sfsa.cn

> 载重平衡图是飞机重心位置的计算图表,也是民航运输的重要业务文件。载重平衡图的绘制是每个配载平衡工作人员必须掌握的基本功。

8.1 航班平衡操作程序

8.1.1 航班平衡操作流程

民航配载平衡业务涉及的飞机重心计算、飞机平衡工作主要集中在客运平衡室。平衡室工作人员通过绘制载重平衡图求算飞机重心位置,平衡人员进行航班平衡操作流程,如图 8.1 所示。

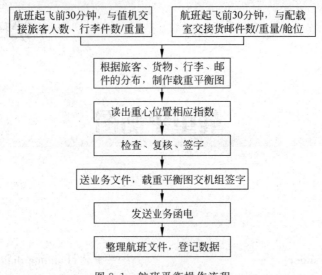

图 8.1　航班平衡操作流程

8.1.2　航班平衡操作步骤

1. 平衡准备工作

（1）制作载重平衡图时，应先根据航班计划，核对机型、飞机注册号，准备该机型的载重平衡图一式三份，在相应位置分别填入到达站、本站电报地址、航班号、机号、客舱布局、机组配置、航班执行日期、飞机基本重量及指数。

（2）从客运调度处或航务部门获得油量及机组等信息，修正基本配置。

（3）由最大起飞全重、最大落地全重、最大无油全重及起飞油量、航段耗油，计算实际允许的最大起飞重量、最大业载。

（4）收到货运装载通知单时，检查货物、邮件、行李装载计划是否合理，如不符合要求应及时通知货运配载部门修正。

完整、正确的装机通知单依据以下原则：

① 保证旅客、行李所需载量；

② 各舱位实际装载总量应小于各舱位的限载量；

③ 装载通知单应详细、清楚、完整地列明各舱装载货物的车号、件数、重量、性质等，遇多个目的地时应注明货物、行李、邮件的目的地。

2. 平衡操作

（1）航班起飞前 30 分钟，与值机或控制员交接人数，行李件数和重量。如旅客舱位分布不符合平衡要求,需通知航班控制员调整。如是联程航班,应从结载的人员处得到不同航段旅客座位分布信息,填入备注栏。

(2) 根据不同航段,分段结算旅客人数、货物、邮件、行李的重量,在载重表中结算出实际无油、起飞、落地重量。

(3) 结算货物、邮件、行李各舱的装载重量,结算旅客实际占座,据此在平衡图中填制得飞机的无油和起飞重心,读出 ZFW%MAC,TOW%MAC,STAB TRIM FOR T.O. 三个指数。

(4) 对各到达站及总计数的横竖各栏进行核对检查,保证一致。

(5) 对航班实际无油、起飞、落地等重量与允许限额进行核对检查,确保剩余业载为正值。

(6) 检查、核对平衡图,确保无油、起飞、落地重心在允许的范围内。

(7) 若有特殊信息需要说明,在 SI 栏内列明。

(8) 载重平衡图实行双人复核制,双人复核,双人签名。

(9) 载重平衡图制作完毕后,检查载重平衡图、相关业务文件、飞机注册号是否一致;航班起飞前 5 分钟,将载重平衡图与业务袋送上飞机,交机长检查签收。载重平衡图一式三份,一份交机组;一份作为随机业务文件到目地;一份平衡室留存。

(10) 若送出随机文件后,旅客人数、行李、货物、邮件再有增减,在允许的范围内更改,并在 LMC 栏作相应修正(允许范围视不同机型而定)。

3. 平衡航后工作

(1) 航班起飞后 5 分钟内,拍发载重电报等相关业务函电。

(2) 将出港载重电报、载重平衡图、货运装机通知单、旅客行李交接单、过站载重平衡图等相关航班文件装订存档,在航班客货载量记录中登记出港旅客人数、行李、货物、邮件数据。

8.1.3 航班重心位置不符合要求的处理

当航班飞机不超载,但是飞机重心位置不符合飞机平衡的要求,可以采取以下处理措施:

(1) 倒舱位。从重心偏出方的货舱内卸下适量货物、邮件或行李装入重心的另一方货舱内。

(2) 卸货。当货舱满载无法倒舱时,可从重心偏出的舱内卸下适量的货物、邮件或行李。

(3) 调换旅客的座位。

8.2 折线型载重平衡图介绍

在第 7 章学习飞机重心计算的内容中我们可以知道,在飞机的纵轴线上设定一个基准点后,根据空机重量和空机重心,求出空机力矩;再求出各项装载重量的力矩,得到总力矩;由总力矩除以总重量得到重心距离基准点的位置;再换算成平均空气动力弦百分比,就是我们需要的重心数据。载重平衡图就是这计算过程的图表化。

载重平衡图有折线型和指数型两种设计,每种机型的载重平衡图各不相同,不可以混合使用。每个航班都必须绘制载重平衡图。折线型载重平衡图具体又分为左右两图,左图称为载重表,反映航班飞机数据、装载数据的真实情况。右图称为平衡图,反映飞机在本次航班的重心位置。本节以 B737-700 的载重平衡图(图 8.2)为例介绍折线型载重平衡图。

8.2.1 载重表

1. 基本情况栏

如图 8.3 所示:

其中:

(1) PRIORITY:电报等级二字代码。电报划分为 5 个等级,每个等级都有各自的代码。

① 一级报。特急公务报,代号 SS、QS。只能用于涉及生命安全的电报,涉及航空器事故的电报。

② 二级报。代号 QC。是通信人员用作澄清特殊情况的特急公务电报,主要是为保护系统性能的安全。

③ 三级报。急报、快报,代号为 QU、QX。可由发电单位决定,用于任何电报。

④ 四级报。没有等级代号。

⑤ 五级报。代号为 QD、QK。普通电报。同时有更高级电报需要拍发时,五级报最后拍发,但不得迟于次日上午将电报投递给收电人。

拍发电报要使用国际航空通信协会(SITA)线路。一般来说,电报级别越高,优先拍发权越大,费用也越高,因此拍发电报时应根据具体情况,选择适当的电报等级。

载重电报通常使用三级报代码 QU。

(2) ADDRESS(ES):收报单位地址 7 字代码。

前 3 位:收报单位所在城市或机场的三字代码,当某一城市和它的机场有不同的三字代码时,如发往其中一处,必须使用相应的代码。

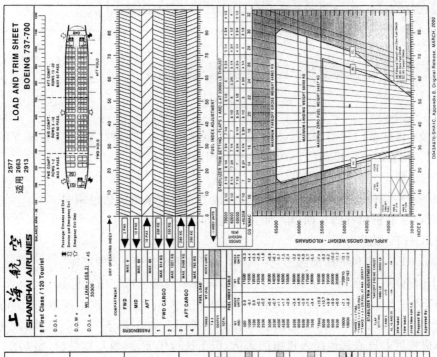

图 8.2 B737-700 载重平衡图

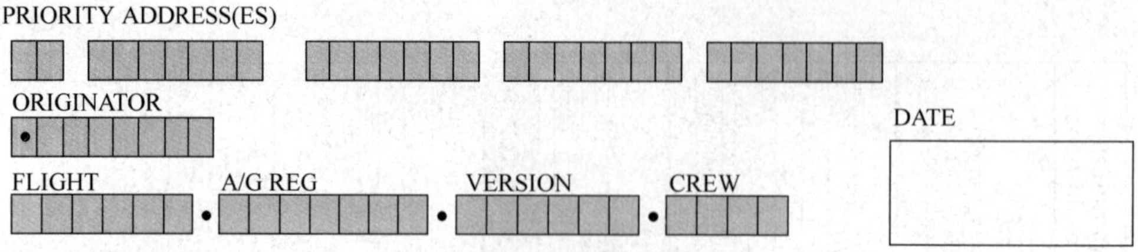

图 8.3　基本情况栏

第 4、5 位：工作部门代号，国际航空通信协会规定了各部门的二字代码，以方便使用。例如：TZ 代表国内值机部门，KN 代表机场国内配载部门。

第 6、7 位：航空公司二字代码。

（3）ORIGINATOR：发电单位地址。其组成方式与收报单位地址相同。

（4）DATE：航班执行的日期（年、月、日），也即填表日期。

（5）FLIGHT：航班号。

（6）A/G REG：飞机的注册编号，为 AIRCRAFT REGISTER 的缩写。

（7）VERSION：客舱最大可利用座位布局，即各等级舱位可使用座位数。

（8）CREW：机组组成情况，为"飞行人员数/乘务人员数/随机机组人数"。所谓随机机组是指乘坐本航班，但不执行此次航班任务的机组。如 5/8，表示飞行 5 人，乘务 8 人；如有随机机组人员或其他加入机组的人员，但不执行任务，则填写在最后，如 5/8/2。

2. 飞机操作重量栏

飞机操作重量栏如图 8.4 所示：

BASIC WEIGHT			ADJUSTMENTS TO D.O.W.	
CORRECTIONS	+			
	−			
DRY OPERATING WEIGHT	=			
TAKE-OFF FUEL	+			
OPERATING WEIGHT	=			

图 8.4　飞机操作重量栏

其中：

（1）BASIC WEIGHT：飞机的基本重量（包括标准机组及食品）。

（2）CORRECTIONS：对飞机的基本重量的修正，如机组、食品（PANTRY）的增减等。修正机组的重量，是除去标准机组外，所增加或减少的机组人员的体重。每名按

80kg 计算;有些机型的食品、餐具等项重量未计入基重内,需要在此处进行重量修正。如果额定食品已计入基重之内,但实际的食品重量与额定值不同,也需在此处进行修正。

(3) DRY OPERATING WEIGHT:飞机修正后的基本重量,为(1)+(2)之和。

(4) TAKE-OFF FUEL:该飞机本次飞行的起飞油量,不含滑行用油。

(5) OPERATING WEIGHT:飞机的操作重量,为(3)+(4)之和。

3. 最大可用业载及剩余业载栏

最大可用业载及剩余业载栏如图 8.5 所示:

MAXIMUM WEIGHT FOR		ZERO FUEL	TAKE-OFF	LANDING
TAKE-OFF FUEL	+		TRIP FUEL → +	
ALLOWED WEIGHT FOR TAKE-OFF (LOWEST OF a, b, c)	=	a	b	c
OPERATING WEIGHT	−			
ALLOWED TRAFFIC LOAD	=			
TOTAL TRAFFIC LOAD				
UNDER LOAD				

图 8.5　最大可用业载及剩余业载栏

其中:

(1) MAXIM. UM WEIGHT FOR

—— ZERO FUEL:最大无油重量;

——TAKE-OFF:最大起飞重量;

—— LANDING:最大落地重量。

(2) TAKE-OFF FUEL:起飞油量。

(3) TRIP FUEL:航段耗油量。

(4) ALLOWED WEIGHT FOR TAKE-OFF(LOWEST OF a,b,c):允许的起飞重量,为 a、b、c 三项的最小者。其中:

"a"=MAXIMUM WEIGHT FOR ZERO FUEL+TAKE-OFF FUEL;

"b"=MAXIMUM WEIGHT FOR TAKE-OFF;

"c"=MAXIMUM WEIGHT FOR LANDING+TRIP FUEL。

哪项最小,则后续的计算就在哪栏内进行。

（5）OPERATING WEIGHT：飞机的操作重量。

（6）ALLOWED TRAFFIC LOAD：最大可用业载，为（4）－（5）之差。

（7）TOTAL TRAFFIC LOAD：该航班实际业载。该项内容可以根据下面的载量计算栏的相同内容填写。

（8）UNDER LOAD：剩余业载，为（6）－（7）之差。

4．载量计算与舱位布局栏

载量计算与舱位布局栏如图 8.6 所示：

其中：

（1）DEST（Destination）：到达站。填写城市或机场的三字代码。共有四栏，一般从最下一栏填写航班最后一站的情况，往上填写倒数第二站的情况，依此类推。对于直达航班，一般将到达站的情况填写在最下一栏内。

（2）NO. OF PASS：旅客人数。ADULT 为成人人数，在有的机型载重平衡图上，这里会分为 M（Male，男旅客）、F（Female，女旅客）。我国航班人数统计中没有分性别，因此成人旅客都填入 ADULT 栏内；CH（child）儿童人数；I（infant）婴儿人数。

DEST	NO.OF PASS.			TOTAL		DISTRIBUTION-WEIGHT					PASS		PIECE		
	ADULT	CH	I			1	2	3	4	5	F	Y	B	C	M
				T_r											
				B											
				c											
				M											
	/	/	.T			1/	2/	3/	4/	5/	F	Y	B	c	M
				T_r											
				B											
				c											
				M											
	/	/	.T			1/	2/	3/	4/	5/	F	Y	B	c	M
				T_r											
				B											
				c											
				M											
	/	/	T			1/	2/	3/	4/	5/	F	Y	B	c	M
				T_r											
				B											
				c											
				M											
	/	/	.T			1/	2/	3/	4/	5/	F	Y	B	c	M
TOTAL				×											

图 8.6 载量计算与舱位布局栏

（3）TOTAL：除旅客重量以外的所有业载的重量。包括：

T_r（TRANSIT）——过境业载。过站至到达站的旅客人数、行李、邮件和货物的重量之和，如果是集装设备型飞机，此栏数字指集装设备的自重。对于直达航班来说，没有过站的重量，所以此栏空白。

B(Baggage)——行李重量；

C(Cargo)——货物重量；

M(Mail)——邮件重量；

T(Total)——到达该站的所有行李、邮件和货物的重量。

（4）DISTRIBUTION-WEIGHT：舱位装载情况。"1"表示1号货舱，"2"表示2号货舱，依此类推。填写到达该站的B、M、C在各货舱的装载重量及总重量。

（5）PASS：填写到达该站的旅客F、C、Y各舱的人数。

（6）PIECE：填写到达该站的B、C、M的件数。

5. 实际重量计算栏

实际重量计算栏如图8.7所示：

其中：

（1）PASSENGER WEIGHT：本航班所有旅客的重量。

（2）TOTAL TRAFFIC LOAD：本次航班的实际业载。旅客、行李、邮件、货物的总重量。

（3）DRY OPERATING WEIGHT：飞机修正后的基本重量。

（4）ZERO FUEL WT：实际无油重量；MAX栏填写最大无油重量，实际无油重量要小于最大无油重量。

（5）TAKE-OFF FUEL：起飞油量。

（6）TAKE-OFF WT：实际起飞重量；MAX栏填写最大起飞重量，实际起飞重量要小于最大起飞重量。

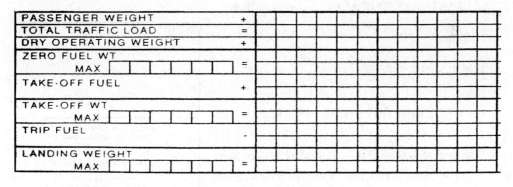

图8.7　实际重量计算栏

（7）TRIP FUEL：航段耗油量。

（8）LANDING WEIGHT：实际落地重量；MAX栏填写最大落地重量，实际落地重量要小于最大落地重量。

162

6. 最后修正栏

最后修正栏如图 8.8 所示：

LAST MINUTE CHANGES				
DEST	SPEC	CL/CMPT	+	−
LMC +/− TOTALS				

图 8.8　最后修正栏

其中：

（1）LAST MINUTE CHANGES：最后时刻修正。

（2）DEST(Destination)：目的地。

（3）SPEC(SPECIFICATION)：修正项目。例如增加 2 名旅客,则写成 2 PASS；增加 3 件行李,则写成 3 BAG。

（4）CL/CMPT：发生变化的旅客所在舱位/发生变化的 B、M、C 所在货舱号。

（5）+/−：增加/减少。填写相应的栏。

（6）LMC +/− TOTALS：总共变化的重量。

7. 其他栏

其他栏如图 8.9 所示：

其中：

（1）NOTES：附注栏。填写一些供配载人员或飞行人员参考、注意的事项。如来不及修正的内容,特种货物简语及装舱位置等。在有些机型的载重平衡图里,这栏为 SI(SPECIAL INSPECTION)栏所替代,SI 意为特别检查栏。此栏内容需进行电报拍发。内容包括：飞机修正的基本重量 BW 和飞机基本重量指数 BI,以及需要通知下站的注意事项,如特殊物品装载的重量、件数和位置,加用尾撑杆以及机长姓名和简单的服务要求等。

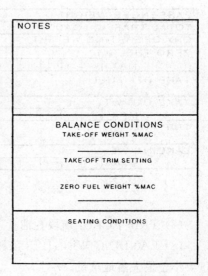

图 8.9　其他栏

（2）BALANCE CONDITIONS：平衡状态栏。

——TAKE-OFF WEIGHT ％MAC：以平均空气动力弦百分比表示的起飞无油重心；

——TAKE-OFF TRIM SETTING：起飞配平；

——ZERO FUEL WEIGHT ％MAC：以平均空气动力弦百分比表示的无油重心。

（3）SEATING CONDITIONS：客舱占座情况。

8.2.2　平衡图

1．基本重量及指数栏

基本重量及指数栏如图 8.10 所示：

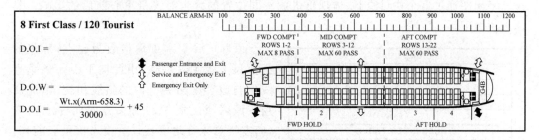

图 8.10　基本重量及指数栏

其中：

（1）D.O.I：修正后的基本重量指数。

（2）D.O.W：修正后的基本重量。

平衡图在这一栏目里，也给出飞机的舱位布局情况，从图中可以看出，B737-700 飞机客舱分为 3 个区域，1～3 排为 FWD 区（前客舱），最多可以坐 8 人。3～12 排为 MID 区（中客舱），最多可以坐 60 人。13～23 排为 AFT 区，最多可以坐 60 人。货舱分为 4 舱，其中，1 舱、2 舱为前舱，3 舱、4 舱为后舱。

2．业载安排和重心移动栏

业载安排和重心移动栏如图 8.11 所示：

其中：

（1）DRY OPERATING INDEX：修正后的基本重量指数。

（2）COMPARTMENT：舱位。FWD：前客舱，MID：中客舱，AFT：后客舱；FWD CARGO 1：第 1 号货舱，FWD CARGO 2：第 2 号货舱，AFT CARGO 3：第 3 号货舱，AFT CARGO 4：第 4 号货舱。相应位置分别填写客货舱相应载量。

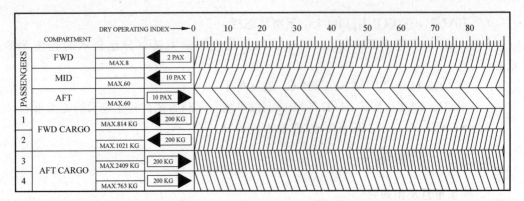

图 8.11 业载安排和重心移动栏

平衡图通过这个栏目绘制,体现出机舱不同位置的载量对飞机重心前后的影响。具体画法如下:

FUEL LOAD		
TANKS	WT (KG)	INDEX UNITS
1 & 2		
CENTER		
TOTAL		

FUEL INDEX TABLE			
WT (KG)	INDEX UNITS	WT (KG)	INDEX UNITS
500	0.0	11000	+5.3
1000	-0.1	11500	+4.4
1500	0.0	12000	+3.5
2000	+0.1	12500	+2.6
2500	+0.2	13000	+1.8
3000	+0.4	13500	+0.9
3500	+0.7	14000	+0.1
4000	+1.1	14500	-0.7
4500	+1.7	15000	-1.5
5000	+2.5	15500	-2.4
5500	+3.4	16000	-3.2
6000	+4.5	16500	-4.0
6500	+5.9	17000	-4.9
7000	+7.5	17500	-5.7
7500	+9.4	18000	-6.5
7845	+10.9	18500	-7.4
8000	+10.7	19000	-8.3
8500	+9.9	19500	-9.2
9000	+9.0	20000	-10.2
9500	+8.0	20500	-11.2
10000	+7.1	**20910	-12.1
10500	+6.2	***22162	-12.9

图 8.12 油量指数栏

以修正后基本重量指数为起点,从表的指数尺上找到这一点,由此向下引一条垂直线先与旅客区第一行内的斜线相交,由此交点按该区域上所指的箭头方向向左或向右(向左指意味着此项装载量使飞机重心前移,向右指意味着重心后移)画一条横线,其长度格数为实际装载量与单位数的比值(如若FWD 舱有 6 个旅客,则横线长度为 3,即 6 除以单位数 2),到达于一点。由此点再向下引垂直线与第二行内的斜线相交,再由此点画横线,依此类推,一直画到下面的重心位置栏。

3. 油量指数栏

油量指数栏如图 8.12 所示:

飞机上的燃油重量也会对飞机重心产生影响,通过查油量指数表,可以得出具体的影响程度。飞机起飞重量和无油重量之间相差起飞油量,所以通过将飞机无油重心指数加上起飞油量指数就能够得出飞机起飞重心指数。

4. 重心位置栏

重心位置栏如图 8.13 所示:

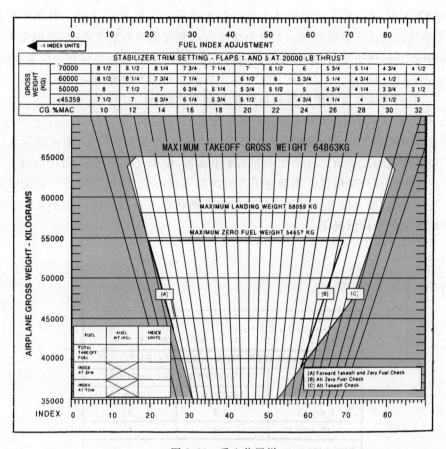

图 8.13　重心位置栏

其中:

(1) DRY OPERATING INDEX:重心指数标尺。重心位置栏上下两端各有 1 条指数标尺。

(2) AIRPLANE GROSS WEIGHT:重量标尺。重心位置栏目左右两端各有 1 条重量标尺。

业载安排和重心移动栏上面画下来的直线与重心位置图表区中的相当于无油全重的重量横线相交于一点,就是飞机的无油重心位置所在。无油重心直线再根据起飞油量指数进行移动,得到的直线和相当于起飞全重的重量横线相交于一点,就是飞机的起飞重心位置所在。无油重心应位于 MZFW 水平线以下及图表区中梯形图左右框线之间;起飞重心应位于 MTOW 水平线以下及图表区中梯形图左右框线之间。图表区中梯形图左边的"竖线"表示飞机重心的前极限,右边的"竖线"表示飞机重心的后极限。

（3）CG％MAC：用平均空气动力弦百分比表示的飞机重心位置。图中有很多条斜线，每条斜线代表一个百分比值。当找出无油重心和起飞重心交叉点时，根据交叉点位于哪两条斜线之间，便可估计出无油重心和起飞重心用平均空气动力弦百分比表示的位置。

（4）STABILIZER TRIM SETTING：飞机起飞时水平尾翼所需的配平值。

——FLAPS1&.5 为飞机的襟翼角度在 1°和 5°之间；

——FLAPS10.15&.25 为飞机的襟翼角度为 10°、15°和 25°之间；

根据本飞机起飞时采用的襟翼角度以及起飞重心的交叉点位置，便可读出飞机起飞时水平尾翼所需的配平值。所谓配平即水平平衡器，位于飞机的尾部，可以通过上下移动它来改变气流并可升降机尾。当确定了飞机的起飞重心位置后，飞行员根据配平值决定调整配平的度数，使飞机飞行时处于最理想的平衡状态下。有的机型在平衡图背面显示具体的配平值的变化情况图。

5. 情况栏

情况栏如图 8.14 所示：

*TANKS 1 + 2 FULL
**TANKS 1 + 2 + C/S FULL
***TANKS 1 + 2 + C/S FULL AT MAX DENSITY

STABILIZER TRIM ADJUSTMENT		
FLAP SETTING	TAKEOFF ENGINE THRUST	
	18000 LB	20000 LB
1 AND 5	+1/2	0
10, 15 AND 25	−1/4	−1/4
ZFW %MAC		
TOW %MAC		
STAB TRIM FOR T.O.		
Prepared By:		
Approved By:		

图 8.14　情况栏

其中：

（1）ZFW％ MAC：填写飞机无油时的平均空气动力弦值。

（2）TOW％ MAC：填写飞机起飞时的平均空气动力弦值。

（3）STAB TRIM FOR T.O：填写飞机起飞时水平尾翼所需的配平值。

（4）Prepared By：填表人签名。

（5）Approved By：签收人签名。通常由机长签名。

8.3 折线型载重平衡图绘制

8.3.1 B737 飞机载重平衡图绘制

例 1 已知 2008 年 6 月 6 日，B-2577 飞机（B737-700）执行 FM9215 航班上海到厦门（SHA—XMN）飞行任务。该机基本重量 39648kg，指数 44，标准机组为 4/5，舱位布局 F8Y126，起飞油量 12800kg，航段耗油 8300kg。最大起飞重量为 64863kg，最大落地重量为 58059kg，最大无油重量为 54657kg。航班上有旅客 76 人，均为成人，其中 F 舱 1 人，Y 舱 75 人，分布情况 FWD1 人，MID38 人，AFT37 人；行李 16 件 200kg，装在 3 舱，货物 30 件 1630kg，装在 1 舱 800kg，2 舱 830kg，邮件 300 件 2726kg，装在 2 舱 150kg，3 舱 1876kg，4 舱 700kg。本次航班额外增加 1 名机组，增加的机组按 80kg/人计。请根据以上情况，为该航班填写载重平衡图。

解：步骤如下：

（1）在 PRIORITY 栏内填写发报等级：QU。

（2）在 ADDRESS(ES) 栏内填写收电地址组：XMNTZFM。

（3）在 ORIGINATOR 栏内填写发电地址组：SHATZFM。

（4）在 FLIGHT 栏内填写航班号：FM9215。

（5）在 A/G REG 栏内填写飞机号：B -2577。

（6）在 VERSION 栏内填写标准座位布局：F8Y126。

（7）在 CREW 栏内填写标准机组：4/5。

（8）在 DATE 栏内填写执行本航班的日期：2008.6.6。

（9）在 BASIC WEIGHT 栏内填写基重：39648。

（10）在 CORRECTIONS 栏内对增加机组进行修正：＋80kg，将修正后的基重 39728 填写在 DRY OPERATING WEIGHT 栏内。

（11）根据起飞油量计算出 OPERATING WEIGHT：52528。

（12）根据飞机三大全重数据，计算出飞机的三个最大起飞重量值：67457、64863、66359，取其中最小的值 64863 参与后续计算。

（13）根据飞机最大起飞重量和操作重量，计算出最大业务载重量 ALLOWED TARFFIC LOAD：12335。

（14）在第四行 DEST 栏内填写到达站三字代码 XMN，并将旅客人数填入相应栏内，如有经停航班，将经停站三字代码填入上面的 DEST 栏内，并将行李、货物、邮件的重量、件数、及其分布情况填写在 TOTAL 栏、PIECE 栏和 DISTRIBUTION WEIGHT 栏内，并进行总量合计和各号舱位载量合计。

（15）将旅客分布情况填写在 PASS 栏内，旅客总重量 5472 千克填入 PASSENGER

168

WEIGHT 栏内。国内航班,每个成人旅客重量按 72KG 计算,儿童重量按 36KG 计算,婴儿重量按 10KG 计算,国际航班每个成人旅客重量按 75KG 计算,儿童重量按 40KG 计算,婴儿重量按 10KG 计算。

(16) 计算出实际业载 TOTAL TRAFFIC LOAD 10028 千克(行李 200 千克＋货物 1630 千克＋邮件 2726 千克＋旅客 5472 千克),与最大业务载重量对比,计算出本航班的缺载 2307 千克,填写 UNDER LOAD 栏内,如此栏计算结果为负数,说明本航班已超载,应按超载处理。

(17) 在载重图重量计算栏中,计算出该航班实际起飞重量 TAKE-OFF WT 62556 千克、实际落地重量 LANDING WEIGHT 54256 千克和实际无油重量 ZERO FUEL WT 49756 千克,并与规定的最大起飞重量 64863 千克、最大落地重量 58089 千克和最大无油重量 54657 千克作比较,检查是否超出限制。

(18) "DRY OPERATING INDEX"是飞机重心指数标尺,以飞机修正后基重指数 44 为起点,从平衡表的重心指数标尺上找到这一点,由此向下引一条垂直线与第一条装载项目横标相交,由此交点按横标上所指的箭头方向向左 0.5 格画一条横线(实际人数 1 除以单位格所示的人数单位 2 人：1/2=0.5),到达于一点。由此点再向下引垂直线与第二条装载项目横标相交,由此交点再按横坐标上所指的箭头方向向左 3 格再画一条横线(实际人数 30 人除以单位格所示的人数单位 10 人：30/10＝3),……依此类推,一直画到重心位置图表区。

(19) 按上述原则画出的竖直线与飞机的实际无油重量线 49756 千克横交于一点,此交点就是飞机实际无油重量的重心位置。查出相应的重心％MAC 数值,填写在 ZERO FUEL WEIGHT ％MAC 栏内：23.7。

(20) 在油量表 FUEL INDEX TABLE 中查到起飞油量 12800 最接近的油量 13000,对应的指数值：＋1.8。

(21) 以实际无油重量的重心指数线与飞机重心指数标尺相交的一点为起点,根据起飞油量查阅油量指数表所确定的油量指数,向右画线 1.8 格(油量指数值为正,代表重心后移,油量指数值为负,代表重心前移,画线长度的格数为起飞燃油重量的指数),然后由此向下引垂线,落到飞机重心区域和该飞机的实际起飞重量线 62556 千克相交,此点即为飞机实际起飞重量的重心位置,查出相应的重心％MAC 数值,填写在 TAKE-OFF WEIGHT ％MAC 栏内：23.4。

(22) 根据起飞重量重心位置,引一条基于 TOW 点相近的 MAC％标尺线的平行线;平行线向上相交于"GROSS WEIGHT 数据表",根据实际最大起飞重量所在的区间,读取线、表相交值范围,并将(上限指数－下限指数)×实际起飞重量的后 4 位数/10000＋下限指数,即可得出对应的配平指数 STAB SET 填写在 STAB TRIM FOR T.O.W 栏内或 TAKE-OFF TRIM SETTING 栏内：5.81＝(6－5.75)×0.2556＋5.75。

(23) 在 PREPARED BY 栏内签上载重平衡图制作者的姓名,整个载重平衡图制作完毕,如图 8.15 所示。

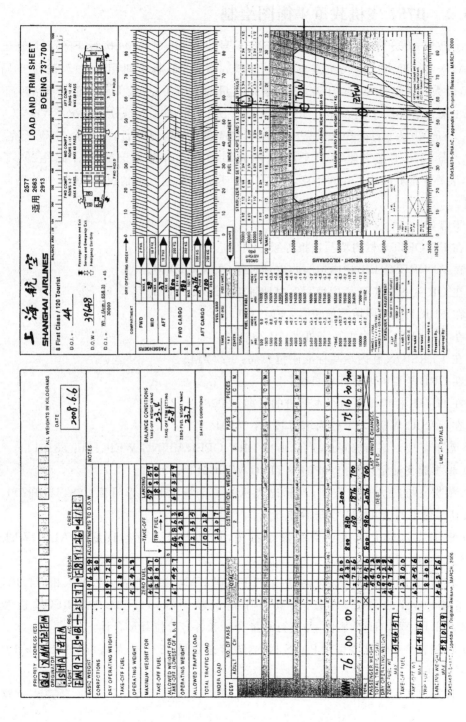

图 8.15 B737 飞机载重平衡图示例

8.3.2　B757 飞机载重平衡图绘制

例 2　已知 2008 年 8 月 12 日,由 B-2834 号飞机(B757-200)执行 FM9301 航班(SHA-CAN)飞行任务。该飞机基本重量 58991,指数 43,标准机组为 4/7,舱位布局 F22Y146,最大起飞重量 99790 千克,最大落地重量 89811 千克,最大无油重量 83461 千克。航班上有旅客 102 个成人,5 个儿童,(F 舱 2 人,Y 舱 105 人),分布情况 FWD2 人,MID85 人,AFT20 人;行李 360 千克/27 件,装在 4 舱;货物 340 件,重量为 8279 千克。分布情况 1 舱 1220 千克,2 舱 3400 千克;3 舱为 3100 千克,4 舱为 559 千克;邮件 295 千克/20 件,装在 4 舱;加油 15000 千克,耗油 6800 千克。根据以上情况,为该航班绘制载重平衡图。

解:步骤如下:

(1) 在 PRIORITY 栏内填写发报等级:QU。

(2) 在 ADDRESS(ES)栏内填写收电地址组:CANTZFM。

(3) 在 ORIGINATOR 栏内填写发电地址组:SHATZFM。

(4) 在 FLIGHT 栏内填写航班号:FM9301。

(5) 在 A/G REG 栏内填写飞机号:B-2834。

(6) 在 VERSION 栏内填写标准座位布局:F22Y146。

(7) 在 CREW 栏内填写标准机组:4/7。

(8) 在 DATE 栏内填写执行本航班的日期:2008.8.12。

(9) 在 BASIC WEIGHT 栏内填写基重:58991。

(10) 没有需要对基重修正的项目,所以 DRY OPERATING WEIGHT:58991。

(11) 根据起飞油量计算出 OPERATING WEIGHT:73991。

(12) 根据飞机三大全重数据,计算出飞机的三个最大起飞重量值:98461、99790、96611,取其中最小的值 96611 参与后续计算。

(13) 根据飞机最大起飞重量和操作重量,计算出最大业务载重量 ALLOWED TARFFIC LOAD:22620。

(14) 在第四行 DEST 栏内填写到达站三字代码 CAN,并将旅客人数填入相应栏内,将行李、货物、邮件的重量、件数、及其分布情况填写在 TOTAL 栏、PIECE 栏和 DISTRIBUTION WEIGHT 栏内,并进行总量合计和各号舱位载量合计。

(15) 将旅客分布情况填写在 PASS 栏内,旅客总重量 7524 千克填入 PASSENGER WEIGHT 栏内。

(16) 计算出实际业载 TOTAL TRAFFIC LOAD 16458 千克(行李 360 千克+货物

8279 千克＋邮件 295 千克＋旅客 7524 千克)，与最大业务载重量对比,计算出本航班的缺载 6162 千克,填写 UNDERLOAD 栏内,如果此栏计算结果为负数,说明本航班已超载,应按超载处理。

(17) 在载重图重量计算栏中,计算出该航班实际起飞重量 TAKE-OFF WT 90449 千克、实际落地重量 LANDING WEIGHT 83649 千克和实际无油重量 ZERO FUEL WT 75449 千克,并与规定的最大起飞重量 99790 千克、最大落地重量 89811 千克和最大无油重量 83461 千克作比较,检查结果没有超出限制。

(18) "DRY OPERATING INDEX"是飞机重心指数标尺,以飞机基重指数 43 为起点,从平衡表的重心指数标尺上找到这一点,由此向下引一条垂直线与第一条装载项目横标相交,由此交点按横标上所指的箭头方向向左 0.5 格画一条横线(实际人数 2 除以单位格所示的人数单位 5 人：2/5＝0.4),到达于一点。由此点再向下引垂直线,由于第二条装载项目是 NO INDEX CHANGE,即客舱 MID 区承载旅客,对飞机重心不产生影响。所以,垂直线继续向下延伸,与第三条装载项目横标相交,由此交点再按横坐标上所指的箭头方向向右 4 格再画一条横线实际人数 20 人除以单位格所示的人数单位 5 人：20/5＝4,……依此类推,一直画到重心位置图表区。

(19) 按上述原则画出的竖直线与飞机的实际无油重量线 75449 千克横交于一点,此交点就是飞机实际无油重量的重心位置。查出相应的重心％MAC 数值,填写在 ZERO FUEL WEIGHT ％MAC 栏内：22.0。

(20) 在油量表 FUEL INDEX TABLE 中查到起飞油量 15000,对应的指数值：＋7.5。

(21) 以实际无油重量的重心指数线与飞机重心指数标尺相交的一点为起点,根据起飞油量查阅油量指数表所确定的油量指数,向右画线 7.5 格(油量指数值为正,代表重心后移,油量指数值为负,代表重心前移,画线长度的格数为起飞燃油重量的指数),然后由此向下引垂线,落到飞机重心区域和该飞机的实际起飞重量线 90449 千克相交,此点即为飞机实际起飞重量的重心位置,查出相应的重心％MAC 数值,填写在 TAKE-OFF WEIGHT ％MAC 栏内：25.5。

(22) 根据垂直尾翼配平表,一般按襟翼角度 1～5 度计算。垂直尾翼配平表的水平方向为用平均空气动力弦表示的飞机起飞重心位置,垂直方向为配平值,斜线表示飞机的实际起飞重量。以实际起飞重量的重心 25.5％MAC 数值向上画竖线与起飞全重线 90449 交于一点,向左画一横线与配平坐标相交,交点为配平数：4.1。

(23) 在 PREPARED BY 栏内签上载重平衡图制作者的姓名,整个载重平衡图制作完毕,见图 8.16 和图 8.17。

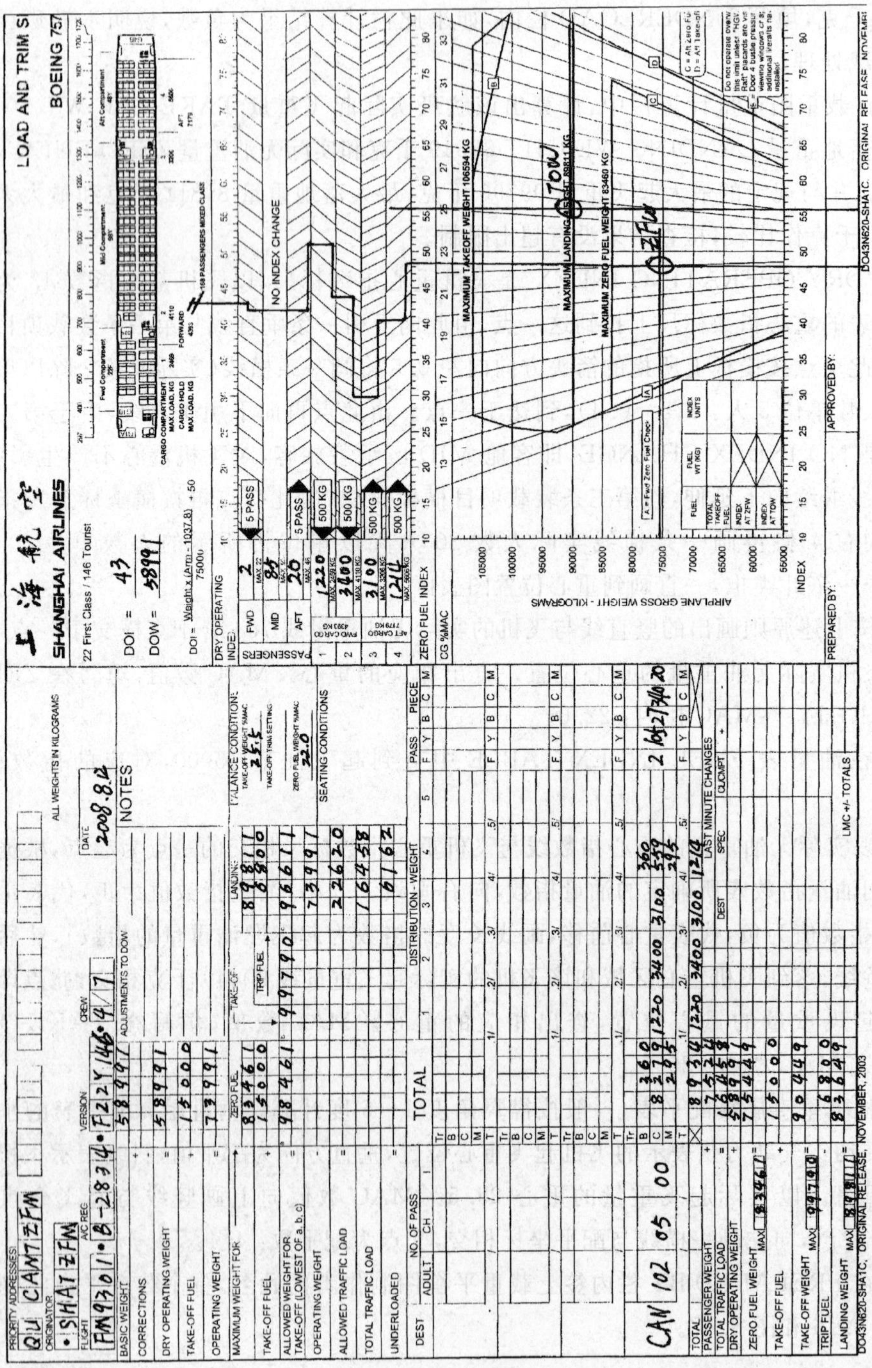

图 8.16 B757 飞机载重平衡图示例（正面）

TOTAL FUEL INDEX TABLE

WT (KG)	INDEX	WT (KG)	INDEX	WT (KG)	INDEX	WT (KG)	INDEX	WT (KG)	INDEX
500	+0.1	8000	+2.9	15000	+7.5	22500	+1.7	30000	-3.7
1000	+0.2	8500	+3.2	15500**	+7.1	23000	+1.3	30500	-4.1
1500	+0.3	9000	+3.6	16000	+6.7	23500	+1.0	31000	-4.5
2000	+0.4	9500	+4.0	16500	+6.3	24000	+0.6	31500	-4.9
2500	+0.5	10000	+4.5	17000	+5.9	24500	+0.2	32000	-5.3
3000	+0.7	10500	+5.0	17500	+5.5	25000	-0.1	32500	-5.7
3500	+0.8	11000	+5.6	18000	+5.1	25500	-0.5	33000	-6.1
4000	+1.0	11500	+6.2	18500	+4.7	26000	-0.8	33500	-6.5
4500	+1.2	12000	+6.9	19000	+4.3	26500	-1.2	34000	-6.9
5000	+1.4	12500	+7.6	19500	+3.9	27000	-1.6	34267***	-7.1
5500	+1.6	13000	+8.4	20000	+3.5	27500	-1.9	34500	-7.2
6000	+1.8	13225*	+8.8	20500	+3.1	28000	-2.3	35000	-7.3
6500	+2.0	13500	+8.7	21000	+2.8	28500	-2.6	35500	-7.4
7000	+2.3	14000	+8.3	21500	+2.4	29000	-3.0	36000	-7.5
7500	+2.6	14500	+8.0	22000	+2.0	29500	-3.4	36320***	-7.6

*Full Main Tanks
**All Tanks Full at 0.80 KG/L
***All Tanks Full at 0.85 KG/L

ADDITIONS AND DEDUCTIONS INDEX TABLE

WEIGHT IN KILOGRAMS

	50	60	77	80	100		50	60	77	80	100
	ITEMS ON (ADDITIONS) −					ITEMS OFF (DEDUCTIONS) +					
FLIGHT DECK OCCUPANT	-	0.5	-	0.8	-		-	-	-	-	-
FWD CABIN ATTENDANT DOOR 1	0.3	-	-	-	0.9		-	-	-	-	0.9
MID CABIN ATTENDANT DOOR 2	-	-	0.5	-	0.5		-	-	0.5	-	-
GALLEY 1A OR 1B	0.5	-	-	-	-		-	-	-	-	-
GALLEY 2A	0.3	-	0.0	-	-		-	-	-	-	-
PASSENGER FWD COMPARTMENT	-	-	-	-	0.6		-	-	-	-	0.6
FWD CARGO COMPARTMENT 1	0.3	-	-	-	-		0.2	0.5	-	-	-
FWD CARGO COMPARTMENT 2	0.2	-	-	-	0.4		-	-	-	-	-
MID CABIN ATTENDANT DOOR 3	-	0.2	-	-	-		0.4	-	-	-	0.3
AFT CABIN ATTENDANT DOOR 4	0.4	-	0.5	-	-		0.2	-	-	-	-
GALLEY 4B											
PASSENGER AFT COMPARTMENT	0.2	-	-	-	0.3		0.3	-	-	-	0.6
AFT CARGO COMPARTMENT 3											
AFT CARGO COMPARTMENT 4											

THIS TABLE GIVES THE INDEX INCREMENTS FOR SPECIFIED LOAD CHANGES. NOTE THAT THE SIGNS FOR ITEMS ADDED ARE ON THE LEFT, AND THE SIGNS FOR ITEMS DEDUCTED ARE ON THE RIGHT.

ITEM INDEX = (WEIGHT OF ITEM (KG)) X (ITEM CG - 1037.8) / (75000 KG-IN.)

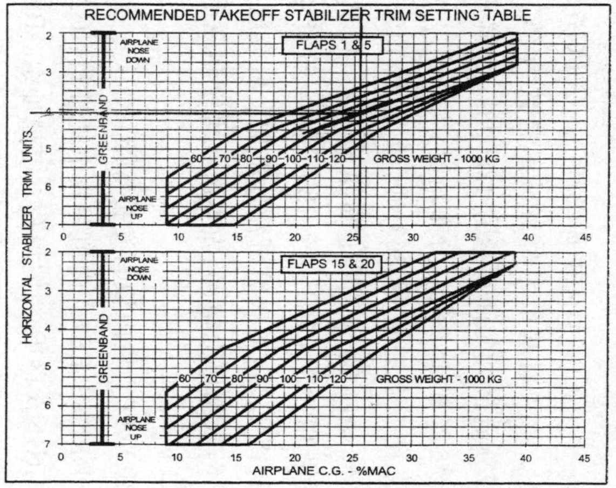

RECOMMENDED TAKEOFF STABILIZER TRIM SETTING TABLE

FLAPS 1 & 5

FLAPS 15 & 20

GROSS WEIGHT - 1000 KG

60-70-80-90-100-110-120

AIRPLANE C.G. - %MAC

HORIZONTAL STABILIZER TRIM UNITS

GREENBAND

AIRPLANE NOSE DOWN

AIRPLANE NOSE UP

图 8.17　B757 飞机载重平衡示例（反面）

8.3.3 B767飞机载重平衡图绘制

例3 2008年7月5日,由B-2570号飞机(B767-300)执行CA9257航班(PEK—CAN)飞行任务。该飞机基重为86895kg,指数为55。最大起飞重量为156489kg,最大落地重量为136077kg,最大无油重量为126098kg。航班上有旅客134个成人,6个儿童,1个婴儿(F舱4人,Y舱137人),分布情况:OA区4人,OB区20人,OC区117人;行李417kg/30件,装在5舱;货物863件,重量为14930kg。分布情况1舱2466kg,2舱5796kg,3舱4360kg,4舱2308kg;邮件517kg/142件,装在3舱。1舱、2舱货各用2块PMC板装,3舱货用2个DPE,3个DQF装,4舱货用2个DQF装,加油18000kg,耗油8800kg。标准机组4/11,本次航班额外增加2名客舱机组,增加的机组按80kg/人计。客舱布局F15Y243,根据以上情况,为本次航班绘制载重平衡图。

解:步骤如下:

(1) 在PRIORITY栏内填写发报等级:QU。

(2) 在ADDRESS(ES)栏内填写收电地址组:CANTZCA。

(3) 在ORIGINATOR栏内填写发电地址组:PEKTZCA。

(4) 在FLIGHT栏内填写航班号:CA9257。

(5) 在A/G REG栏内填写飞机号:B-2570。

(6) 在VERSION栏内填写标准座位布局:F15Y243。

(7) 在CREW栏内填写标准机组:4/11。

(8) 在DATE栏内填写执行本航班的日期:2008.7.5。

(9) 在BASIC WEIGHT栏内填写基重:86895。

(10) 在Cabin Crew栏内对增加的客舱机组进行修正,将修正后的基重87015填写在DRY OPERATING WEIGHT栏内。

(11) 根据起飞油量计算出OPERATING WEIGHT:105015。

(12) 根据飞机三大全重数据,计算出飞机的三个最大起飞重量值:144098、156489、144877,取其中最小的值参与后续计算。

(13) 根据飞机最大起飞重量和操作重量,计算出最大业务载重量ALLOWED TARFFIC LOAD 39083kg。

(14) 在第二行DEST栏内填写到达站CAN三字代码,将旅客人数填入相应栏内,并将座位分布情况填写在PAX栏内。将旅客总重量9874填入TOTAL PASSENGER WEIGHT栏内。

(15) 将行李、货物、邮件的重量、件数、及其分布情况填写在TOTAL栏、PCS栏和WEIGHT DISTRIBUTION栏内,在TR栏内填写箱板重量,然后进行总量合计和各号舱位载量合计。

PMP 板	每块 134 千克	网重 11.5 千克
PIP 板	每块 110 千克	网重 11.5 千克
DQF 箱	每只 118 千克	
DPE 箱	每只 95 千克	

(16) 计算出实际业载 TOTAL TRAFFIC LOAD 27100 千克(行李 417 千克＋货物 14930 千克＋邮件 517 千克＋集装箱板 1362 千克＋旅客 9874 千克),与最大业务载重量对比,计算出本航班的缺载 11983 千克,填写 UNDERLOAD 栏内,如果此栏计算结果为负数,说明本航班已超载,应按超载处理。

(17) 在载重图重量计算栏中,计算出该航班实际起飞重量 TAKE-OFF WEIGHT 132115 千克、实际落地重量 LANDING WEIGHT 123315 千克和实际无油重量 ZERO FUEL WEIGHT 114115 千克,并与规定的最大起飞重量 156489 千克、最大落地重量 136077 千克和最大无油重量 126098 千克作比较,检查结果是否超出限制。

(18) "DRY OPERATING INDEX"是飞机重心指数标尺,以飞机修正后基重指数 55 为起点,从平衡图的重心指数标尺上找到这一点,由此向下引一条垂直线与第一条装载项目横标相交,由此交点按横标上所指的箭头方向向左 0.8 格画一条横线(实际人数 4 除以单位格所示的人数单位 5 人:4/5＝0.8),到达于一点。由此点再向下引垂直线与第二条装载项目横标相交,由此交点再按横坐标上所指的箭头方向向左 4 格再画一条横线(实际人数 20 人除以单位格所示的人数单位 5 人:20/54),……依此类推,一直画到重心位置图表区。

(19) 按上述原则画出的竖直线与飞机的实际无油重量线 114115 千克横交于一点,此交点就是飞机实际无油重量的重心位置。查出相应的重心％MAC 数值,填写在 Balance conditions ％MAC 栏的 ZFW 内:20.8。

(20) 在油量表 Takeoff Fuel 中查到起飞油量 18000 介于油量 9201～22400 之间,对应的指数值:－4。

(21) 以实际无油重量的重心指数线与飞机重心指数标尺相交的一点为起点,根据起飞油量查阅油量指数表所确定的油量指数,向左画线 4 格(油量指数值为正,代表重心后移,油量指数值为负,代表重心前移,画线长度的格数为起飞燃油重量的指数),然后由此向下引垂线,落到飞机重心区域和该飞机的实际起飞重量线 132115 千克相交,此点即为飞机实际起飞重量的重心位置,查出相应的重心％MAC 数值,填写在 Balance conditions ％MAC 栏的 TOW 内:20.2。

(22) 根据起飞重量重心位置,引一条基于 TOW 点相近的 MAC％标尺线的平行线;平行线向上相交于"TAKEOFF WT.数据表",根据实际最大起飞重量所在的区间,读取线、表相交值 4.5,即为对应的配平指数,填写在 SI 位置上。

(23) 在 PREPARED BY 栏内签上载重平衡图制作者的姓名,整个载重平衡图绘制完毕,如图 8.18 所示。

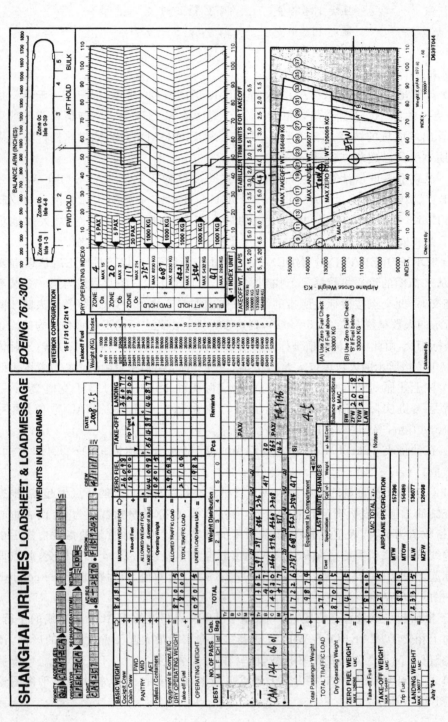

图 8.18 B767 飞机载重平衡图示例

8.3.4 CRJ 飞机载重平衡图绘制

例4 2007年6月5日,由 B-3075 号飞机(CRJ-200LR)执行 FM9257 航班(SHA—TAO)飞行任务。该飞机基重为 14942kg,指数 42。最大起飞重量为 24041kg,最大落地重量 21319kg,最大无油重量 19958kg。航班上有旅客 39 人,其中成人 37 人,儿童 2 人。分布情况:OA 区 9 人,OB 区 9 人,OC 区 12 人,OD 区 9 人;行李 149kg/15 件,邮件 40kg/2 件,货物 160kg/4 件,行李、邮件和货物全部装在货舱。CRJ-200LR 标准机组 3/2,本次航班额外增加 2 名机组(座位安排在 1A、13C),增加的机组按 80kg/人计;携带压舱沙袋 300kg。加油 3800kg,耗油 1780kg。根据以上情况,为本次航班绘制载重平衡图。

解:步骤如下:

(1) 在 PREFIX 栏内填写发报等级:QU。

(2) 在 ADDRESSES 栏内填写收电地址组:TAOTZFM。

(3) 在 ORIGINATOR 栏内填写发电地址组:SHATZFM。

(4) 在 FLIGHT 栏内填写航班号:FM9257。

(5) 在 A/G REG 栏内填写飞机号:B-3075。

(6) 在 CREW 栏内填写标准机组:3/2。

(7) 在 DATE 栏内填写执行本航班的日期:2007.6.5。

(8) 在 DRY OPERATING WEIGHT 栏内填写修正后的基重:14942,注意:额外增加的机组重量不在此体现。

(9) 根据起飞油量计算出操作重量 OPERATING WEIGHT:18742kg。

(10) 根据飞机三大全重数据,计算出飞机的三个最大起飞重量值:23758、24041、23099,取其中最小的值 23099 参与后续计算。

(11) 根据飞机最大起飞重量和操作重量,计算出最大业务载重量 TOTAL TRAFFIC LOAD:4357kg。

(12) 在第一行 DEST 栏内填写 2(公务乘机),在 TR 栏内注上 160(每人 80 千克,2 人共 120 千克)。

(13) 在第二行 DEST 栏内填写到达站三字代码 TAO,并将旅客人数填入相应栏内,如有经停航班,将经停站三字代码填入相应的 DEST 栏内,在 TR 栏内填上 300(压舱沙袋),将行李、货物、邮件的重量、件数、及其分布情况填写在 TOTAL 栏、REMARKS 栏和 DISTRIBUTING WEIGHT 栏内,并进行总量合计和各号舱位载量合计。

(14) 将旅客总重量 2736 千克填入 PASSENGER WEIGHT 栏内。

(15) 计算出实际业载 TOTAL TRAFFIC LOAD 3545 千克(公务乘机 160 千克+压舱沙袋 300 千克+行李 149 千克+货物 160 千克+邮件 40 千克+旅客 2736 千克),与最大业务载重量对比,计算出本航班的缺载 812 千克,填写 UNDERLOAD 栏内,如果此栏计算结果为负数,说明本航班已超载,应按超载处理。

(16) 在载重图重量计算栏中,计算出该航班实际起飞重量 TAKE-OFF WT 22287 千克、实际落地重量 LANDING WEIGHT 20507 千克和实际无油重量 ZERO FUEL WT 18487 千克,并与规定的最大起飞重量 24040 千克、最大落地重量 21319 千克和最大无油重量 19958 千克作比较,检查结果没有超出限制。

(17) 根据旅客在各座位区域分布情况 0A 区 10 人(含 1 名额外增加机组)、0B 区 9 人、0C 区 12 人、0D 区 10 人(含 1 名额外增加的机组),填写在平衡图相应舱位内;将压舱沙袋、货物、行李、邮件重量共 649 千克填写在货舱内。

(18) "DRY OPERATING INDEX"是飞机重心指数标尺,以飞机修正后基重指数 42 为起点,从平衡表的重心指数标尺上找到这一点,由此向下引一条垂直线至第一条装载项目栏横标中段,由此点按横标上所指的箭头方向向右 6.49 格画一条横线(实际装载量 649 千克除以单位格所示的重量单位 100 千克:649/100＝6.49),到达于一点。由此点再向下引垂直线至第二条横坐标栏中段,由此点按横坐标上所指的箭头方向向左 10 格再画一条横线(实际人数 10 人除以单位格所示的人数单位 1 人:10/1＝10),……依此类推,一直画到重心位置图表区。

(19) 按上述原则画出的竖直线与飞机的实际无油重量线 18487 千克横交于一点,此交点就是飞机实际无油重量的重心位置。查出相应的重心％MAC 数值,填写在 MAC AT ZFW 栏内:17.1％。

(20) 以实际无油重量的重心指数线与油量指数标尺相交的一点为起点,根据起飞油量 3800 千克查阅油量指数标尺栏,以起飞油量 3800 千克除以单位格所示油量单位 500 千克确定油量指数 7.6(3800/500＝7.6),向左画一条横线 7.6 格,并由此向下引垂线,落到飞机重心区域和该飞机的实际起飞重量线 22287 千克相交,此点即为飞机实际起飞重量的重心位置,查出相应的重心％MAC 数值,填写在 MAC AT TOW 栏内:16.3％。

(21) 根据实际起飞重量重心位置,引一条基于 TOW 点相近的 MAC％标尺线的平行线;平行线向上与 TRIM UNITS FOR TAKE-OFF 刻度尺相交于一点,读取线、表相交值,即可得出对应的配平指数 STAB SET 填写在 TRIM FOR T.O 栏内:6.96。

(22) 在 PREPARED BY 栏内签上载重平衡图制作者的姓名,整个载重平衡图制作完毕,如图 8.19 所示。

8.4　指数型载重平衡图介绍

指数型载重平衡图是在指数计算时通过指数的加减运算得出无油重量指数和起飞重量指数。下面以 B747-400 的载重平衡图(图 8.20)为例介绍折线型载重平衡图。

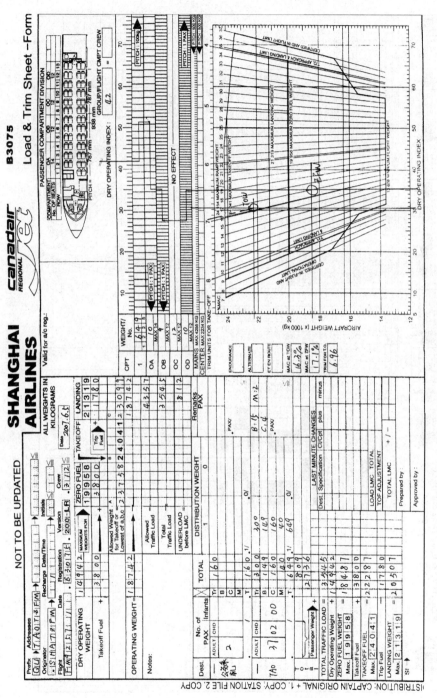

图 8.19 CRJ 飞机载重平衡图示例

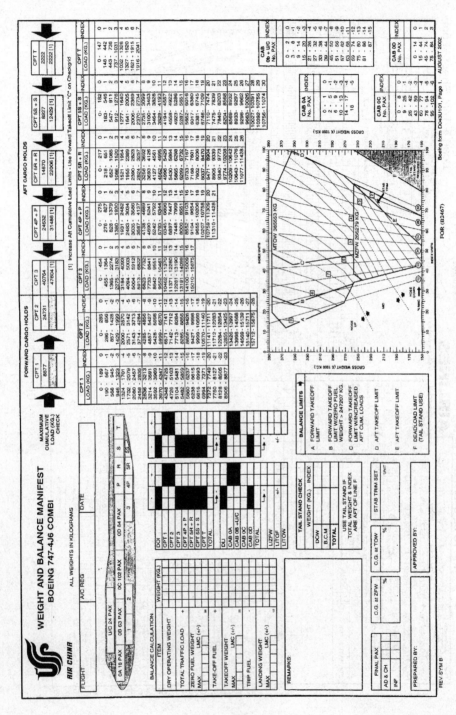

图 8.20　B747 载重平衡图

1. 基本情况栏

基本情况栏如图 8.21 所示：

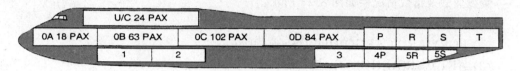

FLIGHT	A/C REG	DATE

U/C 24 PAX

0A 18 PAX	0B 63 PAX	0C 102 PAX	0D 84 PAX	P	R	S	T

1	2		3	4P	5R	5S

图 8.21　基本情况栏

其中：

(1) FLIGHT：航班号；

(2) A/C REG：飞机号；

(3) DATE：日期。

图中飞机舱位布局显示，该飞机客舱分为两大部分，上舱(U/C)和主客舱(0A、0B、0C 和 0D)；货舱分为三大货舱，前下货舱(CPT1、2)、后下货舱(CPT3、4P、5R、5S)和主货舱 (P、R、S、T)，这里后下货舱的 CPT5R 和 CPT5S 是散货舱。

2. 实际重量计算栏

实际重量计算栏如图 8.22 所示：

其中：

(1) DRY OPERATING WEIGHT：修正的基本重量；

(2) TOTAL TRAFFIC LOAD：实际业载总重量；

(3) ZERO FUEL WEIGHT：实际无油重量；

① "LMC"表示最后修正的重量，如增加重量，则在"＋"上画圈；如减少重量，则在"－"上画圈。

② "MAX"下面小格填写飞机的最大无油重量，便于检查实际无油重量是否超过最大无油重量。

BALANCE CALCULATION

ITEM		WEIGHT (KG.)
DRY OPERATING WEIGHT		
TOTAL TRAFFIC LOAD	+	
ZERO FUEL WEIGHT　MAX　　　LMC (+/-)	=	
TAKE-OFF FUEL	+	
TAKEOFF WEIGHT　MAX　　　LMC (+/-)	=	
TRIP FUEL	-	
LANDING WEIGHT　MAX　　　LMC (+/-)	=	

图 8.22　实际重量计算栏

（4）TAKE-OFF FUEL：飞机的起飞油量；

（5）TAKE OFF WEIGHT：实际的起飞重量；

（6）TRIP FUEL：航段耗油量；

（7）LANDING WEIGHT：实际着陆重量。

3．货舱业载及指数情况栏

货舱业载及指数情况栏如图 8.23 所示：

其中：

（1）FORWARD CARGO HOLDS：前货舱；

（2）AFT CARGO HOLDS：后货舱；

（3）CPT1、CPT2、…、CPT T：指代各子货舱；

（4）LOAD(KG)：各子货舱载运量；

（5）INDEX：各子货舱载运量产生的重心移动指数。

把各子货舱的实际装载量填入到"LOAD(kg)"中，再从相应的指数表中查出对应的指数，填入"INDEX"中。

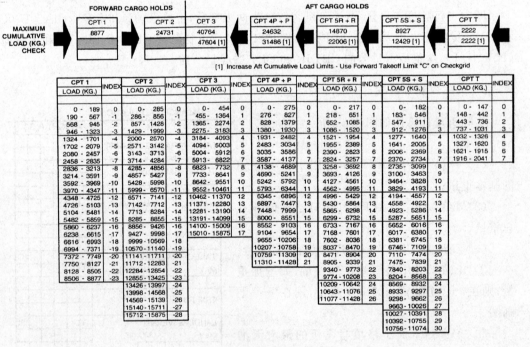

[1] Increase Aft Cumulative Load Limits - Use Forward Takeoff Limit "C" on Checkgrid

CPT 1 LOAD (KG.)	INDEX	CPT 2 LOAD (KG.)	INDEX	CPT 3 LOAD (KG.)	INDEX	CPT 4P + P LOAD (KG.)	INDEX	CPT 5R + R LOAD (KG.)	INDEX	CPT 5S + S LOAD (KG.)	INDEX	CPT T LOAD (KG.)	INDEX
0- 189	0	0- 285	0	0- 454	0	0- 275	0	0- 217	0	0- 182	0	0- 147	0
190- 567	-1	286- 856	-1	455- 1364	1	276- 827	1	218- 651	1	183- 546	1	148- 442	1
568- 945	-2	857- 1428	-2	1365- 2274	2	828- 1379	2	652- 1085	2	547- 911	2	443- 736	2
946- 1323	-3	1429- 1999	-3	2275- 3183	3	1380- 1930	3	1086- 1520	3	912- 1276	3	737- 1031	3
1324- 1701	-4	2000- 2570	-4	3184- 4093	4	1931- 2482	4	1521- 1954	4	1277- 1640	4	1032- 1326	4
1702- 2079	-5	2571- 3142	-5	4094- 5003	5	2483- 3034	5	1955- 2389	5	1641- 2005	5	1327- 1620	5
2080- 2457	-6	3143- 3713	-6	5004- 5912	6	3035- 3586	6	2390- 2823	6	2006- 2369	6	1621- 1915	6
2458- 2835	-7	3714- 4284	-7	5913- 6822	7	3587- 4137	7	2824- 3257	7	2370- 2734	7	1916- 2041	7
2836- 3213	-8	4285- 4856	-8	6823- 7732	8	4138- 4689	8	3258- 3692	8	2735- 3099	8		
3214- 3591	-9	4857- 5427	-9	7733- 8641	9	4690- 5241	9	3693- 4126	9	3100- 3463	9		
3592- 3969	-10	5428- 5998	-10	8642- 9551	10	5242- 5792	10	4127- 4561	10	3464- 3828	10		
3970- 4347	-11	5999- 6570	-11	9552- 10461	11	5793- 6344	11	4562- 4995	11	3829- 4193	11		
4348- 4725	-12	6571- 7141	-12	10462- 11370	12	6345- 6896	12	4996- 5429	12	4194- 4557	12		
4726- 5103	-13	7142- 7712	-13	11371- 12280	13	6897- 7447	13	5430- 5864	13	4558- 4922	13		
5104- 5481	-14	7713- 8284	-14	12281- 13190	14	7448- 7999	14	5865- 6298	14	4923- 5286	14		
5482- 5859	-15	8285- 8855	-15	13191- 14099	15	8000- 8551	15	6299- 6732	15	5287- 5651	15		
5860- 6237	-16	8856- 9426	-16	14100- 15009	16	8552- 9103	16	6733- 7167	16	5652- 6016	16		
6238- 6615	-17	9427- 9998	-17	15010- 15875	17	9104- 9654	17	7168- 7601	17	6017- 6380	17		
6616- 6993	-18	9999- 10569	-18			9655- 10206	18	7602- 8036	18	6381- 6745	18		
6994- 7371	-19	10570- 11140	-19			10207- 10758	19	8037- 8470	19	6746- 7109	19		
7372- 7749	-20	11141- 11711	-20			10759- 11309	20	8471- 8904	20	7110- 7474	20		
7750- 8127	-21	11712- 12283	-21			11310- 11428	21	8905- 9339	21	7475- 7839	21		
8128- 8505	-22	12284- 12854	-22					9340- 9773	22	7840- 8203	22		
8506- 8877	-23	12855- 13425	-23					9774- 10208	23	8204- 8568	23		
		13426- 13997	-24					10209- 10642	24	8569- 8932	24		
		13998- 14568	-25					10643- 11076	25	8933- 9297	25		
		14569- 15139	-26					11077- 11428	26	9298- 9662	26		
		15140- 15711	-27							9663- 10026	27		
		15712- 15875	-28							10027- 10391	28		
										10392- 10755	29		
										10756- 11074	30		

图 8.23　货舱业载及指数情况栏

4. 客舱业载及指数情况栏

客舱业载及指数情况栏如图 8.24 所示：

其中：

（1）CAB：客舱；

（2）No. PAX：客舱各区旅客运载数；

（3）INDEX：客舱各区旅客运载量产生的重心移动指数。

把客舱各区的实际旅客人数填入到"CAB"中，再从相应的指数表中查出对应的指数，填入"INDEX"中。

5. 油量指数栏

油量指数栏在 B757 飞机载重平衡图的背面，如图 8.25 所示：

B747-400 型飞机有主油箱 M1、M2、M3、M4，副油箱 R2、R3 和一个中央油箱 CENTER TANK。飞机的油量指数可以直接从油量指数表中查得。

CAB 0A No. PAX	INDEX
0 - 1	0
2 - 5	-1
6 - 9	-2
10 - 13	-3
14 - 17	-4
18	-5

CAB 0C No. PAX	INDEX
0 - 8	0
9 - 25	-1
26 - 42	-2
43 - 59	-3
60 - 77	-4
78 - 94	-5
95 - 102	-6

CAB 0b + U/C No. PAX	INDEX
0 - 2	0
3 - 8	-1
9 - 14	-2
15 - 20	-3
21 - 26	-4
27 - 32	-5
33 - 38	-6
39 - 44	-7
45 - 50	-8
51 - 56	-9
57 - 62	-10
63 - 68	-11
69 - 74	-12
75 - 80	-13
81 - 86	-14
- 87	-15

CAB 0D No. PAX	INDEX
0 - 14	0
15 - 44	1
45 - 74	2
75 - 84	3

图 8.24　客舱业载及指数情况栏

WEIGHT (KG.)	INDEX UNIT	WEIGHT (KG.)	INDEX UNIT	WEIGHT (KG.)	INDEX UNIT
20000	-2	70000	1	120000	-9
22000	-2	72000	4	122000	-11
24000	-2	74800	7	124000	-12
26000	-2	76000	7	126000	-13
28000	-2	78000	7	128000	-15
30000	-2	80000	6	130000	-16
32000	-2	82000	6	132000	-18
34000	-2	84000	5	134000	-19
36000	-2	86000	4	136000	-21
38000	-1	88000	4	138000	-22
40000	-1	90000	3	140000	-24
42000	-1	92000	3	142000	-25
44000	-1	94000	2	144000	-27
46000	0	96000	2	146000	-28
48000	0	98000	1	148000	-30
50000	0	100000	0	150000	-31
52000	1	102000	0	152000	-32
54000	1	104000	-1	154000	-34
56000	1	106000	-1	156000	-35
58000	0	108000	-2	158000	-37
60000	-1	110000	-2	160000	-39
62000	-2	112000	-3	162000	-41
64000	-3	114000	-5	164000	-42
66000	-3	116000	-6	166000	-43
68000	-2	118000	-8	169233	-43

TANKS

m　MAIN TANK
n　RESERVE TANK

图 8.25　油量指数栏

6. 指数计算栏

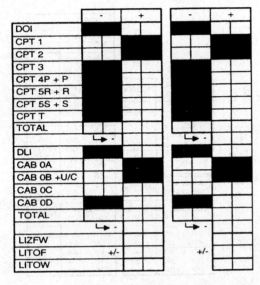

图 8.26 指数计算栏

指数计算栏如图 8.26 所示：

其中：

（1）"＋"和"－"表示正指数填写列和负指数填写列。指数可能为正,也可能为负。当指数取正值时,说明飞机的重心向后移动;当指数取负值时,说明飞机的重心向前移动;

（2）DOI：为修正后的基重指数。因为基重指数肯定为正值,因此把"－"列的相应位置涂黑,避免填错位置;

（3）CPT1、CPT2、⋯、CPT5S＋S：填写查得的各子货舱指数;

（4）TOTAL：将"－"列各行数字相加,"＋"列各行数字相加;

（5）DLI：即 DEAD LOAD INDEX,无客无油时的指数。DEAD LOAD 是固定负载,也称死重量,指飞机运载货物、邮件、行李、压舱和集装设备等的重量总和,通常指除旅客重量外的业务载重量;

（6）CAB 0A、CAB 0B＋U/C、⋯、CAB 0D：填写查得的客舱各区指数;

（7）LIZFW：无油重量指数;

（8）LITOF：根据起飞油量表查得的起飞油量指数;

（9）LITOW：起飞重量指数。

7. 飞机重心求算栏

飞机重心求算栏如图 8.27 所示：

其中：

（1）指数标尺。位于重心求算表的上下两端;根据"指数计算栏"计算得出的无油重量指数和起飞重量指数可以在上下两个指数标尺上找出,画出两条垂线。

（2）重量标尺。位于重心求算表的左右两侧;根据"实际重量计算栏"计算得出的实际无油重量和实际起飞重量可以在左右两个重量标尺上找出,画出两条水平直线。

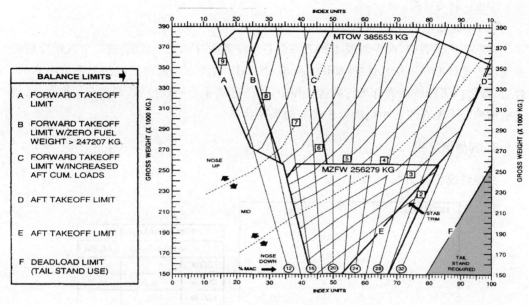

图 8.27　飞机重心求算栏

　　代表无油重量指数的垂线和代表无油重量的水平线的交叉点即表示飞机的无油重心位置；同样，带有起飞重量指数的垂线和代表起飞重量的水平线的交叉点即表示飞机的起飞重心位置。无油重心应位于 MZFW 水平线以下及左右框线之间；起飞重心应位于 MTOW 水平线之下及左右框线之间。

　　(3) %MAC：是以平均空气动力弦表示的飞机重心位置。重心求算表中有很多斜线，每条斜线都代表一个百分比值。当找出无油重心和起飞重心交叉点时，根据重心交叉点位于哪两条斜线之间，即可估计出无油重心和起飞重心用平均空气动力弦表示的位置。

　　(4) STAB TRIM：配平。在重心求算表里有些斜线上有方格表示的数字，这是飞机的配平值。根据飞机起飞重心交叉点位于哪两条有方格数字的斜线之间，即可估计出飞机的实际配平值。

　　重心求算表中，还有 A、B、C、D、E、F 共六条重心位置限制线，在表的左侧附有使用说明，中文含义为：

　　① A：起飞前限；

　　② B：无油重量超过 247207kg 时的起飞前限；

　　③ C：飞机后部累积载量较大时的起飞前限；

　　④ D：起飞后限；

⑤ E：起飞后限；

⑥ F：死重限制线。

在重心求算表中，配平斜线 4 和 7 将重心允许范围分成三个区域，这三个区域分别表示飞机头重（NOSE UP）、适中（MID）、头轻（NOSE DOWN），说明飞机的起飞重心靠前、合适、靠后。飞行员在进行飞行准备工作中，根据起飞重心所处位置，调整有关仪表，以使飞机的俯仰平衡在飞行中能够处于良好的平衡状态。

8. 其他情况栏

其他情况栏如图 8.28 所示：

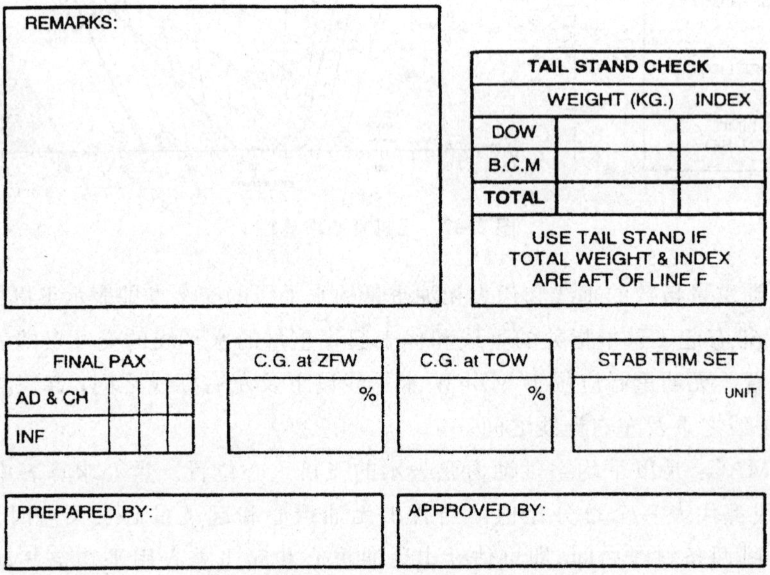

图 8.28 其他情况栏

其中：

（1）FINAL PAX：总的旅客人数；AD&CH：成人和儿童总人数；INF：婴儿人数。

（2）C. G. at ZFW：填写无油重心位置；

（3）C. G. at TOW：填写起飞重心位置；

（4）REMARKS：备注栏，通常填写一些提示机长或供其参考的事项。

（5）PREPARED BY：由绘制载重平衡图人员签字；APPROVED BY：由签收人（机长）签字。

187

8.5 指数型载重平衡图绘制

例5 2008 年 8 月 12 日,由 B-2533 号飞机(B747-400)执行 CA958 航班任务。该飞机基重为 180673kg,指数为 57。最大起飞重量为 385553kg,最大落地重量为 285763kg,最大无油重量为 256279kg。航班上有旅客 218 个人,均为成人,分布情况:0A 区 18 人,0B 区 63 人,0C 区 80 人,0D 区 50 人,U/C 区 7 人;行李含集装设备 2000kg,装在 1 舱;货物含集装设备 40806kg,分布情况 1 舱 5000kg,2 舱 9560kg,3 舱 8900kg,4 舱 7146kg,P 舱 2000kg,R 舱 2500kg,S 舱 4500kg,T 舱 1200kg;邮件 3500kg 装在散货舱,5R 舱 1000kg,5S 舱 2500kg。加油 90000kg,耗油 70000kg。标准机组 6/13,客舱布局 F18C36Y243,根据以上情况,为本次航班填写载重平衡图。

解:步骤如下:

(1) 在 FLIGHT 栏内填写航班号:CA958。

(2) 在 A/C REG 栏内填写飞机号:B-2533。

(3) 在 DATE 栏内填写执行本航班的日期:2008.8.12。

(4) 在 DRY OPERATING WEIGHT 栏内填写修正后的基重:180673。

(5) 计算出飞机的实际业载 62002(218×72+2000+40806+3500),填写在 TOTAL TRAFFIC LOAD 栏内。

(6) 计算出飞机的实际无油重量 242675 千克、实际起飞重量 332675 千克、实际落地重量 262675 千克,填在对应的栏内,并与规定的最大无油重量 256279 千克、最大起飞重量 285553 千克和最大落地重量 285763 千克作比较,检查结果是否超出限制。

(7) 将各子货舱的载量填写在对应 CPT 栏内,并查出对应的指数;将客舱各区旅客人数填写在对应的 CAB 栏内,并查出对应的指数。

(8) 飞机起飞加油 90000,查得油量指数为 3,油量指数表见图 8.25。

(9) 根据飞机基重指数、客货载量指数、油量指数,得出飞机无油重心指数 59,起飞重心指数 62。

(10) 在飞机重心指数标尺上,找到重心指数 59 和 62 作垂线。在飞机重量标尺上找出 242675、332675 作水平线分别与垂线相交。交点即为飞机的无油重心和起飞重心。

(11) 根据无油重心和起飞重心在%MAC 斜线间的位置,估计出以平均空气动力弦表示的无油重心为 23.2,起飞重心为 23.0,起飞配平为 5.8。

(12) 在 FINAL PAX 的 AD&CH 栏填写 218,在 INF 栏填写 0;在 PREPARED BY 栏内签上制作载重平衡图人的姓名,整个载重平衡图绘制完毕,如图 8.29 所示。

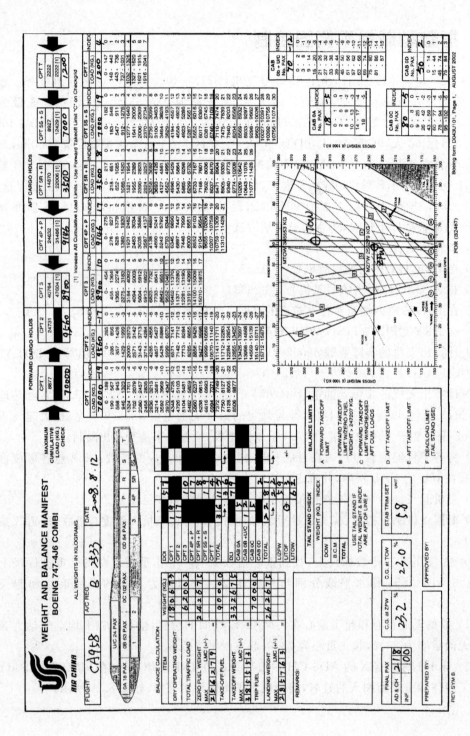

图 8.29　B747 飞机载重平衡图示例

本章小结

载重平衡图是民航运输的重要业务文件。载重表是记录航班业务载重量的情况及供航班各有关站之间进行业务处理的文件，也是运输部门与空勤组之间办理业务交接手续的凭证。平衡图是配载平衡人员所填制的表明旅客、货物、行李、邮件的装载情况及飞机重心位置的图。绘制载重平衡图是每个配载平衡工作人员的基本功。载重平衡图因机型而异，每种机型的载重平衡图各不相同，不能混合使用。载重平衡图在形式上又分为折线型和指数型。载重平衡图填制完毕后，由配载平衡人员签字，经由机长签字认可后，一份交给机组；一份随航班带至前方站；一份由始发站留存。

复习与思考

1. 载重平衡图求算飞机重心的原理是什么？
2. 航班平衡工作的程序是什么？
3. 折线型载重平衡图和指数型载重平衡图有什么不同？
4. 散货飞机载重平衡图和集装飞机载重平衡图填制上有什么不同？
5. 当飞机重心偏离安全范围，应如何处理？

阅读

鲜为人知：飞机称重

飞机在飞行、日常维护及停放中，都会"增磅"，而且会越来越重。这并非因为飞机"贪吃"，而是它拥有庞大的身躯，有庞大的表面面积和内部空间。在飞机飞行中，灰尘会沉积在机舱内和蒙皮表面，各种润滑油脂的残留、各种日常的微小修理等，都会增加飞机的体重。就B747这种机型来说，飞机要换"新衣服"，需把表皮的油漆刮下来再重新刷上，新旧两种油漆的总重量就能相差150千克！诸如此类莫名增加的重量会很直接地改变飞机的重心。

飞机的重心位置偏移会严重影响飞机的飞行安全。工作人员举例说，飞机在起飞时，如果飞机的实际重心比飞行员所得到的重心偏后，在拉起飞机的瞬间会使尾部碰触、摩擦地面，进而造成起火；相反，如果飞机的实际重心比飞行员所得到的中心偏前，飞机在拉起时就会十分困难，严重情况下飞机在冲到跑道尽头时仍然不能拉起来，飞机高速冲出跑道的后果，对飞机的损失程度是非常严重的。因此，飞行员必须了解其驾驶的飞机重心在哪里，飞行员在起飞时，根据飞机不同的重心，所拉起的角度也是不同的。

据介绍，香港启德机场就曾经出现某一货机在卸货时，把靠近飞机头部的货物卸下来，但输送带却没有把尾部的货物随之输送出来。头部的货物搬下来了，但尾巴的货物还原封不动,结果飞机一下子失去重心,一屁股坐到了停机坪上!相反,如果"头重脚轻",飞机就会一头撞到地面。因此,飞机重心不平稳,不但飞机飞行不安全,即使站到地面也会左摇右摆,像个生病的孩子。

飞机不仅要定期称重,而且在飞机大修、改装和飞机表面重新刷油漆等时候,都要进行称重。因此,飞机维修公司每四年要对其所监控的飞机进行一次称重工作。

目前用作测量飞机体重的工具——"地磅"都是从美国引进,身价高昂,一个"地磅"就要近万元。"地磅"外形跟市民用的"家庭健康秤"相似,平放在地面,其用法也相似。因为"地磅"面积不大,飞机称重时,每个轮子都要用一个"地磅"来称。例如,B737 有 6 个轮子,要用 6 个"地磅"一起称,而 B777 则需要 14 个"地磅"伺候。牵引车把飞机拉上"地磅"后,飞机必须停留几分钟。因为飞机轻微一抖,会引起秤盘显示屏数据的变化。所以,为了确保数据正确,每次飞机称重起码要上两次磅。如果两次测量的数据相差比较大,就会再进行第三次、第四次……最后,维修公司要根据称重出来的飞机重量对飞机进行"减肥"工作,以保证飞机重心不变。

资料来源:陈永华.鲜为人知:飞机称重.信息时报,2003.7.13

思考题

1. 飞机重心位置对于安全飞行有哪些意义?

2. 什么因素会导致飞机重心偏移?

练习题

1. 已知 2007 年 9 月 25 日,由 B-2153 号飞机(B737-800)执行 FM651 航班(PVG—HRB)飞行任务。该飞机基重为 43320kg,指数为 44.0。最大起飞重量为 79015kg,最大落地重量为 65317kg,最大无油重量为 61688kg。飞机客舱布局 F8Y156,航班上有旅客 127 个成人,2 个儿童,F 舱 4 人,Y 舱 125 人,分布情况:FWD4 人,MID60 人,AFT65 人;行李 1875kg/185 件,装在 2 舱;货物 260 件,重量为 2000kg,装在 3 舱;邮件 125kg/15 件,装在 1 舱。B737-800 标准机组为 4/6,加油 13200kg,耗油 7500kg。根据以上情况,为本次航班绘制载重平衡图。

2. 已知 2008 年 10 月 23 日,由 B-3075 号飞机(CRJ-200LR)执行 FM9257 航班(SHA—TAO)飞行任务。该飞机基重为 14942kg,指数 42.4。最大起飞重量为 24041kg,最大落地重量 21319kg,最大无油重量 19958kg。航班上有成人旅客 39 人,分布情况:0A 区 9 人,0B 区 9 人,0C 区 12 人,0D 区 9 人;行李 149kg/15 件,邮件 40kg/2 件,货物 60kg/4 件,行李、邮件和货物全部装在货舱。CRJ-200LR 标准机组 3/2,本次航班额外增加 2 名机组(座位安排在 1A、1C),增加的机组按 80kg/人计;携带压舱沙袋 300kg。加油 3800kg,耗油 1780kg。根据以上情况,为本次航班绘制载重平衡图。

3. 已知 2008 年 11 月 5 日,由 B-2563 号飞机(B767-300)执行 FM9311 航班(SHA—CAN)飞行任务。该飞机基重为 88725kg,指数为 55。最大起飞重量为 156489kg,最大落地重量为 136077kg,最大无油重量为 126098kg。航班上有旅客 155 个人,均为成人,(F 舱 3 人,Y 舱 152 人),分布情况:0A 区 3 人,0B 区 22 人,0C 区 130 人;行李 449kg/36 件,装在 4 舱;货物 543 件,重量为 14865kg。分布情况 1 舱 2728kg,2 舱 4533kg,3 舱 4458kg,4 舱 3146kg;无邮件。加油 19000kg,耗油 9100kg。标准机组 4/11,客舱布局 F15Y243,集装设备重量 1 舱 291kg,2 舱 382kg,3 舱 472kg,4 舱 354kg,根据以上情况,为本次航班绘制载重平衡图。

4. 2008 年 11 月 17 日,由 B-2226 号飞机(B747-400)执行 CA9451 航班任务。该飞机基重为 179500kg,指数为 54。最大起飞重量为 385553kg,最大落地重量为 285763kg,最大无油重量为 256279kg。航班上有旅客 240 个人,均为成人,分布情况:0A 区 10 人,0B 区 48 人,0C 区 100 人,0D 区 72 人,U/C 区 10 人;行李含集装设备 2300kg,装在 1 舱;货物含集装设备 42000kg,分布情况 1 舱 5000kg,2 舱 9000kg,3 舱 9000kg,4 舱 8000kg,P 舱 2000kg,R 舱 4450kg,S 舱 3500kg,T 舱 1050kg;邮件 500kg 装在散货舱,5R 舱 500kg。加油 95000kg,耗油 73000kg。标准机组 6/13,客舱布局 F18C36Y243,根据以上情况,为本次航班绘制载重平衡图。

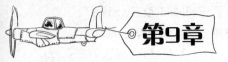

第9章

业务电报

　　民航业务信息交流的绝大部分是通过拍发电报的方式来实现，因此，业务电报拍发的质量直接影响到航班运营的安全、正常以及为顾客提供服务的质量等。所以，相应工作人员应该对业务电报的知识有足够的了解和掌握。

　　国际民用航空协会对民航业务电报的拍发格式及内容进行了统一规范，以便于航空公司编制、拍发及收译电报的工作。业务电报的种类很多，本章将介绍与民航配载平衡地面服务工作关系密切的一些电报。

9.1　电报的组成和规定

9.1.1　电报的组成

1. 报头

报头主要包括起动信号、电报开始信号、电路识别、电报流水号、补充资料、间隔信号等。在此不作详细介绍。

2．电报的等级代号

发电单位必须在收电单位地址前填写一个适当的等级代号,表示电报的紧急程度。电报分为5个等级,每个等级都有各自的代码(这在第8章中已做相应介绍)。

3．收电单位地址

收电单位地址由7个字母组成,例如:收电单位地址为上海东方航空公司虹桥机场国内值机部门,则表示为 SHATZMU。

(1) 收电单位地址的前3位为该收电单位所在城市或机场的三字代码。当某一城市和它的机场有不同的三字代码时,如发往其中一处,必须使用相应的代码,不能混淆使用。

城市和机场的三字代码可以从有关资料中查出。表9.1列出了部分常见的城市的三字代码,大部分机场的三字代码和城市的三字代码相同,表9.2列出了部分不使用城市代码的机场的三字代码。

表 9.1　常见城市的三字代码

城市	代码	城市	代码	城市	代码
北京	BJS	沈阳	SHE	呼和浩特	HET
广州	CAN	长春	CGQ	拉萨	LXA
上海	SHA	济南	TNA	乌鲁木齐	URC
重庆	CKG	石家庄	SJW	西安	SIA
天津	TSN	长沙	CSX	海口	HAK
深圳	SZX	成都	CTU	汕头	SWA
杭州	HGH	太原	TYN	银川	INC
昆明	KMG	兰州	LHW	三亚	SYX
青岛	TAO	南昌	KHN	合肥	HFE
厦门	XMN	福州	FOC	郑州	CGO
大连	DLC	武汉	WUH	哈尔滨	HRB
桂林	KWL	贵阳	KWE	秦皇岛	SHP
台北	TPE	芝加哥	CHI	法兰克福	FRA
香港	HKG	纽约	NYC	汉城	SEL
大阪	OSA	巴黎	PAR	莫斯科	MOW
名古屋	NGO	悉尼	SYD	曼谷	BKK
东京	TYO	伦敦	LON	罗马	ROM

表 9.2   不使用城市代码的机场的三字代码

机场	代码	机场	代码	机场	代码
北京首都	PEK	东京成田	NRT	纽约肯尼迪	JFK
西安咸阳	XIY	东京羽田	HND	伦敦希思罗	LHR
上海浦东	PVG	芝加哥奥黑尔	ORD	巴黎戴高乐	CDG

（2）收电单位地址的第 4、5 位为收电单位的部门代码。国际航空通信协会规定了各部门的二字代码，以方便使用。表 9.3 列出了常用的部门二字代码，当不知道收电单位的部门代码时，可以用 XY 代替。

表 9.3   常用的部门二字代码

部 门 名 称	代码	城　　市	代码
国际值机驻外办事处机场办公室	AP	机场国内配载	KN
公司驻外办事处	DD	离港自动控制中心	KM
机场国际货运部门	FI	国内乘机手续及机场中转售票	KP
机场国内货运部门	FD	机场国内行李查询	LN
市区国际货运部门	FS	机场国际行李查询	LL
市区国内货运部门	FT	国际航班订座控制	DRC
货运部门驻外办事处货运负责人	FF	团体订座	RG
配餐部门	HH	自动化订座中心	RM
机场国内旅客服务部门	KD	国内值机	TZ
机场国际旅客服务部门	KE	客舱服务部门/机上供应品处	US
机场国际配载	KL	要客服务部门	VP

（3）收电单位地址的第 6、7 位为收电单位所属航空公司的二字代码。表 9.4 列出了部分航空公司的二字代码，如果某航空公司尚未获得航空公司二字代码，可以用 YY 代替。

实际拍发电报时，需参照生产单位电报手册有关规定，决定该电报的收电单位。每份电报的收电地址不能超过 32 个，超过规定数目时应将其分为几份电报（内容相同但收电地址不同的电报）分别发出。

表 9.4   中国主要航空公司二字代码

航空公司名称	代码	航空公司名称	代码
中国国际航空公司	CA	贵州航空公司	G4
中国西南航空公司（国航集团）		四川航空公司	3U
中航浙江航空公司（国航集团）		鹰联航空公司	EU
中国东方航空公司	MU	奥凯航空公司	BK
西北航空公司（东航集团）		春秋航空公司	9S

续表

航空公司名称	代码	航空公司名称	代码
武汉航空公司（东航集团）		华夏航空公司	G5
云南航空公司（东航集团）		东星航空公司	8C
长城航空公司（东航集团）		吉祥航空公司	HO
中国南方航空公司	CZ	中国货运航空有限公司	CK
新疆航空公司（南航集团）		上海国际货运航空有限公司	F4
北方航空公司（南航集团）		翡翠国际货运航空	JI
中原航空公司（南航集团）		中国货运邮政航空有限公司	8Y
海南航空公司	HU	港龙航空	KA
长安航空公司（海航集团）		国泰航空	CX
山西航空公司（海航集团）		澳门航空	NX
新华航空公司（海航集团）		复兴航空	GE
上海航空公司	FM	长荣航空	BR
深圳航空公司	ZH	中华航空	CI
厦门航空公司	MF	远东航空	EF
山东航空公司	SC	华信航空	AE

4. 发电单位地址

（1）发电单位地址前应加一黑点，为发电地址开始信号，也表示收电地址结束。

（2）发电单位地址的组成与收电单位地址的组成方式相同，也是由 7 个字母组成。

（3）发电部门必须填写自己的发电地址以及日时组，日时组由 6 位数字组成，前 2 位为发电日期，中间 2 位为小时，后 2 位为分钟。例如：111220 表示 11 日 12 时 20 分拍发的。拍发国际电报使用的时间是格林尼治时间，拍发国内电报则使用北京时间。

5. 电文部分

（1）电文每行不超过 69 个字符。

（2）电报的总长度不能超过 2000 个字符，超过时，电文一定要分为几个部分，每个部分也不能超过规定字符数，而且必须有相同的收电地址和发电地址，每部分的次序应列在电文的结尾。例如：

第一部分结尾 PART Ⅰ CONTINUED

第二部分结尾 PART Ⅱ CONTINUED

      ⋮

最后部分结尾 PART END

（3）当需要重复一份已经发送的电报时，可在电文第一行加注"PDM"简字，以便于识别。

（4）当一份已经发出的电报内容有错误需要更正时，可用更正电报更正，一般用COR 字样表示。在电文的某行末回车换行之前发现错误，应在其后打 3 个圆点，然后另起一行，重发并改正全行。

（5）如在电报结尾之前，要复述电文里的重要内容，应在复述内容的前面冠以 COL。

6. 报尾

报尾包括以下内容：

（1）电报结束信号；

（2）电报与电报之间分隔信号；

（3）下份电报的开始信号。

9.1.2 电报中常用的简语

在与民航配载平衡地面服务工作关系密切的电报中，经常可以看到一些代码缩写，这些代码主要提示操作人员采取相应的操作策略。常见的代码缩写见表 9.5 和表 9.6：

表 9.5 常用的货运操作代码

简语	中文	简语	中文
AOG	航材	OBX	发出强烈异味物品
AVI	活体动物	OHG	装载在倒悬位置的物品
BAL	压舱物	PEA	毛皮制品
BED	安装在客舱的担架	PEF	鲜花
BEH	装在货舱的担架	PEM	肉类
BIG	超长大件物品	PEP	食品和蔬菜
CAO	只限货机的危险品	PER	除去有商品代号的所有易腐性物品
CAT	货机押运员	PES	食用海产品和鱼类
COM	公务邮件	RCL	超低温液体
CSU	非机上所用餐食设备和食品	RCM	腐蚀生物品
EAT	除去有商品代号的肉类/鱼类/海产品	RCX	1.3c 易爆物品
EIC	货舱设备	REX	一般禁运物品
ELD	额外装载设备	RFG	易燃气体
FIL	未冲洗胶卷	RFL	易燃液体
FKT	飞行备件箱	RFS	易燃固体
HEA	单件超过 150kg 的重货	RFW	遇湿自燃物品
HEG	种蛋	RGX	1.3k 易爆物品
HUM	尸体	RIS	传染性物品
ICE	干冰	RMD	杂项危险品
LHO	活器官/血浆	ROP	有机过氧化物
MAG	磁性物质	RNG	非易燃无毒气体

表9.6 常用的客运操作代码

简语	中 文	简语	中 文
A/C	飞机	MCO	杂费证
AGT	代理人	MEDA	病人、病号
B	行李	MOML	穆斯林餐食
BBML	婴儿食物	MOS	占座的与该航班有关的民航员工
BLKD	锁定座位	NOOP	无航班
BLND	盲人旅客	NOSH	误机
BSCT	婴儿卧篮	NSML	清淡食物
CAT	餐车	NSST	无烟座位
CBBG	手提行李	ORML	东方餐食品
CHD	儿童	OW	单程
CHTR	包机	PAX	旅客
COM	公务邮件	PAD	有可能被落下的旅客
COUR	商务信使	PSGR	旅客
CRB	机组行李	SEMN	海员
DEAF	聋哑旅客	SFML	海味餐食
DEPO	遣返者	SMST	吸烟座位
DHC	不参与飞行的占座机组人员	SOC	被行李、邮件或货物占用的座位
DIP	外交信袋	SPML	特殊餐食要求
DLPL	外交信使	STCR	担架病人
ELC	机舱设备	UM	无人陪伴儿童
EMIG	移民	VGML	素食
FARG	易碎行李	VIP	要客
GRPS	团体旅客	WCHC	客舱轮椅
INF	婴儿	WCHR	客机坪轮椅
KSML	犹太餐食	WCGS	客梯轮椅
MATS	军事航空运输服务		

9.2 常用业务电报拍发

9.2.1 载重电报

1. 载重电报的作用

拍发载重电报目的是让航班沿线各航站预先得知该航班的实际业载情况,以便:

(1)各航站了解到达本站的业载情况,作好接机准备。

(2)相关经停站了解本站的过站业载情况,以准确计算本站实际可用业载,并进行配载平衡的计算。

2. 拍发载重电报的规定

（1）载重电报应在飞机起飞后 5 分钟内发出。

（2）载重电报应根据载重表上最后结算的数字编制，必须和实际载重情况完全相符，因此电报编好后要认真核对，防止写错、算错或用错代号。

（3）飞机上如果载有特别重要、紧急的物品或有重要的事项通知前方某航站，可以在电文中用规定的代号或用文字作简要说明。

（4）载重电报的识别代号为 LDM。

3. 载重电报的内容和格式

载重电报的内容和格式如下：

（1）电报级别代码和收电单位地址；

（2）发电单位地址及日时组（发电单位地址前应加一黑点，隔开收电地址）；

（3）电报识别代号 LDM；

（4）航班号/当地日期.飞机注册号.飞机布局（各等级客舱座位数，格式为"F 舱座位数/C 舱座位数/Y 舱座位数"）.机组人数（格式为"驾驶舱人数/乘务员人数"，如果需要区分男女乘务员，则可表示为"驾驶舱人数/男乘务员人数/女乘务员人数"）；

（5）到达站（指有业载下机的机场，在三字代码前加一个连字符号）.旅客人数（可表示为"成人/儿童/婴儿"或"成人男/成人女/儿童/婴儿"。如果某到达站只有业载下机，而无旅客下机，应在相应地方填上零。如果某到达站没有业载下机就用"NIL"表示）.货舱装载的货物、邮件、行李总重量（用"T"表示）.各货舱舱位和分别装载的载量.旅客所占座位（表示为"PAX/F 舱人数/C 舱人数/Y 舱人数"）.PAD、SOC、DIP 等占用座位情况（表示为"PAX/F 舱人数/C 舱人数/Y 舱人数"）；

（6）补充信息。

应在载重报的底下标明，但须另起一行，以"SI"开头，并在其后空一格。无固定格式，一般以简语及英文表达。

例 1　2008 年 8 月 10 日，CA1505 航班（PEK—SHA—CAN），飞机号 B2508，额定机组 3/4，客舱布局 F8Y104。到达 SHA 站的业载情况为：旅客 05/02/00，其中头等舱旅客 1 个；行李 3 件共 27kg 装 4 号舱；无邮件；货物 2 件共 36kg 装 1 号舱。到达 CAN 站的业载情况为：71/00/00，其中头等舱旅客 5 人；行李 47 件共 600kg 装 4 号舱；邮件 4 件共 60kg 装 4 号舱；货物 22 件共 345kg 装 1 号舱（其中有 1 件 3kg 的急救药品到 CAN），根据以上情况飞机起飞后 12：30 工作人员向上海站和广州站拍发了载重电报。根据以上情况，写出相应电报内容。

解：

QU SHATZCA CANTZCA
.PEKTZCA 101230
LDM
CA1505/10.B2508.8/104.3/4
-SHA.5/2/0.T63.1/36.4/27.PAX/1/6
-CAN.71/0/0.T1005.1/345.4/600.PAX/5/66
SI CAN MED 1/3 H1

9.2.2 集装箱板分布报

1．集装箱板分布报的作用

集装箱板分布报，又称箱板报，拍发集装箱板分布报目的是为航班各站提供集装箱板分布信息和箱板利用情况。包括集装箱板在飞机货舱的位置、外形代号、编号、箱板及所承载的重量、到达站等信息。以便前方站做好充分的卸机和装机的准备工作。

2．拍发集装箱板分布报的规定

（1）集装箱板分布报应在飞机起飞后 5 分钟内发出。
（2）即使没有被集装设备占用的舱位也必须说明。
（3）集装设备的装载位置必须与箱板报相符。
（4）集装箱板分布报的识别代号为 CPM。

3．集装箱板分布报的内容和格式

集装箱板分布报的内容和格式如下：
（1）电报级别代码和收电单位地址；
（2）发电单位地址及日时组（发电单位地址前应加一黑点，隔开收电地址）；
（3）电报识别代号 CPM；
（4）航班号/当地日期.飞机注册号.飞机布局.机组人数；
（5）集装设备在飞机上的位置（在前加一个连字符号）/集装设备的到达站三字代码/集装设备编号/集装设备装载重量/业载种类代号。
注意：
① 对于到达站，空集装设备位置和直达航班，可以省略到达站三字代码。
② 超过一个以上到达站时，每个到达站的业载重量都要显示出来。如果集装设备的皮重没有包括在重量之内，那么皮重要包括在集装设备的最后一个到达站的业载重量内。
③ 可利用的舱位情况，代号为"AV"，前应加一黑点，后跟 1 个数字（"0"代表满载，

"1"代表舱位剩余多余 1/4,"2"代表舱位剩余多余 1/2,"3"舱位剩余代表多余 3/4),满载时可省略。可利用的舱位情况通常使用在多航段航班中,以告知前方航站尚可利用的载量空间。

（6）补充信息。

须另起一行,以"SI"开头,特殊货物、行李、邮件装载的备注说明,可省去装载位置和重量,每一备注说明前应加一黑点。

例 2 2008 年 8 月 12 日,CA1603 航班（PEK—HKG）,飞机号 B2232,机型 767-300,额定机组 4/12,客舱布局 F16Y226,运达 HKG 的货物共 4720kg,分装在 2 舱 1 号集装板位 1330kg,2 号集装板位 2300kg,4 舱的右 2 号集装箱位 1090kg,集装箱板号分别为 P1P01106CA、P6P02201CA、DPE60002CA。运达的邮件 890kg,装在 1 舱的左 2 号集装箱位,集装箱号 DPE70002CA。运达的行李装在散货舱 5 舱,共 800kg。根据以上情况飞机起飞后 16：10 工作人员向 HKG 站拍发了集装箱板分布电报。根据以上情况,写出相应电报内容。

解:

```
QU HKGTZCA HKGFDCA
.PEKTZCA 121610
CPM
CA1603/12.B2232.16/226.4/12
-11L/N              -11R/N
-12L/HKG/DPE70002CA/890/M -12R/N
-13L/N              -13R/N
-14L/N              -14R/N
-21P/HKG/P1P01106CA/1330/C
-22P/HKG/P6P02201CA/2300/C
-31L/N              -31R/N
-32L/N              -32R/N
-33L/N              -33R/N
-34L/N              -34R/N
-41L/N              -41R/N
-42L/N              -42R/HKG/AKE60002CA/1090/C
-43L/N              -43R/N
-5/HKG/800/B
SI
```

例 3 2008 年 7 月 5 日,CA958 航班（PEK—XMN—SIN）,飞机号 B2032,机型 767-300,额定机组 4/12,客舱布局 F16Y226,运达 XMN 的货物共 3560kg,分装在 2 舱的 1 号集装板位 1310kg,2 号集装板位 2250kg,集装板号分别为 P1P01106CA、P6P02201CA。运达的邮件 730kg,装在 1 舱的左 2 号集装箱位,集装箱号 DPE70002CA。运达的行李 700kg,装在 1 舱的左 1 号集装箱位,集装箱号 DPE70004CA。运达 SIN 的货物共 2550kg,分装 250kg 在 1 舱的右 1 号集装箱位,集装箱号 DPE70005CA,该箱尚有大于 1/4 的空间剩余,分装 2300kg 在 1 舱的 2 号集装板位,集装板号为 P6P00001CA,运达的行李 800kg 在散货舱 5 舱,运达的邮件 900kg,装在 3 舱的右 3 号集装箱位,集装箱号为 DPE70006CA。该飞机上还载有 1 个运达 SIN 的空集装箱,箱号 DPE70105CA,在 3 舱的右 1 号箱位。根据以上情况飞机起飞后 13:10 工作人员向 XMN 站和 SIN 站拍发了集装箱板分布电报。根据以上情况,写出相应电报内容。

解:

```
QU XMNTZCA XMNFDCA SINTZCA SINFDCA
.PEKTZCA 051310
CPM
CA958/05.B2232.16/226.4/12
-11L/XMN/DPE70004CA/700/B        -11R/SIN/DPE70005CA/250/C.AV1
-12L/XMN/DPE70002CA/730/M        -12R/N
-12P/SIN/P6P00001CA/2300/C
-21P/XMN/P1P01106CA/1310/C
-22P/XMN/P6P02201CA/2250/C
-31L/N               -31R/SIN/DPE70105CA/X
-32L/N               -32R/N
-33L/N               -33R/SIN/DPE70006CA/900/M
-41L/N               -41R/N
-42L/N               -42R/N
-43L/N               -43R/N
-5/SIN/800/B
SI
```

9.2.3　重要旅客报

1. 重要旅客报的作用

拍发重要旅客报目的是告知前方各站有关部门,做好接待工作,保证重要旅客的服务工作,确保其旅行顺利。

2. 重要旅客的范围

(1) 省、部级副职以上(含副职)的负责人;

(2) 党和国家领导人、政府首脑、联合国秘书长;

(3) 军队在职正军职少将以上的负责人;

(4) 公使、大使级别外交使节;

(5) 国家三会代表;

(6) 由各部委以上单位或驻外使馆、领馆提出要求按重要旅客接待的客人。

3. 重要旅客报的规定

(1) 重要旅客报应在飞机起飞后 5 分钟内发出。

(2) 重要旅客报的识别代号为 VVIP。

4. 重要旅客报的内容和格式

重要旅客报的内容和格式如下：

(1) 电报级别代码和收电单位地址；

(2) 发电单位地址及日时组（发电单位地址前应加一黑点，隔开收电地址）；

(3) 电报识别代号 VVIP；

(4) 航班号/当地日期. 飞机注册号；

(5) 重要旅客姓名、身份、随行总人数、座位号、到达站（这部分内容为自由格式，以阐明上述内容为准）；

(6) 重要旅客一行的行李件数及其装载位置（如果装在集装箱板内，应给出相应的号码）；

(7) 补充信息。

例 4 2008 年 5 月 2 日，CA1806 航班(PEK—SHA)，机号 B2236，该飞机上一要客，姓名王东，男性，部队司令员，随行人员 5 人。坐在 2ABC 和 3AB 位置上，其行李 6 件 140kg，装在 5 舱，除系行李条外，还系红色要客牌。根据以上情况，机场国内旅客服务部门于 11：20 向 SHA 站相关部门拍发了重要旅客报。根据以上情况，写出相应电报内容。

解：

QU SHAKDCA SHAVPCA SHATZCA
.PEKKDCA 021120
VVIP
CA1806/02.B2236
WANG DONG/MR FORCE COMMANDER HIS COMPANIES TTL 5 PERSONS
SEATS NUMBER 2ABC 3AB
DEST SHA
SI ALL VIP'S BAG LABBLED WITH RED BAND

9.2.4 旅客服务电报

1. 旅客服务电报的作用

(1) 向航班前方各站通告需要提供特殊服务的旅客信息，以便有关航站做好准备，及时为旅客提供服务。

(2) 通常需要为下列旅客提供特殊服务：病残旅客、无人陪伴儿童、重要旅客等。

2．旅客服务电报的规定

（1）旅客服务电报应在截止办理乘机手续后立即发出。

（2）旅客服务电报的识别代码为 PSM。

3．旅客服务电报的内容和格式

旅客服务电报的内容和格式如下：

（1）电报级别代码和收电单位地址；

（2）发电单位地址及日时组（发电单位地址前应加一黑点，隔开收电地址）；

（3）电报识别代号 PSM；

（4）航班号/当地日期.飞机注册号；

（5）到达站三字代码（在前加一个连字符号），旅客姓名及类别（每名旅客要独立成行）。

① 无人陪伴儿童（姓名、类别代号、年龄）；

② 轮椅旅客（姓名、轮椅型号）；

③ 担架旅客（姓名、病人简语、担架）；

④ 盲人旅客（姓名、盲人）。

例5 2008 年 5 月 27 日，CA943 航班（PEK－NRT－ORD），机号 B2036，飞机上乘载 4 个特殊旅客。Smith Boger，无人陪伴儿童，10 岁，目的地 NRT；Brown，轮椅旅客，轮椅类型客舱轮椅，目的地 ORD；Jones，担架病人，目的地 ORD；Robert，盲人，目的地 ORD。根据以上情况，机场国际旅客服务部门于 14：20 向 NRT 站和 ORD 站相关部门拍发了旅客服务报。根据以上情况，写出相应电报内容。

解：

```
QU NRTKECA NRTTZCA ORDKECA ORDTZCA
.PEKKECA 271420
PSM
CA943/27.B2036
-NRT SMITH ROGER UM10
-ORD BROWN WCHC
     JONES MEDA STCR
     ROBERT BLND
```

本 章 小 结

电报是民航各部门日常工作信息传递的纽带和桥梁，民航人员应对业务电报的知识有足够的了解和掌握。电报有统一的格式，由国际民用航空协会对其进行统一规范。与民航配载与平衡相关的业务电报有载重电报,集装箱板分布报、重要旅客报、旅客服务电报等。

复习与思考

1. 电报组成包含几个部分?
2. 载重电报的作用是什么?
3. 集装箱板分布报的作用是什么?
4. 如何界定重要旅客?
5. 旅客服务电报的作用是什么?

阅读

民航通信系统的发展历程

《永不消逝的电波》给我们留下了深刻的印象,在那个年代,莫尔斯电报作为一种远程无线电通信手段,广泛应用于公网、民航和军事通信领域,它在人类通信史上的影响长达数十年。莫尔斯电报曾经作为民航电报传输的主要手段,它具有成本低、可靠性较高等优点,但由于采用无线电进行通信,不可避免地受到来自外界信号的干扰和自然条件等因素的影响使得通信质量不是很好,同时,整个系统采用人工作业,效率相对低下。

随着我国民航事业的不断发展,电报业务量急剧增加,完全依赖人工作业的莫尔斯电报系统已经不适应民航通信业的快速发展了。

20世纪90年代开始,我国民航各管理局建立了 X.25 分组交换网,并陆续从国外引进了先进的自动转报设备。这些转报设备能自动承转 AFTN 和 SITA 格式的电报。"八五"期间以民航总局的节点机作为网控中心(主节点),华东、中南、乌鲁木齐、西南、西北、华北、东北这七个管理局的节点机作为分节点,分别建立了 96 路中高速自动转报系统,在各省(市、区)局所在地及重要航站建立了 32 路自动转报系统,通过租用邮电线路,形成了全国民航自动转报并与国际民航联网的转报网络。"九五"期间,转报机和网络结构进行了升级改造,主干网采用技术上相对较先进的帧中继网络,采用 DDN 和民航专用的 C 波段卫星链作为相互备份路由。同时,将帧中继网络的业务范围进行了拓展,除传输电报外,还为局域网、空管网、GNSS 卫星完好性监测等系统搭建了良好的接入平台。经过多次提速,目前干线速率已达到 2Mbit/s,基本满足了民航现有电报信息量的需求。

随着民航通信事业的发展,除电报系统外,我国民航还构建了航行情报系统、导航系统、雷达系统、气象数据库、订座订票系统和财务结算系统等。这些通信子网比较分散,飞机和地面工作人员要想迅速准确地得到一个全面的通信数据还难以做到,极大地限制了民航事业的发展。为了构建一个更为统一、高效、功能强大的信息平台,1983 年国际民航理事会开始研制面向 21 世纪的新航行系统(FANS),即新的民航通信(C)、导航(N)、监测(S)以及空中交通管理系统(ATM)CNS/ATM 系统。这个新系统的基础是要建设一个全球范围的航空电信网(ATN)。该网融地面数据通信和地空数据通信为一体,能够实现飞机通过卫星、甚高频和 S 模式二次雷达间的地空数据链路与地面空中交通管制中心和航空公司航务管理中心计算机通信,实现地面各空中交通管理计算机之间以及它们与航空公司、民航当局、航空通信公司计算机系统之间进行高速的数据交换。

不难看出,新的航空电信网(ATN)已经从原来的民航地面电报、简单的数据网上升为一种立体的航空数据交换网络。而且,从其应用的角度分析,地空间、地面间的信息交换绝大部分将过渡到数据业务,利用计算机可以直接进行交换与对话。ATN 由各个不同的航空通信子网互连而成,所有子网的用户都可以相互通信。不同于普通公用网络的是航空网络处理各种业务时分优先等级,这是由民航通信的特点所决定的。

资料来源:通信世界网.民航通信系统的发展历程,2000.1.4,http://www.ccsa.org.cn

思考题

1. 传统电报系统和现代电报系统的区别是什么?
2. 航空电信网(ATN)对于民航业发展的意义是什么?

练习题

2008 年 10 月 15 日,FM9754 航班(SHA—WUS—KMG),飞机号 B2354,机组 3/4,布局 F8Y156。到达 WUS 站的业载情况为:旅客 8/01/00,其中头等舱旅客 1 个;行李 5 件共 50kg 装 4 号舱;邮件 1 件 10kg 装 2 号舱;货物 15 件共 250kg 装 3 号舱。到达 KMG 站的业载情况为:100/03/00,其中头等舱旅客 5 人;行李 50 件共 600kg 装 3 号舱;邮件 4 件共 50kg 装 1 号舱;货物 30 件共 500kg 装 3 号舱,根据以上情况飞机起飞后 11:30 分工作人员向武汉站和昆明站拍发了载重电报。根据以上情况,请写出相应电报内容。

第10章

配载与平衡离港操作

本章关键词

离港系统(departure control system)　　　　配载平衡(load-planning)

值机(check-in)　　　　　　　　　　　　　航班数据控制(flight data control)

静态文件(static files)

互联网资料

http://www.carnoc.com　　　　　　　　http://www.caacnews.com.cn

http://www.cacs.net.cn　　　　　　　　http://www.ccsa.org.cn

　　民航运输市场竞争激烈,航空公司需要科学化、规范化和现代化的管理,现代机场也需要提高服务水平,为旅客提供更广泛优质的服务。计算机离港系统是对现代化民航运输业的技术支持,是航空企业在生产竞争中争取主动地位的有力武器。

10.1　计算机离港系统介绍

10.1.1　离港系统产生背景及发展

　　计算机离港系统(Departure Control System,DCS)是一种在航空运输业中先进的计算机自动化生成管理系统,在世界各地被广泛使用。国际上流行的几种离港系统包括:SITA 公司的 CUTE 系统、UNISYS 公司的 APPS 系统、VIDECOMG 公司的 SEATS 系统等。

　　中国民航计算机离港系统建设于 1988 年,是引进美国 UNISYS 公司的航空公司旅客服务大型联机事务处理系统,经过几次改造而形成的。1999 年离港系统主机升级为 UNISYS2200/644,2000 年离港系统主机升级为 UNISYS2200/700,已建成覆盖全国各大机场连通全世界的通信网络。该系统与中国民航订座系统紧密联系,便于各航空公司和机场有效地管理旅客离港、行李和飞行信息。离港系统于 1988 年 9 月在南方航空公司(白云机场)的国际航班首次投产使用,到 2008 年为止,国内所有航空公司和 130 家机场都已使用离港系统。

离港系统在很大程度上为旅客、尤其是联程航班旅客提供了更方便的服务。另外,在确保飞行安全正点、节省油料、提高航班座位利用率、方便旅客查找行李等方面也提供了有力的支持与帮助。根据《中国民航信息系统建设"九五"计划和 2010 年远景规划》的要求,到 2010 年,离港系统将覆盖全国所有机场。

10.1.2　离港系统作用

离港系统整体作用可以从三个角度来理解。

1. 离港系统为航空公司提供的管理功能

(1) 多舱位功能;

(2) 代码共享;

(3) 客票的验证和假票的识别;

(4) 联程和异地值机;

(5) 对电子客票和 Intternet 值机功能的支持;

(6) 常旅客系统的数据来源;

(7) 为收益管理等运营决策分析系统提供必备的数据源;

(8) 通过与货运系统的连接可以有效利用载量。

2. 离港系统为机场提供的便利

(1) 有利于候机楼值机柜台、登机口等资源的合理分配利用;

(2) 有助于建立经营管理信息数据共享机制;

(3) 是实现行李自动分拣的前提;

(4) 实现联程与异地值机;

(5) 与机场其他管理系统相连,提高机场管理和服务水平。

3. 离港系统为旅客提供的服务

(1) 订票时即订座;

(2) 提供更多的常旅客优惠;

(3) 通过代码共享使旅客便捷地转机;

（4）联程值机，行李中转，免除了旅客转机过程中再值机的烦恼；

（5）酒店值机。

10.1.3　离港系统功能模块

计算机离港系统分为旅客值机（Check-In，CKI）、配载平衡（Load-Planning，LDP）、航班数据控制（Flight Data Control，FDC）三大部分，CKI 与 LDP 可以单独使用，也可以同时使用，它们在使用过程中由 FDC 进行控制，三大模块之间是通过卫星、光纤等网络技术连接起来。

1.　旅客值机模块

旅客值机是旅客购买机票后上飞机前必经的程序，包括核对旅客姓名、确认机上座位、发放登机牌、交运行李等一系列操作。旅客值机 CKI 模块系统可以为旅客在始发地一次性办妥全程乘机手续（包括办理外航的联程航班），自动打印登机牌，行李牌，通过登机口阅读器，及时提取未登机旅客姓名及其行李牌号码以便及时找出未登机旅客的行李，确保飞行安全和航班正点。该模块功能包括：旅客信息处理、航班控制、飞机布局及座位控制、静态数据定义、航班关闭及报文发送。

旅客值机模块系统需要来自航班操作数据和订座系统的信息，一般情况下，旅客值机的航班由 FDC 模块系统自动生成，旅客值机模块系统从 FDC 模块系统中获得航班的静态数据，从旅客订座系统 RES 中获得旅客的名单数据 PNR，从而建立起整个航班的数据记录。即使当有意外情况发生，旅客值机系统与 FDC 和 RES 中断联络，旅客值机系统也提供了相应的后备指令，可以手工建立航班数据记录。

2.　配载平衡模块

配载平衡是飞机起飞前的必要程序，工作人员综合考虑影响飞机平衡的各种因素，确定飞机业载分布，取得飞机起飞前必须的重量、重心等数值，确定飞机重量、重心是否在规定范围内。因此，配载平衡工作是确保飞机处于制造商要求的重量与平衡条件内的过程。该模块功能包括：建立配载航班信息、根据飞机平衡要求确定业务载分布、制作航班的舱单、发送相关的业务报文。在本章第 2 节将详细介绍具体功能和操作流程。

3.　航班数据控制模块

航班数据控制模块 FDC 在离港系统整个运作过程中起着总控的作用，与离港系统各个子系统之间都有接口，为旅客值机、飞机载重平衡模块提供后台数据支持。该模块功能包括航班信息显示/修改、定期航班时刻表的建立/修改、航班记录显示/修改、飞机布局表的显示/修改/建立。

航班数据可按周期一次性装载,如将夏、秋季或冬、春季航班时刻表一次性载入数据库,也可以装载短期的临时加班航班的数据。而且,工作人员可以对航班数据进行修改和删除。每天晚上,FDC 系统会自动生成第二天的动态航班记录。该系统一般由机场的离港控制人员进行操作管理。

(1) FDC 与旅客值机模块的关系

当离港控制员在 FDC 中建立起周期航班的数据,航班数据被系统确认生效后,FDC 将把包含航班起始/到达站、起飞/到达时间、机型、座位布局等航班的相关数据在内的信息发送给旅客值机系统,旅客值机系统接收到航班信息后方可向订座系统索取旅客名单,并完成航班的座位控制和旅客值机手续的办理。同时,FDC 还提供实时修改功能,离港控制员可以根据实际的飞机安排,随时对航班数据进行修改,如航班的起飞到达时间、航班的登机口位置、航班机型变化、座位布局调整等。航班相关数据修改后,FDC 同样会将信息及时发送给旅客值机系统,实现前台、后台信息一致。

(2) FDC 与飞机载重平衡系统的关系

为了保证离港系统的两个前台子系统,即旅客值机系统与飞机载重平衡系统内的航班数据的一致性,FDC 在给旅客值机系统发送航班信息的同时,也向飞机载重平衡系统发送航班的信息,以支持配载员根据准确的航班信息进行航班的配载平衡操作。

10.2　配载与平衡离港指令

配载平衡模块系统是离港系统的一个子系统,它可以完全独立的应用,也可以与在标准的 USAS 环境中其他的子系统模块联合使用。该系统模块协助工作人员进行业载分布工作,并能够始终监控在特定条件下,飞机增加业载时的状态,确保飞机处于制造商要求的重量与平衡条件。任何非法的或超过允许范围的状况都会被检查出来并显示给工作人员。同时,当航班关闭后,这套系统能打印国际航空运输协会(IATA)标准格式的装载表(LOADSHEET),包括提供给机长的重量和平衡数据。还具有自动向目的站、经停站拍发 LDM 和 CPM 报的功能,从而省去了人工发报,加快电报的传递速度,使航班各站联为一体。

传统的手工配载平衡方式工作程序复杂,环节较多,人为因素影响大,容易产生错误。计算机配载平衡将工作人员从烦琐的手工方式中解脱出来,大大提高了配载工作效率,提高了配载准确性,已被世界航空界广泛采用。

10.2.1　配载平衡模块功能指令

配载平衡模块功能指令见表 10.1。

210

表 10.1 功能指令

类别	指令代号	指令说明
1	LCFD/U	通过航班数据控制系统 FDC 自动建立航班，或用 LCFD/LCFU 指令建立或提取航班数据。（输入航节、航班号、飞机号、起飞降落时间等）
2	LWXD/U	用该指令输入航站气象数据，如温度/风向/风速等，有时省略。
3	LODD/U	显示或修正航班的操作数据。（如航班基本重量和指数、空机操作重量和指数、允许起飞重量、允许落地重量、加油方式、起飞和落地襟翼等）
4	LFFD/U	显示或修正油量信息
5	LPAD/U	显示业载使用情况（包括客运值机的旅客行李数据，货物、邮件的数据等）
6	LFSD/U	查看航班状态
7	LPDD/U	检查航班的平衡状态
8	LMSD/U	航班补充信息显示
9	LFSD	关闭或释放航班
10	LLSP	打印平衡表
11	LLDM/LCPM/LUCM	载重报/箱板分布报/集装箱控制报发送
12	LFSD	释放航班
13	LFLD	显示配载平衡有效航班（辅助指令）
14	LLAF	显示航空公司飞机注册号及布局（辅助指令）
15	LAID	显示配载报文地址定义（辅助指令）
16	LADD	显示飞机基本数据（辅助指令）
17	CP	清屏指令（辅助指令）

说明：

（1）每组指令中以字母"D"结尾的为输入指令，系统接受后，将自动将该输入指令显示为以字母"U"结尾的指令。

（2）须按逻辑输出键（F12）或小键盘的 Enter 键，才能得到指令的输出，指令的输入必须跟随在">"光标后。

（3）若系统接受指令时，显示"ACCEPTED"，否则系统将自动给出错误提示。

（4）在本章每个指令的叙述中，若某个域有下划线"____"，则表示此域内容对该指令是必须的，不可省略；否则可以省略。

（5）一些英文单词的说明：

airline：表示航空公司，若有省略，则表示计算机终端定义的主航空公司；

station：机场代码，若有省略，则表示计算机终端所在的机场代码；

date：日期"＋"表示明天，"．"表示今天，"－"表示昨天；

flight：航班号；

legs：航班航节，若有省略，则由系统参数确定。如航班 PEK—CAN 可输入 PEK 或 PEKCAN，如航班 PEK—PVG—CAN，若输 PEK 则只显示 PEK—PVG 内容。

10.2.2　功能指令操作顺序

配载平衡模块功能指令操作顺序如图 10.1 所示：

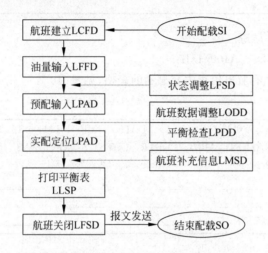

图 10.1　配载平衡模块功能指令操作顺序

10.2.3　功能指令介绍

1. 建立航班指令

（1）指令功能

显示一个已经存在的航班信息；

显示一张待填入的空表格来建立一个新的航班；

指令将自动转化为修改命令 LCFU。

（2）输入格式

＞LCFD：FLIGHT/DATE/LEGS

例 1　LDP 系统中航班还未建立

输入指令：＞LCFD：CA109/15JAN

计算要终端显示输出一张空表格，见表 10.2；工作人员可在该空表格上填写内容，填写完毕后，按逻辑输出键（F12）或小键盘的 Enter 键，建立航班。

表 10.2

LCFU：	CA109/15JAN			DATE/TIME：15JAN00/12：34：38		
STN	A/C	CONFIGURATION	ARVL	DPTR	GATE	CONT-WAB Y
___	___	_____	___	___		_____ ___
___	___	_____	___	___		_____ ___
___						

例 2 LDP 系统中航班已经建立

输入指令：＞LCFD：CA109/15JAN

计算机终端将输出有航班信息内容显示的表格，见表 10.3：

表 10.3

LCFU：	CA109/15JAN00			DATE/TIME：15JAN00/12：34：38		
STN	A/C	CONFIGURATION	ARVL	DPTR	GATE	CONT-WAB Y
PEK	B2458	F18C40Y249		1300	2	
HKG		_____	___	___		_____ ___
___		_____	___	___		_____ ___
___		_____	___	___		_____ ___

① 说明：

STN：航站信息，三字代码。

A/C：航班使用飞机注册号，第一航节必须输入，以后如不输入则相同。

CONFIGURATION：航班使用飞机的布局，第一航节必须输入，以后如不输入则相同。

ARVL：到达时间（为到达航站当地时间），可加日期变更标识。（＋）（－）分别代表后几天和前几天，如（＋1）为明天，（－1）为昨天。若是起点站，则不输入。

DPTR：始发时间（为始发航站当地时间），可加日期变更标识。若是到达站，则不输入。

GATE：航班的出港登机门，可不输入。

一般来说，配载人员在始发航班，或者是前方站没有离港系统的情况下才建立航班，通常情况下是由旅客值机模块 CKI 系统添加飞机注册号，将航班数据传过来，自动建立配载航班，此时配载人员要注意检查该航班是否正确。

② 建立航班修改（LCFU）

指令功能：判定输入飞机注册号和布局是否在系统中存在；判定输入航站名称在系统中是否存在；修改已存在的航班信息；输入新的航班数据到数据库中。

LCFU 指令是使用 LCFD 指令的输出来输入或修改航班数据的，所以必须先做 LCFD 指令。

2. 航站天气显示指令（LWXD）

（1）指令功能

对一特定航站，显示已存在的天气信息，包括最近一次修改的时间；

提供一表格用于特定航站的天气信息的建立。

（2）输入格式

＞LWXD：AIRLINE/STATION

例3 LDP 系统中已存在天气数据信息的航站

输入指令：＞LWXD：CX/HKG

计算机终端将输出国泰航空香港机场的天气信息，见表10.4：

表 10.4

LWXD：STN：CX/HKG TEMP：-30 C WIND-DIR/V：01 03 DATE/TIME：03JUN02/15：43：59

例4 LDP 系统中没有天气数据信息输入的航站

输入指令：＞LWXD：MF/XMN

计算机终端输出厦门航空厦门机场的天气信息空表格，见表10.5：

表 10.5

LWXD：STN：MF/XMN TEMP：____ WIND-DIR/V：____ DATE/TIME：____/____

① 内容解释

STN：航空公司代码/航站代码。

TEMP：温度，包括温度数以及"C"（摄氏），"F"（华氏）代码。"一"表示零下温度。

WIND-DIR/V：前两位表示风向，从 01～36；后两位表示以航节计的风速，数值从 00～99。

DATE/TIME：上次修改的时间。

② 配载人员一般不用此指令。

3. 航班操作数据显示和修改指令（LODD）

（1）指令功能

显示和修改航班操作空重和空重指数，对航班的各种参数进行调整，包括增减机组，增减各种补给品，调整加座旅客，修改航班最大起飞重量，修改航班最大落地重量等。

（2）输入格式

＞LODD：FLIGHT/DATE/STATION

例5 输入指令：＞LODD：CA958/＋/PEK

计算机终端输出 CA958 航班的操作数据信息，见表 10.6：

表 10.6

1	LODU：CA985/12DEC/PEKCAN		A/C	B2460	747-4J6	12DEC00/10：09：54	
2	WEIGHT KG	TEMP 0			ETD 2000	GATE	CREW 3 13 0
3	J/S PAX/AA _____		PAX/BB _____		_____		
4	CONF F18C40Y249PP7VVB		CPM _____		OTH F18C40Y249PP7VVB __		
5	EQUP A		N	EQUP B	N EQUP C		N
6	EQUP D		N	EQUP E	Y EQUP F		Y
7	EQUP G		N	EQUP H	N EQUP I		N
8	OEW-ADJ	INDEX		DESCRIPTION：CREW COMPLEMENT			
9	300	0.20		CATERING REQUIREMENT			
10				DECK VERSION NONE			
11	300	0.30		ADJUSTMENT A _____			
12	200	0.10		ADJUSTMENT B _____			
13	BASIC：WGT 181773 IDX 57.47		DRY OPERATION：WGT 182933 INX 58.07				
14	ADJ： ATOGW ____ CLIMB ____ CERT _____ LNDING NXT STP _____						
15	REASON：_____						
16	FWR/FLAP _____			DEC VERSION __/__			
17	RUNWAY 31L-_____ _____			PFD-LND-RNY 21L-__			
18	ATOGW 385553 _____ _____ _____			A-LND-WT 285762			
19	CLIMB _____ _____ _____ _____			MODE STD			
20	OTH LIMIT _____ _____ _____			LND-FLAP-__			

内容解释：

第 1 行：

LODU：功能指令。

CA985/12DEC/PEKCAN：航班号/日期/航节。

A/C B2460 747-4J6：飞机号/机型。

12DEC00/10：09：54：上次修改的时间。

第 2 行：

WEIGHT：重量单位(千克 KG 或磅 LB)。

TEMP：气温。

ETD：预计起飞时间(可带日期变更符)。

GATE：登机门。

CREW：驾驶舱机组人数，客舱机组人数，占旅客座位的附加机组人数。

第 3 行：J/S Smith：加座旅客姓名。

第 4 行：

CONF：飞机座位布局。

CPM：在 CPM/LPM 中使用的集装箱板布局代码。

OTH：包括子舱的完整的布局代码。

第 5～7 行：EQUP：设备调整描述（共 9 组）。"Y"表示在航班中应用此调整；"N"表示在航班中不应用此调整。

第 8 行：OEW-ADJ：操作空机重量与指数的修正。修正时，要相应地填入被修正的项目。增减标准机组人数时，系统自动修正重量与指数。

第 9 行：对餐食重量的调整值（可由 LCWD 决定，也可直接修改），可以为负数；指数调整值或力臂值。

第 10 行：不使用。

第 11～12 行：其他重量调整值；指数调整值或力臂值；其他重量调整原因描述。

第 13 行：

BASIC：WGT：基本重量。

IDX 或 ARM：飞机基本重量指数或力臂值。

DRY OPERATION：WGT：修正后的基本重量。

INX 或 ARM：修正后的基本重量指数或力臂值。

第 14 行：根据风力、天气等对起飞重量的调整值。

第 15 行：ADJ 调整原因。

第 16 行：（暂不用）

FWR/FLAP：动力比率/襟翼角度。

DEC VERSION：货舱装载分布。若执行了自动分舱，则由系统自动提供。

第 17 行：（暂不用）

RUNWAY 31L-：起飞跑道。

PFD-LND-RNY 21L-：下站降落跑道。

第 18 行：

ATOGW：直接调整航班最大起飞重量值。

A-LND-WT：直接调整航班最大落地重量值。

第 19 行：

CLIMB：直接调整航班最大爬升重量值。

MODESTD：ALT 或 STD,航班加油方式。

第 20 行：不使用。

4. 业载数据显示和输入指令（LPAD）

（1）指令功能

显示已输入的各站业载利用情况；如未输入任何数据，则显示一个待输入的空表格，用以输入货物、旅客重量。

（2）输入格式

＞LPAD：FLIGHT/DATE/CODE/STATION

注：业载种类 CODE 说明：

CGO/CGO1：货物（货物、邮件、行李）。

PAX：办理登机手续的旅客和过站旅客的情况。

PAX1：过站旅客性别和等级。

PAX2：已办理登机手续的本站上机旅客的性别、等级和已交运的行李重量。

PAX3：本站订座旅客等级和性别及转港行李重量。

例 6 业载利用情况显示（不能使用集装箱板的航班）

输入指令：＞LPAD：CA1511/. /CGO1/PEK

计算机终端输出 CA1511 航班载运的货物（货物、邮件、行李）信息，见表 10.7：

表 10.7

1	LPAU：CA1511/19NOV99/CGO1 PEK KHN A/C B2947 Y148 ETD 1530
2	WEIGHT KG 737-3J6 DATE/TIME：20NOV99/13：10：02
3	LFSD：_LPDD：_ CUMULATIVE CHECKS：Y RESTHOLD POSITION ___ WGT ___
4	PAYLOAD REMAINING：5865 STATUS FINAL
5	DEST ACTWGT ESTWGT TYPE SERIAL IND CONT POS /PRI RESTRICED CARGO DST
6	KHN 300 300 BY 1H A0 1
7	KHN 259 259 BY 4H A0 1
8	KHN 96 96 C 4H A0 1
9	KHN 305 305 M 4H A0 1
10	KHN 300 300 BY 4H A0 1

内容解释：该航班飞机不能使用集装箱板，所以业载利用情况中没有集装箱板的信息。

第 1 行：

LPAU：功能指令。

CGO1：货、邮、行显示第一页（最多七页）。

PEK KHN：航节始发航站和到达航站。

A/C B2947：飞机注册号。

Y148：飞机布局。

ETD 1530：航班预计起飞时间，可待日期变更。

第 2 行：

WEIGHT：重量单位（KG-千克；LB-磅）。

737-3J6：飞机机型。

DATE/TIME：上次修正的时间/日期。

第 3 行：

LFSD：如需显示航班状态，输入"Y"。

LPDD：如需显示业载分布，输入"Y"。

CUMULATIVE CHECKS：如需检查各舱累积载量，输入"Y"。（根据 LCLD 显示中数据决定）

（注：以上三种功能，每次只能要求一种显示）

RESTHOLD POSITION WGT：暂不使用。

第 4 行：

PAYLOAD REMAINING：剩余业载。

STATUS FINAL：第 5～21 行标识。

第 5 行：

DEST：货物到达站代码。

ACTWGT：业载实际重量。

ESTWGT：业载预计重量，预计重量≥实际重量。

TYPE：业载种类，具体如下：

C：货物；M：邮件；S：装箱；BF：头等舱行李；BY：普通舱行李；T：与上列代号同时出现，表示过站业载（BT：过站行李；CT：过站货物）；X：空箱；SERIAL IND：集装设备（ULD）的编号；IND：不使用；

CONT：集装箱板型号或散装货号，如：P6P、LD3（由 LADD：CA/飞机号/CGO1，定义可以装载的集装箱类型）；

POS：集装箱板或散装货位置标识（LADD：CA/飞机号/CGO2 定义货舱货位标识），（装载散货舱飞机须填 DEST＋ACTWGT＋TYPE＋POS，装载集装箱飞机须填 DEST＋ACTWGT＋TYPE＋POS＋CONT）；

/PRI：集装箱板分配方式及 ULD 的体积代码。其中，分配方式代号：A 为系统自动分配，B 为手工分配，省略时为自动分配；ULD 体积代码，其中 0 为没有可用体积；1 为还有1/4 体积可用；2 为还有 1/2 体积可用；3 为还有 3/4 体积可用。

RESTRICED CARGO 货物限制，自由格式，最多五组用"/"分隔的限制货物代码，（目前暂未用）。

DST：最终到达站。

第6～10行：按各到达站显示具体装配情况。

说明：预配阶段要手工输入行李和货物的装载安排，同时用 LPDD 查看重心；结算时，行李和货物在离港系统数据连通的情况下通常由值机和货运部门输入，平衡人员在这里可以监控货舱安排情况，利用 LPDD 指令同时查看重心。如果重心不合适，就要进行舱位调整。关于舱位和集装设备要求可使用 LADD：AIRLINE/注册号/OPT 查看。当与值机、货运数据不连通时，需要手工输入数据。

例7 业载利用情况显示（使用集装箱板的航班）

输入指令：>LPAD：CA985/01DEC/CGO1/PEK

计算机终端输出 CA985 航班载运的货物（货物、邮件、行李、集装箱板）信息，见表10.8：

表　10.8

	DEST	ACTWGT	ESTWGT	TYPE	SERIAL	IND	CONT	POS/PRI	RESTRICED CARGO DST
1	LPAU：　CA985/01DEC/CGO1 PEK PVG A/C　B2456　　F18C40Y249PP7VVB　ETD 1530								
2	WEIGHT KG　　　　　　　　　　　　747-4J6　　　　　DATE/TIME：01DEC00/14：10：02								
3	LFSD：_ LPDD：_ CUMULATIVE CHECKS：Y RESTHOLD POSITION ____ WGT ___								
4	PAYLOAD REMAINING：32831　　STATUS　　FINAL								
5	DEST	ACTWGT	ESTWGT	TYPE	SERIAL	IND	CONT	POS/PRI	RESTRICED CARGO DST
6	PVG	618	618	C	PLA77912CA		LD3	11L	A1 1
7	PVG	1985	1985	X	PMC69091CA		P6P	21P	A0 1
8	PVG	2385	2385	C	PMC69080CA		P6P	22L	A0 1
9	SFO	276	1276	C	PMC67909CA		P6P	23P	A1 1
10	SFO	1565	1565	C	PMC68909CA		P6P	31P	A1 1
11	SFO	725	725	BY			LD3	33L	A0 1
12	SFO	549	725	BY			LD3	33R	A1 1
13	SFO	320	725	T			LD3	34L	A2 1
14	PVG	725	725	BY			LD3	34R	A0 1
15	PVG	313	725	BY			LD3	35L	A2 1
16	PVG	333	333	M	AKE23840CA		LD3	51L	A2 1
17	PVG	1925	1925	X	PMC72401CA		P6P	PR	1
18	PVG	1356	1356	C	AMA05025CA		P6P	PL	A1 1
19	PVG	2930	2930	C	PMC29099CA		P6P	RR	A0 1

内容解释：

第1～5行意思同上例；

第6～19行：按各到达站显示具体装配情况。

例8 已办理乘机手续的旅客与过站旅客情况显示

输入指令：>LPAD：CA1511/19NOV/PAX/PEK

计算机终端输出 CA1511 本站登机旅客数（本站值机旅客＋过站旅客）信息，见表 10.9：

表 10.9

1	LPAU：CA1511/19NOV99/PAX		PEK	KHN	A/C	B2947	Y148		ETD 1530
2	WEIGHT KG			737-3J6		DATE/TIME：20NOV99/13：10：02			
3	LFSD _　LPDD _　GENDER REQD Y								
4			M	F	C	I	T	RANGE	
5	AVG PSGR WGT：		75	75	38	10		LOW： HIGH：	
6	PASSENGERS：	Y	104						
7									
8		TTL	104						
9			0A	0B	0C				
10	COMPARTMENT CAPACITY：		48	52	48				
11	COMPARTMENT COUNT：		33	46	25			USE Y	
12	COMPARTMENT DISTR：		34	36	34				
13	PAYLOAD REMAINING：		7818	AVERAGE BAGGAGE WGT：_20					
14	CARGO SPECIAL HNDLG：_____								
15	REMARKS：_____								

内容解释：

第 3 行：

LFSD：如显示航班状态输入"Y"。

LPDD：如需要业载分布输入"Y"。

GENDER REQD Y：如需按性别计算旅客重量，则输入"Y"；N：不需按性别计算，则输入"N"。

注：如与 CKI 有接口，则此域由 CKI 决定，无法改动。

第 4 行：第 5～12 行的标识，RANGE 不使用。

M：男性旅客栏（仅在 GENER REQD Y 时出现）。

F：女性旅客栏（仅在 GENER REQD Y 时出现）。

A：成人旅客栏（仅在 GENER REQD N 时出现）。

C：儿童旅客栏。

I：婴儿旅客栏。

T：过站旅客栏。

第 5 行：AVG PSGR WGT：旅客平均体重。如与 CKI 无接口，则可修改。

第 6 行：PASSENGERS Y：不同舱位等级接收旅客数量显示（最多五个等级，每个一行）。

第8行：TTL：各等级舱位旅客统计总数。

第9行：旅客客舱区域代号栏目(0A、0B、0C)。

第10行：COMPARTMENT CAPACITY：各区域最大可容座位数。

第11行：COMPARTMENT COUNT：各区域计算旅客实际数量占用情况,自动加入(婴儿不占座位)。USE：通常为"Y"。

第12行：COMPARTMENT DISTR：系统根据订座人数做出的区域占用建议。

第13行：

PAYLOAD REMAINING：剩余业载重量。

AVERAGE BAGGAGE WGT：旅客行李平均重量(LAFD：PAX 显示)。

第14行：

CARGO SPECIAL HNDLG：货物特殊装载信息(可不输入)。

注：在此输入的信息,将在 LFSD 中和舱单上显示。

第15行：

REMARKS：航班备注栏(可不输入)。

注：在此输入的信息,将在 LFSD、LPDD 中和舱单上显示。

说明：当航班值机、配载都使用离港系统时,PAX 表中数据不用手工输入,由系统自动传过来。旅客总数指占座数,既包括儿童,不包括婴儿。当航班单独使用配载时,PAX表中数据需要手工输入。

例9 已办理乘机手续的过站登机旅客业载显示

输入指令：＞LPAD：CA1511/19NOV99/PAX1

计算机终端输出 CA1511 过站登机旅客数信息,见表 10.10：

表 10.10

1	LPAU：CA1511/19NOV99/PAX1　　PEK　　KHN　　A/C　B2947　　Y148　　　　ETD　1530
2	WEIGHT KG　　　　　　737-3J6　　　　　　　　DATE/TIME：20NOV99/13：10：02
3	***** TRANSIT *****
4	PAX BY GENDER　SEATS OCC.　BY CLASS　TOT
5	DEST　　　　M　F　C　I　Y
6	KHN　　　──　──　──　──　　　　　0
7	
8	TOTALS　　　0

内容解释：

第3行：***** TRANSIT *****：过站旅客标志。

第4行：

PAX BY GENDER SEATS OCC.：根据旅客性别分类。

BY CLASS TOT：根据舱位，前站如果使用离港系统做配载平衡，过站数据可以通过前站释放过来。前站未使用离港系统，过站数据要手工输入。

例10　已办理乘机手续的本站登机旅客业载显示

输入指令：＞LPAD：CA1511/19NOV99/PAX2

计算机终端输出 CA1511 本站值机旅客信息，如表10.11所示：

表　10.11

1	LPAU：CA1511/19NOV99/PAX2		PEK	KHN	A/C	B2947	Y148		ETD	1530
2	WEIGHT KG	737-3J6			DATE/TIME：20NOV99/13：10：02					
3	***** CHECKED *****									
4	PAX BY GENDER		SEATS OCC. BY CLASS　TOT				BAG WEIGHT			
5	DEST	M　F	C　I　Y				PREF	OTHR	TRAN	
6	KHN	104　__　__	__　__　104		104		__	859	__	
7										
8										
9	TOTALS 104				0			859	0	

内容解释：

第3行：***** CHECKED *****：已办手续本站登机旅客业载显示标志。

第4行：

PAX BY GENDER：表示分别统计不同性别旅客数量；

或 NO GENDER：表示不分性别、只统计成人旅客数量。

SEATS OCC. BY CLASS：各舱级旅客数量标识。

TOT：各舱级旅客总数量标识。

BAG WEIGHT：行李重量标识。

第5行：

DEST：到达站标识。

MFCI 或 ACI：旅客类别标识。

FCY：舱级代码。

PREF：优先舱级旅客行李栏目。

OTHR：一般旅客（普通舱）行李栏目。

TRAN：有联程航班旅客（过站旅客）行李栏目（不包括在 PREF 和 OTHR 中）。

第6行：至不同到达站的旅客和行李的情况（对应第4、5行相应数据）。

第9行：TOTALS：占座旅客总人数及各栏目行李重量合计。

5．油量数据显示和修改指令（LFFD）

（1）指令功能

从历史记录或前面已修改过的航班中提取已存在的油量数据；

如果油量数据不存在，则提供表格输入数据。

（2）输入格式

＞LFFD：FLIGHT/DATE/STATION

例 11 输入格式：＞LFFD：CA1511/19NOV/PEK

计算机终端输出 CA1511 航班油量信息，如表 10.12 所示：

表 10.12

1	LFFU：CA1511/19NOV99 PEK KHN AC B2947 Y148 GATE 37
2	WEIGHT KG 737-3J6 ETD 1530 DATE/TIME：20NOV/12：59：53
3	FUEL - ARVL：____ WEIGHT INDEX
4	- ADD：__8500 MIN：__453 FUEL BALLAST：____ ____
5	MAX：14365 WATER INJECT：____ ____
6	SUG：__8500 TANKERING ：____ ____
7	- TAXI：__227 TOF：8500 TYPE：__
8	- B/O：__5000
9	TOTAL FUEL：8727 MODE：STD DENSITY：6.7_
10	FUEL DISTRIBUTION：
11	TTL-WT TANK1 TANK2 TANK3 TANK4 CENTER R1 R2 R3 R4
12	
13	REMARKS：_____
14	FUEL DISTRIBUTON NOT FOUND
15	ACK-FUEL DISTRIBUTION NOT FOUND

① 内容解释：

第 1 行：指令输出，航节始发站、到达站、飞机注册号、飞机布局、登机口。

第 2 行：

WEIGHT：重量单位 kg 或 lb，由 LLAL：FLEET 指令在之前确定的值来确定。

737-3J6：飞机型号。

ETD：航班起飞时间，可加日期变更标识。

DATE/TIME：上次更新时间。

第 3 行：

FUEL-ARVL：航班到达剩余油量。

WEIGHT：第 4～6 行标识。

ARM 或 INDEX：第 4～6 行标识，由 LLAL：FLEET 中输入决定。

第 4 行：

-ADD：航班加油量。

MIN：飞机最小油量。

FUEL BALLAST：只用于平衡的油量；平衡油对航班操作空量重心的影响。

第 5 行：

MAX：航节允许最大加油量。

WATER INJECT：不使用。

第 6 行：

SUG：建议总油量，默认为总油量。

TANKERING：不使用。

第 7 行：

-TAXI：滑行用油，默认值为 LADU：CERT 中输入值。

TOF：起飞时油量。

TYPE：用油型号，可不输入。

第 8 行：-B/O：航节耗油。

第 9 行：

TOTAL FUEL：总油量，为滑行油量与起飞油量之和。

MODE：加油方式：ALT 或 STD，默认值为 STD。

DENSITY：油量密度。

第 10～11 行：油量分布，不使用。

第 13～15 行：REMARKS 油量数据附注。

② 离港系统有记忆油量的功能，所以大多数油量数据不需要输入。但在新航线，或航线换飞机等情况下，记忆功能几乎为零，因此要重新输入。另外，即使系统的油量数据没有变更，也应该进行详细的检查核对。

6. 航班状态显示指令（LFSD）

（1）指令功能

显示航班某一航节的配载平衡状态；更改航班状态。

（2）输入格式

＞LFSD：FLIGHT/DATE/STATION

例 12　输入指令：＞LFSD：CA985/17NOV00

计算机终端输出 CA985 航班平衡状态信息，见表 10.13：

表　10.13

1	LFSU：CA0985/17NOV	PEK　PVG		A/C　B2460		ETD	1410	GATE　01
2	LCWS __ LISP __	747-4J6			DATE/TIME：17NOV/16：10：33			
3	STATUS-FLT：R　CKI：C FUEL：N　CGO：		CONF　F18C40Y249PP7VVB					
4	WEIGHT　　ACTUAL KG			ACTUAL	MAXIMUM		MINIMUM	
5	THRU　　000000	PAYLOAD		048197	74266			
6	CARGO　　030280	ADJ OEW		182013				
7	BAGS　　002698/0102	ZFW		230210	256279			
8	PSGRS　　014640/ 183	FUEL STD		31000	57069		005000	
9	MAIL　　000579	TOGW ZFW		261210	287279			
10	RANGE　F　000/018　C	000/040　Y		000/249				
11	TO PWR/FLAP　　00　LNDG		FLAP　00	WX	TO RWY	ALT RWY		
12	HLD1　HLD2　HLD3　HLD4　HLD5			TRIM	005.00MD 31L-			
13	AFT LIM　000000　000000　000000　000000　000000 A			TOMAC	21.54%			
14	FWD LIM　000000　000000　000000　000000　000000 A			ZFMAC	22.59%			
15	ACT LIM　5700　6720　5068　0　939 A			DLMAC	30.14%			
16	CGO　SPECIAL　HNDLG：							
17	REMARKS：NONE							
18	UP CMPT							
19	FWD							
20	P-A　S-A　R-A							
21	REAR　001385　009340　004405							

内容解释：

第1行：

LFSU：功能指令。

CA0985/17NOV：航班号/日期。

PEK PVG：航节始发航站和到达航站。

A/C：飞机注册号。

ETD：预计起飞时间。

GATE：登机门号。

第2行：

LCWS：若回答"Y"，则将装载表的重量和平衡数据显示在终端。

LISP：若回答"Y"，则要求打印装载表。

747-4J6：机型。

DATE/TIME：上次修改的时间和日期。

第3行：

STATUS-FLT：LDP 航班状态。C——关闭；O——开放；R——释放。

CKI：CKI 的航班状态。C——CKI 航班关闭；M——CKI 航班手工；O——CKI 航班开放；U——修改状态，与 CKI 的联系中断。

FUEL：FUEL SHEET 是否打印显示。若为"N"，则说明 FUEL SHEET 没有打印；若为"Y"，则说明 FUEL SHEET 已打印。

CGO：USAS CGO 状态显示(未用)。

CONF：客舱布局。

第 4 行：第 5～9 行的标识；客、行、货、邮重量(实际、最大、最小)。

第 5～9 行：

THRU：过站货物、行李和邮件总重量。

CARGO：货物重量。

BAGS：行李重量/行李件数。

PSGRS：旅客重量/旅客数量。

MAIL：邮件重量。

PAYLOAD：业载总重量，包括 THRU、CARGO、BAGS、PSGRS。

ADJ OEW：修正后航班操作空量。

ZFW：航班无油重量。

FUEL：加油方式(STD 或 ALT)；航节实际油量。

TOGW：航班最大起飞重量的限制原则。其中的内容解释如下：

    CERT：根据额定值限制。

    CLIMB：根据爬升重量限制(LODD 中)。

    LNS：根据落地重量限制。

    OTHER：根据 OTHER(LODD 中)限制。

    W/T：根据风力、温度调整限制(LODD 中)。

    ZFW：根据无油重量限制。

第 10～11 行：不使用。

第 12 行：

HLD1 HLD2 HLD3 HLD4 HLD5：第 13～15 行标识。

TRIM：配平度。

水平尾翼设置：DN——偏下；MD——适中；UP——偏上。

第 13 行：

AFT LIM：将业载尽可能向飞机后部分配的极限。

A：表示实际的 TOMAC。

TOMAC：起飞重心的平均空气动力弦值。

第 14 行：

FWD LIM：将业载尽可能向飞机前部分配的极限。

A：表示实际的 ZFMAC。

ZFMAC：无油重心的平均空气动力弦值。

第 15 行：

ACT LIM：每个下货舱业载的实际重量。

A：表示实际的 DLMAC。

DLMAC：恒载重心的平均空气动力弦值。

第 16 行：CGO SPECIAL HNDLG：在 LPAU 指令中输入的货物特殊操作要求。

第 17 行：REMARKS：LPAU 指令中输入的航班注释。

第 18 行：

UP CMPT：前部主货舱标识（最多 10 组）。

"A"——实际重量；

"E"——预计重量（包括未分配货位的货物）。

第 19 行：FWD：每个前部主货舱中重量（最多 10 组）。

第 20 行：

后部主货舱标识（最多 10 组）。

"A"——实际重量；

"E"——预计重量（包括未分配货位的货物）。

第 21 行：REAR：每个后部主货舱中重量（最多 10 组）。

（注：18～21 一行只对混合布局或全货机才有。）

7. 实际业载分布显示（LPDD）

（1）指令功能

提供一张表格显示已分配货位的航班货物与行李的位置。

（2）输入格式

＞LPDD：FLIGHT/DATE/STATION/NBR

（注：NBR,页数，每页可显示 12 个位置）。

例 13 输入指令：＞LPDD：CA101/25MAY/PEKHKG

计算机终端输出 CA101 航班货物邮件行李装舱信息，见表 10.14：

表 10.14

1	LPDD：CA0101/25MY/PEKHKG/2				A/C		B2464	F18C40Y348	
2	WEIGHT　KG		747-4J6B				ETD　0750	GATE　11	
3	PAX　013/032/124								
4	POS	DEST	WGT	TYPE	PR	SERIAL-NBR	CONT-TYPE	RESTRICTED	CARGO
5	12P	HKG	01795	C	01	PMC67467CA	P6P		
6	21P	HKG	00845	C	01	PMC6957CA	P6P		
7	22P	HKG	01325	C	01	P1P3423CA	P1P		
8	31P	HKG	01575	C	01	P1P0916CA	P1P		
9	33L	HKG	00557	C	01	AKE24003CA	LD3		
10	33R	HKG	00512	M	01	AKE23448CA	LD3		
11	41L	HKG	00762	C	01	AKE23528CA	LD3		
12	41R	HKG	01004	M	01	AKE23684CA	LD3		
13	42L	HKG	00465	C	01	AVE0672CA	LD3		
14	42R	HKG	00525	BY	01	AVE0672CA	LD3		
15	43L	HKG	00499	BY	01	AVE0672CA	LD3		
16									
17	TOTAL WGT：014067								
18	ZFW(KG)：210426　FWD LIMIT CG：15.07 ZFWMAC：19.07　AFTLIMIT CG：30.08								
19	CARGO SPECIAL HNDLG：								
20	REMARKS：								

① 内容解释：

第1行：

LPDD：输入指令。

PEKHKG：航节始发航站和到达航站。

2：页数编号，最多9页。

A/C：飞机注册号。

F18C40Y348：客舱布局。

第2行：

WEIGHT：重量单位为磅。

747-4J6B：机型。

ETD：预计起飞时间。

GATE：登机门。

第3行：PAX 013/032/124：各等级旅客人数（头等舱13人/公务舱32人/普通舱124人）。

第4行：第5～16行货物分布的栏目标识。

POS：由系统分配或由配载人员指定的集装设备位置（在 LADD：CGO2 中定义过的）。

DEST：到达站。

WGT：每个集装设备上的载重量。

TYPE：业载种类代号（参见 LPAD）。

PR：优先等级。

SERIAL-NBR：集装设备编号。

CONT-TYPE：集装设备型号（LADD：CGO1 中定义）。

RESTRICTED CARGO：最多五组用"/"分隔的限制货物代码。

第 5～15 行：货舱各位置上的业载分布。

第 17 行：TOTAL WGT：货舱所装物品总重。

第 18 行：

ZFW(KG)：预计无油重量（单位：千克）。

FWD LIMIT CG：无油重心前缘极限。

ZFWMAC：根据现有预计无油重量计算所得的无油重心。

AFTLIMIT CG：无油重心的后缘极限。

第 19 行：CARGO SPECIAL HNDLG：在 LPAU 指令中输入货物特殊操作要求。

第 20 行：REMARKS：在 LPAU 指令中输入的航班备注。

② LPDD 指令可以显示出航班无油重量下无油重心范围的前限和后限值，若配载人员认为无油重心不合适时，可以参考前限和后限及时调整，使无油重心更加理想。

③ 业载分布修改指令（LPDU）

指令功能：用于加入、修改、交换或取消货物、邮件、行李在各舱位和各舱装位置上的分布。

输入格式：LPDU：FLIGHT/DATE/STATION/CODE POS

注：CODE 功能代号

C　11/12　改变位置。如将货物从 11 换到 12 位置，12 位置必须为空。

S　11/12　交换位置。如将 11 位置货物与 12 位置货物对换，11 与 12 位置必须不为空。

R　11　取消某一位置上货物。如将 11 位置货物拉下 11 位置不为空。

POS　货舱具体位置编号。

当输入正确，屏幕显示"ACCEPTED"。

8. 报文补充信息显示和修改（LMSD）

（1）指令功能

补充信息为自由格式，工作人员可对四种电报（LPM、LDM、CPM 和 UCM）以及装机单(LDSP)进行输入,工作人员还可以指定航节加入补充信息,这部分信息将在报文中 SI 标识后出现。LMSD 指令提供一表格用于建立或修改补充信息。

(2) 输入格式

>LMSD：FLIGHT/DATE/MSG-TYPE/STATION

注：MSG-TYPE 可选择项为：LLPM——装载预配报；LLDM——载重报；LCPM——箱板分布报；LUCM——ULD 控制报；LDSP——装载表的打印。

例 14　输入指令：>LMSD：CA985/./LLDM/PEK

计算机终端输出 CA0985 航班载重报补充空表信息,见表 10.15：

表　10.15

LMSU：CA0985/05JU/LLDM/PEKPVG　　AC　B2469　　ETD 1445　　UPDATED：04JUL/16：04：42
LLDM MESSAGE SUPPLEMENTARY INFORMATION
_____
_____
_____
_____

说明：在横线上填入航班需要特别说明的事项,如 VIP 旅客,行李,随行人员,危险物品,紧急货物等,格式自由。

9. 装载表打印(LLSP)

(1) 指令功能

此功能用来打印装载表,在航班出发前呈送机长并由机长签字;

LLSP 必须在航班关闭之后,但没有释放时才能执行,并且所有的重量都必须在限制范围之内(通常情况下航班在使用 LFSD 指令关闭时,只需在 LLSP 处设为 Y,系统将自动打印舱单,但是如果需要重复打印,可直接用本指令输出)。使用指令的航站必须在航班的经停航线上。

(2) 输入格式

>LLSP：FLIGHT/DATE/STATION/ADDR

(注：STATION 为航班航节的出发城市。省略则为终端所在城市。若后面一项(ADDR)有输入,则此项不能省略。ADDR 为装载表打印的地址,有效值为 1~5。这些地址定义在航站数据 LAID 中。)

指令输入后,按逻辑输出键(F12)或小键盘的 Enter 键,屏幕将输出 ACCEPTED,同时将舱单打印到指定的七字地址上。

例 15　输入指令：>LLSP：CZ3472/./KMG/PEKXXCA

将得到打印输出的装载表,见表 10.16：

表 10.16

```
1   QD PEKXXCA
2   . CTURRSZ 251123
3   CAAC-CZ    LOADSHEET        CHECKED           APPROVED    EDNO
4   ALL WEIGHTS IN KG                                         01
5   FROM/TO FLIGHT        A/C REG VERSION       CREW    DATE    TIME
6   KMG CTU CZ3472/25MAY    B2941    Y148        4/4/0    25MAY01 1923
7                          WEIGHT            DISTRIBUTION
8   LOAD IN COMPARTMENTS      531   1/0   2/0   3/37  4/494  0/0
9   PASSENGER/CABIN BAG       10463 139/1/0         TTL 140 CAB 0
10  MAX TRAFFIC PAYLOAD       13923 PAX 140
11  TOTAL TRAFFIC LOAD        10994 BLKD 3
12  DRY OPERATING WEIGHT      33090
13  ZERO FUEL WEIGHT ACTUAL   44084 MAX   48307      ADJ
14  ------------------------------
15  TAKE OFF FUEL             7319
16  TAKE OFF WEIGHT  ACTUAL   51403 MAX   61235      ADJ
17  ------------------------------
18  TRIP FUEL                 2623
19  LANDING WEIGHT  ACTUAL    48780 MAX   51709      ADJ
20  ------------------------------
21  BALANCE AND SEATING CONDITIONS     LAST MINUTE CHANGES
22  DOI         38. 29 DLI       43. 79          DEST  SPEC   CL/CPT + - WEIGHT
23  LIZFW       44. 61 MACZFW    19. 36
24  LITOW       41. 39 MACTOW    17. 63
25  LILAW       41. 12 MACLAW    17. 54
26                     DLMAC     19. 54
27  STAB TO    4. 7 MID
28  SEATING
29  0A/45 0B/52 0C/43
30  UNDERLOAD BEFORE LMC    2929              LMC TOTAL + -
31  LOADMESSAGE AND CAPTAINS INFORMATION BEFORE LMC
32  BW   33090 KGS           BI    38. 29
33  TZFW/CTU   33727 KGS
34  LDM
35  CZ3472/25. B2941. Y148. 04/04
36  -CTU. 131/1/0. 0. T494. 4/494
37  . PAX/132. PAD/0
38  -CGO. 8/0/0. 0. T37. 3/37
39  . PAX/8. PAD/0
40  SI
41  BW 33090 BI 38. 29
42  CTU FRE 0 POS 0 BAG 494 TRA 0 BAGP 46
43  CGO FRE 0 POS 0 BAG 37 TRA 0 BAGP 46
```

内容解释：

第3行：

CAAC-CZ：航空公司。

LOADSHEET：舱单。

CHECKED：制表人。

APPROVED：机长签名。

EDNO：打印份数。

第4行：

ALL WEIGHTS IN KG：重量单位。

01：打印份数1份。

第5~6行：

FROM/TO：航段，从昆明到成都。

FLIGHT：航班号，CZ3472/25MAY。

A/C REG：飞机注册号，B2941。

VERSION：座位布局，Y148。

CREW：机组，4/4/0，驾驶/客舱/附加机组。

DATE：打印日期。

TIME：打印时间。

第8行：LOAD IN COMPARTMENT：货舱货行邮装载重量和分布。

第9行：PASSENGER/CABIN BAG：旅客/客舱行李。

第10行：

MAX TRAFFIC PAYLOAD：最大业载。

PAX：最大座位。

第11行：

TOTAL TRAFFIC LOAD：实际业载。

BLKD：不开放座位。

第12行：DRY OPERATING WEIGHT：修正后的基本重量。

第13行：

ZERO FUEL WEIGHT ACTUAL：实际无油重量。

MAX：最大无油重量。

第15行：TAKE OFF FUEL：起飞油量。

第16行：

TAKE OFF WEIGHT ACTUAI：实际起飞重量。

MAX：最大起飞重量。

第 18 行：TRIP FUEL：耗油。

第 19 行：

LANDING WEIGHT ACTUAL：实际落地重量。

MAX：最大落地重量。

第 21 行：

BALANCE AND SEATING CONDITIONS：平衡和占座情况。

LAST MINUTE CHANGES：最后一分钟修正。

第 22 行：

DOI：修正后的基重指数。

DLI：航班固定负载量重心指数。

DEST：最后一分钟修正数据到达站。

SPEC：修正变更项目。

CL/CPT：变更项目等级/舱位。

＋－：加或减。

第 23 行：

LIZFW：无油重心指数。

MACZFW：飞机无油重心平均空气动力弦百分比。

第 24 行：

LITOW：起飞重心指数。

MACTOW：飞机起飞重心平均空气动力弦百分比。

第 25 行：

LILAW：落地重心指数。

MACLAW：飞机落地重心平均空气动力弦百分比。

第 26 行：DLMAC：固定负载量重心平均空气动力弦百分比。

第 27 行：STAB TO：配平格。

第 28 行：SEATING：旅客座位分布。

第 30 行：

UNDERLOAD BEFORE LMC：最后一分钟修正前剩余业载。

LMC TOTAL＋－：最后一分钟修正总量。

第 32 行：BW：基本重量。

BI：基本重量指数。

第 33 行：TZFW/CTU：过站（成都）无油重量。

第 34～43 行：LDM 电报报文。

10.手工报文发送指令（LLDM、LLPM、LCPM 和 LUCM）

（1）指令功能

根据报文种类不同，使用不同的指令将 LDM、LPM、CPM、UCM 发送到指定的七字地址上。七字地址在 LAID/LAIU 中定义。

>LLDM：FLT/DATE/CITY　发载重报

>LLPM：FLT/DATE/CITY　发预配报

>LCPM：FLT/DATE/CITY　发箱板报

>LUCM：FLT/DATE/MSG-TYPE/CITY　添加补充信息，原有电报内容＋补充信息。

MSG-TYPE：LLDM　LCPM　LLPM

（注：添加补充信息时，只需输入正文，不用加 SI ，否则报文将被拒绝。）

（2）输入格式：

XXXX：FLIGHT/DATE/STATION/SP-STATION

例 16 输入指令 LLDM：CA0101

默认打印输出设备将得到 CA101 航班载重电报信息，如表 10.17 所示：

表 **10.17**

1	LDM
2	CA101/03 B2456 F18C40Y249PP7VVB 03/12
3	-HKG 222/0/1 T10040 1/1480 3/5282 4/940 5/648 SR/900 SL/790
4	PAX/4/11/207 PAD/0/0/0
5	SI
6	BW 183213 BI 61.16
7	HKG FRE 6065 POS 695 BAG 1665 TRA 1615/0/0/0/1615 BAGP 159
8	*

内容解释：

第1行：报文名称。

第2行：航班号/日期、飞机注册号、布局、驾驶舱机组人数/客舱机组人数。

第3行：到达站；成人/儿童/婴儿数量；随身行李重量；恒载重量；货舱序号/每货舱中业载重量。

第4行：旅客标识/每舱级旅客数量；PAD 标识/每舱级 PAD 旅客。

第5~8行：补充信息，包括系统自动生成部分和 LMSD 指令中手工输入部分。

10.2.4　静态文件的维护

在配载平衡模块 LDP 系统内，必须先将数据库装入，然后才能操作。由于这些数据在系统操作中很少改动,因此称之为静态数据。静态数据涉及飞机的平衡数据,一般工作人员不得执行这些指令。下面的内容供大家参考。

1. LDP 用户定义的静态数据

LDP 用户定义的静态数据可以划分为四组:航空公司数据、航站数据、飞机数据和机队数据。

(1)航空公司数据

包括航空公司机队数据、飞机型号、使用的重量和长度单位、平衡基准点站位、使基重指数不为负的常数、力矩缩小倍数,集装箱混装标识等和航空公司离港系统中使用的参数表。

(2)航站数据

包括航站标志、跑道、航行通告、障碍物。跑道、航行通告、障碍物信息存放在 LDP 数据库中,但是不被访问,仅作为辅助信息供分析使用。

(3)飞机数据

LDP 提供飞机注册号来输入和维护飞机信息的功能。基本的飞机数据有:设备数据、油料数据、布局数据、货物数据、配平数据、重心数据、特殊飞机数据、机组数据。

(4)机队数据

包括平均旅客和行李重量、每一排座位以及力臂的平衡信息、货舱分布定义、累计装载限制、食品要求。

表 10-18 中的指令能够显示、输入和修改 LDP 的静态数据。但是所有能改变静态数据的指令,只能在高级控制水平上做。这些指令包括 LAAR、LAIX、LDFU、LLBU、LADU、LCAD、LDVU、LNIU、LAFU、LCLU、LFLX、LNIX、LAIU、LCWU、LLAU、LOIU、LRIU、LRIX、LXAD。此外,LDAT 指令由计算机中心的人员使用。

表 10.18　LDP 模块静态数据指令

LLAL	航空公司数据显示	LADD	飞机数据显示
LLAU	航空公司数据修改	LADU	飞机数据修改
LAID	航站信息显示	LACD	飞机注册数据显示
LAIU	航站信息修改	LAFD	布局数据显示
LAIX	航站信息删除	LAFU	布局数据修改
LSTN	航站码显示	LCNF	布局显示
LRID	跑道信息显示	LCLD	累积装载显示
LRIU	跑道信息修改	LCLU	累积装载修改
LRIX	跑道信息删除	LFLX	删除机队数据
LNID	航行通告信息显示	LLBD	平衡信息显示
LNIU	航行通告信息修改	LLBU	平衡信息修改

LNIX	航行通告信息删除	LCWD	食品重量和指数表显示
LOID	跑道障碍物显示	LCWU	食品重量和指数表修改
LOIU	跑道障碍物修改	LDFD	货舱装载布局显示
LAAR	增加飞机注册号	LEFU	货舱装载布局修改
LCAD	拷贝飞机数据	LDVD	上货舱/下货舱布局位置的显示
LXAD	删除飞机数据	LDVU	上货舱/下货舱布局位置的修改
LDAT	建立日期记录		

2. 常用的相关指令格式

（1）修改航班操作数 LODD

输入格式：>LODD：FLT/DATE

（2）显示航空公司飞机注册号及布局

输入格式：>LLAF：CA

（3）显示配载有效航班

输入格式：>LFLD：CA/19NOV99

（4）显示配载报文地址定义

输入指格式：>LAID：AIRLN/CITY

（5）显示飞机基本数据

输入格式：>LADD：AIRLN/注册号/code

注：code 具体含义见表 10-19。

表 10.19　与显示飞机基本数据相关的"code"的含义

CERT	飞机额定数据
FUL1-FUL4/FUL5-FUL8/FUL9-FUL12/FUL13-FUL16	四种不同密度燃油显示
CGO1 CGO2-CGO9 CGO10-CGO13	货舱布局、装货数据
COGS-COG1	标准起飞重心范围数据
COG2-COG3	标准无油重心范围数据
COG4-COG5	当无油重量达到一定值时的起飞重心范围数据
COG6-COG7	标准落地重心范围数据
COG8-COG9	当加油量达到一定值时的起飞重心范围数据
TRIM	飞机配平数据，即在一定重量下的水平尾翼值
CREW	机组数据
EQUP	设备数据
CONF	飞机布局数据

10.3 配载与平衡离港实例

10.3.1 配载平衡离港操作程序

配载平衡工作人员使用计算机离港系统的配载平衡模块实施航班平衡工作流程如图 10.2 所示：

（1）平衡准备工作：使用离港平衡前，制作离港平衡数据复核表，填写离港操作航班基本数据，如航班号、机号、目的地、机组、基重、基重指数（包括修正）、最大无油重量、最大起飞重量、最大落地重量、耗油等。

（2）核实当日航班值机模块建立情况，以"SY 航班号/日期"指令，核对航班号、机号、标准座位布局等；以"SE 航班号/日期 ∗"指令查看座位发放比例。

（3）从客调处获取油量及机组信息。

（4）收到货运装机通知单时，检查货物、邮件、行李装载计划是否合理，如不符合要求应及时通知货运配载部门修正。

完整、正确的装机通知单须遵守以下原则：

① 保证旅客、行李所需载量。

② 各舱位实际装载总量应小于各舱位的限载量。

③ 装载通知单应详细、清楚、完整地列明各舱装载货物的车号、件数、重量、性质等，遇多个目的地时应注明货物、行李、邮件的目的地。

（5）离港系统进行平衡操作，以"SI 工号/密码/88"指令进入。

（6）建立始发航班，指令为："LCFD 航班号/日期"，确认后显示的页面中，逐项输入始发地（SHA）、飞机注册号、飞机座位布局、计划出发时间、目的站三字代码，若有多个后续目的站，应逐站列出；若已列出，则检查是否正确。

（7）输入油量，指令为："LFFD 航班号/日期"，从飞行数据表中查得相应飞机在相应航段的航段耗油，输入在相应位置。

（8）若遇航班机组配置、餐食配置、起飞重量限制等基本数据发生变化，以"LODD 航班号/日期"指令，对相应数据（使用空重、空重指数、机组配置等）作出修正。

（9）航班起飞前 25 分钟，以"FT 航班号"指令，以"CI："指令作 CKI 模块中的中间关闭。

（10）以"LPAD 航班号/日期/PAX"指令，输入或检查旅客人数及占座情况。若与 CKI 模块联结，则不必输入人数及占座情况，用"SY 航班号，Z"指令核对，把最终旅客人数，座位布局，行李件数和重量，填写在离港平衡数据复核表中。

（11）以"LFSD 航班号/日期"指令，将 CKI（值机）状态改为 M（手工状态），按 Enter 键确认；一般情况下，CKI 为 O（与值机状态连接），数据自动传输入 LDP 模块中。

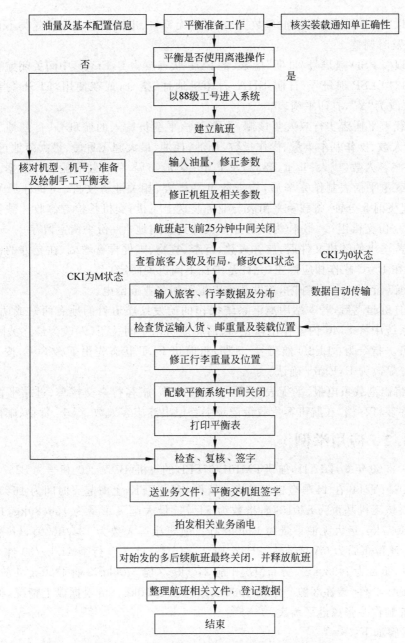

图 10.2　计算机离港—配载平衡基本工作流程

（12）以"LPAD 航班号/日期"指令，逐项输入货物、邮件、行李的目的地，实际重量、性质、舱位（注：由货运输入离港配载中相关数据并复核，最后由平衡员最后一次核对）。以"FT 航班号"指令，以"CCL："指令作 CKI 模块中的中间关闭。

238

（13）以"LFSD"指令显示舱单数据，查看有无警告、出错信息。如有此类不正常信息出现，需要及时调整。

（14）以"LFSD 航班号/日期"指令，将 FLT 状态改为 P，Enter，中间关闭航班。

（15）以"LLSP 航班号/日期/SHA/打印机地址"指令，或在使用"LFSD"指令时，将 LLSP 选项改为"Y"，打印平衡表。

（16）载重平衡表实行双人复核制，主要复核平衡员输入的航班号、目的地、日期、飞机号、机组人数、操作基本重量、操作指数、加油、耗油、最大起飞重量、最大落地重量、最大无油重量，旅客人数（成人、儿童、婴儿）及 F、JC、Y 舱布局，货物装载舱位等数据。

（17）载重平衡表制作完毕后，检查载重平衡表、相关业务文件、飞机注册号是否一致；航班起飞前 5 分钟，将载重平衡表与业务袋送上飞机，交机长检查签收。载重平衡表一式三份，一份交机组；一份作为随机业务文件到目的地；一份平衡室留存。

（18）若送出的随机文件后，旅客人数、行李、货物、邮件再有增减，在允许的范围内可以更改，并在 LMC 栏作相应修正（允许范围视不同机型而定）。

（19）航班起飞后 5 分钟内，拍发载重电报等相关业务函电。

（20）航班起飞后，若本站用离港系统操作的始发站航班目的地有两站或两站以上，应在离港系统中将 LMC 内容作出修正，最后将航班由中间关闭（P）改为最终关闭（C），并释放该航班。指令为：LFSD 航班号/日期，将航班 FLT 状态先由 P 改为 C，按 Enter 键确认；再由 C 改为 R，Enter 确认。

（21）将出港载重电报、平衡表、货运装机通知单、旅客行李交接单、过站平衡表等相关航班文件装订存档，在航班客货载量记录中登记出港旅客人数、行李、货物、邮件数据。

10.3.2　应用举例

例 17　2008 年 6 月 12 日，航班 FM101/07FEB 的飞机（B767-300）机号为 B2570，客舱布局为 F15/C31/Y214，在 14 号登机门登机。航程 SHA-PEK，上海起飞时间为 16：35，18：16 到达北京。该飞机基重为 87015kg，指数为 54.7。最大起飞重量为 156489kg，最大落地重量为 136077kg，最大无油重量为 126098kg。航班旅客人数为 134/06/01，（F 舱 4 人，Y 舱 137 人），座位布局为 0A 区 4 人，0B 区 19 人，0C 区 117 人。行李 417kg/30 件，装 5 舱；货物 863 件，重量为 14930kg。分布情况 1 舱 2466kg，2 舱 5796kg，3 舱 4360kg，4 舱 2308kg；邮件 517kg/142 件，装在 3 舱。加油 19000kg，耗油 8400kg。请根据以上情况，使用计算机离港系统制作一张离港平衡表。

解：步骤如下：

（1）登录离港系统

输入指令：＞SI：工号/密码/88，登录离港系统。

（2）建立航班，显示及修改航班数据

输入指令：＞ LCFD：FM101/07FEB

显示建立的航班,此时 LCFD 改为 LCFU 状态,STN 栏内输入 SHA-PEK ,A/C 栏内输入机型 B2570,CONFIGURATION 栏内输入 F15/C31/Y214,ARVL 栏内输入 1816,DPTR 栏内输入 1635,GATE 栏内输入 14,见表 10.20:

表　10.20

LCFU:		FM101/07FEB08		DATE/TIME:07FEB08/15:30:38			
STN	A/C	CONFIGURATION	ARVL	DPTR	GATE	CONT-WAB	Y
SHA	B2570	F15C31Y214		1635	14		
PEK			1816				

　　(3) 航班数据显示及修正

　　输入指令:> LODD:FM101/07FEB

　　修正飞机基本重量及指数和其他数据(包括机组人数、基重及其指数、最大起飞重量、最大落地重量、最大无油重量等)。使其中 CREW 栏内显示 4/11 机组;DRY OPERTION WGT 栏内显示 87015,IDX 为 54.7; ATOGW 栏显示 156489;A-LND-WT 为 136077,见表 10.21:

表　10.21

LODU:	FM101/07FEB/SHAPEK		A/C	B2570	767-3J6	07FEB08/15:32:38	
WEIGHT	KG	TEMP 0		ETD 1300	GATE	CREW 4 11 0	
J/S PAX/AA		PAX/BB					
CONF F15/C31/Y214		CPM _____			OTH F15/C31/Y214 _____		
	N		N			N	
	N		N			N	
	N		N			N	
OEW-ADJ		INDEX	DESCRIPTION: CREW COMPLEMENT				
			CATERING REQUIREMENT				
			DECK VERSION NONE				
_____		_____					
			_____				
BASIC: WGT 87015		IDX _54.7	DRY OPERATION: WGT		87015	IDX 54.7	
ADJ: ATOGW	CLIMB	CERT	LNDING NXT STP				
REASON:							
FWR/FLAP					DEC VERSION　　/		
RUNWAY 31L-					PFD-LND-RNY 21L-		
ATOGW 156489					A-LND-WT 136077		
CLIMB					MODE STD		
OTH LIMIT					LND-FLAP-		

（4）航班油量数据显示及修改

输入指令：＞LFFD：FM101/07FEB

在 ADD 栏内输入航程加油量 19000，在 B/O 栏内输入航程耗油量 8400，并按 Enter 键确认，见表 10.22：

表　10.22

LFFU：FM101/07FEB/SHAPEK A/C B2570 767-3J6 F15/C31/Y214 GATE 14				
WEIGHT KG 767-3J6 ETD 1300 DATE/TIME：07FEB/15：36：38				
FUEL - ARVL：_____			WEIGHT	INDEX
- ADD： __19000 MIN： _2267 FUEL BALLAST ： _____ _____				
MAX： 24365 WATER INJECT ： _____ _____				
SUG： _19000 TANKERING ： _____ _____				
- TAXI： _ TOF： 19000 TYPE： _				
- B/O： __8400				
TOTAL FUEL： 19000 MODE： STD DENSITY： 0.78				
FUEL DISTRIBUTION：				
TTL-WT TANK1 TANK2 TANK3 TANK4 CENTER R1 R2 R3 R4				
REMARKS： _____				
FUEL DISTRIBUTON NOT FOUND				
ACK-FUEL DISTRIBUTION NOT FOUND				

（5）航班载运的货物、行李、邮件分舱显示及修改

输入指令：＞LPAD：FM101/07FEB/CGO1

显示货运部门传输过来的货物、邮件重量（包括集装箱板重量）及预计行李重量（包括货物、邮件、行李的到达站、箱板编号及相应位置）。核对装机通知单，若有不符，立即通知货运修正，见表 10.23：

表　10.23

DEST	ACTWGT	ESTWGT	TYPE	SERIAL	IND	CONT	POS	/PRI	RESTRICED	CARGO DST
LPAU： FM101/07FEB/CGO1 SHA PEK A/C B2570 F15/C31/Y214 ETD 1300										
WEIGHT KG 767-3J6 DATE/TIME： 07FEB/15：41：38										
LFSD： _ LPDD： _ CUMULATIVE CHECKS： Y RESTHOLD POSITION ___ WGT ___										
PAYLOAD REMAINING： 32831 STATUS FINAL										
PEK	1291	1291	C	PLA77912FM	LD3	11P	A1	1		
PEK	1466	1985	C	PMC69092FM	P6P	13P	A0	1		
PEK	2791	2791	C	PMC69081FM	P6P	21P	A0	1		
PEK	3296	3300	C	PMC67909FM	P6P	23P	A1	1		
PEK	433	433	C	AKE68909FM	AKE	31L	A1	1		

PEK	517	517	M	AKE53909FM	AKE	31R	A0 1
PEK	1544	1544	C	DQF33909FM	DQF	32	A1 1
PEK	1100	1100	C	DQF42359FM	DQF	33	A0 1
PEK	1310	1310	C	DQF23109FM	DQF	34	A0 1
PEK	736	736	C	DQF13568FM	DQF	41	A2 1
PEK	1808	1808	C	DQF62909FM	DQF	42	A2 1
PEK	0	0	BY		BULK	5	A0 1

（6）航班中间关闭

输入指令：＞SY：FM101,Z

查看 FM101 航班办妥值机的旅客人数及布局。在接收到值机系统 CKI 航班初始关闭后，输入指令：＞FT：FM101/07FEB，提取航班，待系统接收后，输入指令：＞CCL，中间关闭航班。再次使用 SY 指令查看，将 FM101 航班关闭后的最终人数 134.6.1，座位布局 0A 区 4 人，0B 区 19 人，0C 区 117 人，以及行李 417KG/30 件记录在配载平衡数据复核表内。

（7）核查旅客人数、布局

输入指令：＞LPAD：FM101/07FEB/PAX

查看 FM101 航班已办理登记手续的旅客情况，检查旅客人数、布局与 SY 指令中显示的是否一致。若不符，可与值机联系或改由手工方式输入，见表 10.24：

表 10.24

LPAU：FM101/07FEB/PAX			SHA	PEK	A/C	B2570		F15/C31/Y214		ETD 1300
WEIGHT KG				767-3J6			DATE/TIME：		07FEB/15：56：38	
LFSD _	LPDD _		GENDER REQD N							
		A	C	I	T		RANGE			
AVG PSGR WGT：		134	6	1	141		LOW：	HIGH：		
PASSENGERS：	F	4								
	C	0					——	——		
	Y	137								
	TTL	141					——	——		
	0A	0U	0B	0C	0D	0F				
COMPARTMENT CAPACITY：	15		31	214						
COMPARTMENT COUNT：	4		19	117			USE Y			
COMPARTMENT DISTR：	6		30	214						
PAYLOAD REMAINING：	9874		AVERAGE BAGGAGE WGT：		20					
CARGO SPECIAL HNDLG：_____										
REMARKS：_____										

（8）输入最终行李的重量、舱位

输入指令：＞LPAD：FM101/07FEB/CGO1

在界面 DEST 栏内输入"PEK"，ACTWGT 栏内输入本航班的行李重量"417"，ESTWGT 栏内重复输入"417"，TYPE 栏内输入"BY"类型，CONT 栏输入"BULK"（散货仓），POS 栏内输入装舱位置"5"舱，按 Enter 键确认，见表 10.25：

表 10.25

LPAU： FM101/07FEB/CGO1				SHA PEK A/C B2570			F15/C31/Y214		ETD 1300
WEIGHT KG				767-3J6			DATE/TIME： 07FEB/16：00：38		
LFSD：_ LPDD：_ CUMULATIVE CHECKS：Y RESTHOLD POSITION ___ WGT ___									
				PAYLOAD REMAINING： 32831		STATUS		FINAL	
DEST	ACTWGT	ESTWGT	TYPE	SERIAL	IND	CONT	POS	/PRI RESTRICED	CARGO DST
PEK	1291	1291	C	PLA77912FM	LD3	11P	A1 1		
PEK	1466	1985	C	PMC69092FM	P6P	13P	A0 1		
PEK	2791	2791	C	PMC69081FM	P6P	21P	A0 1		
PEK	3296	3300	C	PMC67909FM	P6P	23P	A1 1		
PEK	433	433	C	AKE68909FM	AKE	31L	A1 1		
PEK	517	517	M	AKE53909FM	AKE	31R	A0 1		
PEK	1544	1544	C	DQF33909FM	DQF	32	A1 1		
PEK	1100	1100	C	DQF42359FM	DQF	33	A0 1		
PEK	1310	1310	C	DQF23109FM	DQF	34	A0 1		
PEK	736	736	C	DQF13568FM	DQF	41	A2 1		
PEK	1808	1808	C	DQF62909FM	DQF	42	A2 1		
PEK	417	417	BY			BULK	5	A0 1	

（9）航班平衡状态检查

输入指令：＞LFSD：FM101 /07FEB

显示 FM 101 航班状态，检查本航班实际无油重心、实际起飞重心、起飞油量、旅客人数、货物、邮件、行李重量及实际业载等数据。此时，如有警告显示超载、重心超出前后极限等信息，应进行相应的调整，见表 10.26：

表 10.26

LFSU： FM101 /07FEB		SHA PEK A/C B2570	ETD 1300 GATE 14		
LCWS LISP		767-3J6	DATE/TIME：07FEB/16：02：38		
STATUS-FLT：C CKI：C FUEL：N CGO：			CONF F15/C31/Y214		
WEIGHT	ACTUAL KG		ACTUAL	MAXIMUM	MINIMUM
THRU	000000	PAYLOAD	27100	39862	
CARGO	016292	ADJ OEW	87015		
BAGS	000417/030	ZFW	114115	126098	
PSGRS	009874/141	FUEL STD	18000	8800	00500

续表

MAIL	000517		TOGW	ZFW	132115	156490	

RANGE F 000/004   C 000/000   Y   000/137
TO PWR/FLAP   00 LNDG   FLAP   00   WX   TO RWY ALT RWY

	HLD1	HLD2	HLD3	HLD4	HLD5	TRIM	005.00MD 31L-
AFT LIM	000000	000000	000000	000000	000000 A	TOMAC	19.54%
FWD LIM	000000	000000	000000	000000	000000 A	ZFMAC	20.19%
ACT LIM	2757	6087	5421	2544	417 A	DLMAC	30.14%

CGO SPECIAL HNDLG:
REMARKS: NONE

从显示中可知,本航班实际业载为27100(有剩余业载),航班为关闭状态(FLT:C),值机已关闭(CKI:C)。重心位置:起飞重心为19.54%,无油重心为20.19%,落地重心为30.14%。

(10) 实际业载分布显示

输入指令:>LPDD:FM101/07FEB

在显示中可查看到此次航班无油重心前限为15.01,后限为30.14,本次航班无油重心为20.19,在正常范围内,见表10.27:

表 10.27

LPDD:FM101/07FEB/SHAPEK   A/C   B2570   F15/C31/Y214
WEIGHT KG   767-3J6   ETD 1300   GATE 14
PAX 04/00/137

POS	DEST	WGT	TYPE	PR	SERIAL-NBR	CONT-TYPE	RESTRICTED	CARGO
11P	PEK	1291	C	01		LD3		
13P	PEK	1466	C	01		P6P		
21P	PEK	2791	C	01		P6P		
23P	PEK	3296	C	01		P6P		
31L	PEK	433	C	01		AKE		
31R	PEK	517	M	01		AKE		
32	PEK	1544	C	01		DQF		
33	PEK	1100	C	01		DQF		
34	PEK	1310	C	01		DQF		
41	PEK	736	C	01		DQF		
42	PEK	1808	C	01		DQF		
5	PEK	417	BY	01		BULK		

TOTAL WGT: 027100
ZFW(KG):114115   FWD LIMIT CG:15.07 ZFWMAC:20.19   AFTLIMIT CG:30.08
CARGO SPECIAL HNDLG:
REMARKS:

(11) 打印载重平衡表

输入指令：> LLSP：FM101 /07FEB

也可以在"第9步骤"航班平衡状态检查无误的基础上，在 LLSP 栏内输入"Y"，FLT 栏内输入"P"，然后按 Enter 键确认打印输出。

在平衡表 PREPARED BY 栏内签上制作平衡者姓名，整个离港平衡表制作完毕，最后请机长在打印好的平衡表上签字。

(12) 飞机起飞后拍发载重电报

输入指令：> LLDM：FM101 /07FEB

(13) 操作结束，释放航班

输入指令：> LFSD：FM101

本 章 小 结

离港系统是一种在航空运输业中广泛应用的先进的计算机自动化生成管理系统。它为航空公司提供了科学化、规范化和现代化的管理手段，是现代机场不可缺少的重要组成部分。配载平衡模块系统是离港系统的一个子系统，该系统模块协助工作人员进行业载分布工作，并一直能够监控在特定条件下，飞机增加业载时的状态，确保飞机处于制造商要求的重量与平衡条件。配载平衡计算机离港实施将工作人员从烦琐的手工方式中解脱出来，大大提高了配载工作效率，提高配载准确性，已被世界航空界广泛采用。

复习与思考

1. 计算机离港系统的组成及其功能是什么？
2. 计算机离港系统对航班配载平衡工作有哪些意义？
3. 配载平衡工作计算机离港实施的流程是什么？
4. 配载平衡离港实施比手工实施精密的原因是什么？

阅读

南航启用国内首套个性化离港系统

2009 年 6 月 8 日，中国南方航空集团公司(简称南航)在国内首家推出个性化的离港系统并在白云机场正式启用。旅客的乘机喜好、座位偏好等信息均会显示在南航系统里，工作人员一目了然，可直接为其提供个性化的乘机服务，使旅客获得良好的用户体验。

南航个性化离港前端系统是南航为实现服务品牌提升，实施"三网"建设，与中国民航信息网络股份有限公司合作开发的一套新型离港前端系统。该系统在目前离港系统服务的基础上，增加了南航特色服务：如常旅客、SOC 航班、电子客票等旅客信息的即时查询功能,更可与南航各业务系统实现实时数据交换,为提升南航服务提供强大的信息化保障。

　　在南航个性化离港系统投入使用以前,工作人员为旅客办理乘机手续需要同时在多个业务系统中进行查询操作,致使每个旅客的平均办理约为 30 秒钟。启用南航个性化离港系统后,南航各个业务系统的信息会在新系统中自动汇总显示,使平均办理时间缩减到 15 秒以内,大大提高了服务效率,节约了旅客时间。南航个性化离港系统将逐步推广到全国各大型机场,凡购买南航客票的旅客均可享受到这一增值服务。未来,南航个性化离港系统功能将可根据实际业务需要进行扩展,为旅客提供更全面、周到的贴心服务。

　　2009 年是南航的"品牌服务提升年"。此次南航个性化离港前端的启用正式为南航打造一流航空公司服务品牌、提升影响力的又一力作。南航将进一步借助信息化技术为旅客开发出更多更好的个性化增值服务,为实现"创建国内航空服务一流、与国际主流航空公司接轨"的品牌服务目标而努力。

　　资料来源:中国南方航空集团公司.南航启用国内首套个性化离港系统.2009.6.12,http://www.sasac.gov.cn/

思考题

1. 离港系统是如何提升航空公司的服务水平?

2. 我国民航离港系统多次出现故障,航空公司应如何完善应急预案措施,做到有备无患?

练习题

　　2008 年 6 月 12 日,由 B-2834 号飞机(B757-200)执行 FM301 航班(SHA-CAN)飞机任务。该飞机基重为 59649KG,指数为 45.7。最大起飞重量为 99790KG,最大落地重量为 89811KG,最大无油重量为 83461KG。航班旅客人数为 102/05/00,座位布局为 F 舱 2 人,JC 舱 17 人,Y 舱 88 人。行李 360KG/27 件,装 4 舱;货物 340 件,重量为 8279KG。分布情况 1 舱 1220KG,2 舱 3400KG,3 舱 3100KG,4 舱 559KG;邮件 295KG/20 件,装在 4 舱。加油 15000KG,耗油 6500KG。在 2 号登机门登机,上海起飞时间为 12:00,14:00 到达广州。请根据以上情况,利用离港系统制作一张离港平衡表。

参 考 文 献

[1]　韩明亮,赵桂红.民航运输生产组织.天津:天津科学技术出版社,2001

[2]　石丽娜,周慧艳.航空客运实用教程.北京:国防工业出版社,2005

[3]　万青.飞机载重平衡.北京:中国民航出版社,2004

[4]　中国国际货运代理协会.国际航空货运代理理论与实务.北京:中国对外经济贸易出版社,2004

[5]　徐月芳,石丽娜.航空客货运输.北京:国防工业出版社,2004

[6]　谢春讯,李智忠,徐阳.航空货运代理实务.北京:清华大学出版社,2008

[7]　王大海,杨俊,余江.飞行原理.成都:西南交通大学出版社,2006

[8]　宋笔锋,谷良贤.航空航天技术概论.北京:国防工业出版社,2006

[9]　王细洋.航空概论.北京:航空工业出版社,2004

[10]　赵廷渝.飞行员航空理论教程.成都:西南交通大学出版社,2004

[11]　(美)Paul E. Illman.飞行员航空知识手册.王同乐,杨新涅译.北京:航空工业出版社,2006

附录 1 B737-700 型飞机装载通知单

航班：　　　　日期：　　　　机号：　　　　由　　　　至：径：　　　　起飞时间：

货物出舱记录	到达站	货物	邮件	预计行李	备注

货舱地板最大负荷　730 · $\dfrac{kg}{m^2}$

1舱　2舱　3舱　4舱

FWD CARGO　前货舱门

AFT CARGO　后货舱门

最大载量(kg)	1舱	2舱	3舱	4舱
	814	1021	2409	763
最大容积(m³)	11		16.4	
货舱门尺寸 cm	$120^W \times 88^H$		$120^W \times 78^H$	

备注：

填表人：　　　审核人：　　　装机负责人：

附录 2 B747-400 型飞机装载通知单

DF-802

LOADING INSTRUCTION		FLIGHT/DATE	STATION	A/C REG			BOEING 747-400PAX
							CPT 1
FOR B2443/B2445/B2447	COMBINED WT 5397	CPT 4 14755	CPT 3 22352	CPT 2 24744			8869
	MAX 5397	12700	9525	15875			8869
FOR B2472 ONLY	COMBINED WT 6255	16257	24377	25010			9068
	MAX 6255	12700	9525	15875			9068

	CPT 5

747-400PAX

ARRIVAL ▲ FWD

(cargo/container position diagram)

11L, 12L, 13L, 21L, 22L, 23L, 24L, 25L, 31L, 32L, 33L, 41L, 42L, 43L, 44L, 51L☆, 52, 53, MAX2443, MAX1965
11R, 12R, 13R, 21R, 22R, 23R, 24R, 25R, 31R, 32R, 33R, 41R, 42R, 43R, 44R, 51R☆, MAX2340
P11, P12, P21, ★P22, ★P23, ★P31, ★P32, P41, P42

DEPARTURE ▲ FWD

(cargo/container position diagram, identical layout)
11L, 12L, 13L, 21L, 22L, 23L, 24L, 25L, 31L, 32L, 33L, 41L, 42L, 43L, 44L, 51L☆, 52, 53, MAX2443, MAX1965
11R, 12R, 13R, 21R, 22R, 23R, 24R, 25R, 31R, 32R, 33R, 41R, 42R, 43R, 44R, 51R☆, MAX2340
P11, P12, P21, ★P22, ★P23, ★P31, ★P32, P41, P42

NOTES: [ ] LOCKS FOR CONTAINER
★ IO CONTAINERS CAN BE LOADED IF P22 &P23 OR P31 &P32 ARE 88" x 126" PALLETS
☆ POSITION CAN BE USED AS BULK IF NO CONTAINER LOAD AND THE NET MUST BE INSTALLED

CODES FOR CPM

B	BAGGAGE
BT	BAGGAGE TRANSFER
C	CARGO
D	CREW BAGGAGE
E	EQUIPMENT
F	FIRST CLASS BAGGAGE
L	CONTAINER IN LEFT HAND POSITION
M	MAIL
N	NO CONTAINER OR PALLET IN POSITION
P	PALLET
PP	IGLOO
R	CONTAINER IN RICHT HAND POSITION
S	SERVICE
T	TRANSFER LOAD
U	UNSERVICEABLE CONTAINER/PALLET
V	VIP BAGGAGE
W	CARGO IN SECURITY CONTROLLED CONTAINER
X	EMPTY CONTAINER OR EMPTY PALLET
Z	MIXED DESTINATION LOAD
O	FULLY LOADED
1	¼ AVAILABLE
2	½ AVAILABLE
3	¾ AVAILABLE

SPECIAL INSTRUCTIONS

PREPARED BY:

This aircraft has been loaded in accordance with these instructions including the deviations recorded. The containers/ pallets and bulk load have been secured in accordance with company instructions.

本飞机已按装载指令单装载完毕。实际装载情况包括记录中的偏差、集装箱、集装板及散舱的网锁已按公司规定锁牢。

LOADING SUPERVISOR OR PERSON RESPONSIBLE FOR LOADING:

装机负责人或其授权人签字：

附录 3 B767 型飞机装载通知单

波音 767 型飞机装载通知单
BOEING 767 LOADING INSTRUCTION

BOEING 767-36D

航班: FLIGHT NO.	日期: DATE	机号: AIRCRAFT NO.	邮件 MAIL	由: FROM	往: TO	起飞时间: DEPARTURE TIME:

到达站 ARRIVAL | 货物 CARGO | 预计行李 BAGGAGE | 备往 MEMO

CPT 1&2 (COMBINED MAX 16460 KG)
CPT 1 MAX 8230 KG
CPT 2 MAX 8230 KG

CPT 3&4 (COMBINED MAX 12674 KG)
CPT 3 MAX 7242 KG
CPT 4 MAX 5432 KG

CPT 5 MAX 2925 KG

到达 ARRIVAL
出发 DEPARTURE

货物
标识 FWD

11R 12R 21R 22R 31R 32R 33R 34R 41R 42R 43R 44R 45R 51R 61R
11L 12L 21L 22L 31L 32L 33L 34L 41L 42L 43L 44L 45L 51L 61L
P1 P2 P3 P4 H5

高港
标识 FWD
11R 12R 13R 14R 21R 22R 23R 24R 31R 32R 33R 34R 41R 42R 43R
11L 12L 13L 14L 21L 22L 23L 24L 31L 32L 33L 34L 41L 42L 43L
11P 13P 21P 23P
12P 14P 22P 24P

集装箱销钉 DETENT FOR CONTAINER

特殊要求:
SPECIAL INSTRUCTIONS:

舱 位 CPT	CPT 1&2	CPT 3&4	CPT 5
可载最大容积 MAXIMUN VOLUME （m³）	47.0	47.6	12.2
货舱门尺寸 （cm） CARGO COMPARTMENT DOOR	340ᵂ x175ᴴ	177ᵂ x175ᴴ	96ᵂ x114ᴴ
货舱地板最大负荷 MAXIMUM LOADING FOR CARGO COMPARTMENT FLOOR			732KG/m²
集装箱限高 HEIGHT LIMITATION FOR CONTAINER			160cm

制表人:
PREPARED BY: 审核人:
APPROVED BY: 装载负责人:
LOAD SUPERVISOR:

CODES FOR CPM 装载图代号
B BAGGAGE 行李
BT BAGGAGE TRANSFER 转运行李
C CARGO 货物
D CREW BAGGAGE 机组行李
E EQUIPMENT 设备
F FIRST CLASS BAGGAGE 头等舱行李
L CONTAINER IN LEFT 左右位置集装箱
   HAND POSITION
M MAIL 邮件
N NO CONTAINER OR 此处不允许在集装箱
   PALLET IN POSITION
P PALLET 集装箱
PP IGLOO 拱形集装箱
R CONTAINER IN RIGHT 在右位置集装箱
   HAND POSITION
S SERVICE 勤务
T TRANSFER LOAD 转运货
U UNSERVICEABLE 无法使用集装箱托胶
   CONTAINER/PALLET
V VIP BAGGAGE 重要客人行李
W CARGO IN SECURITY 安全控制货
   CONTROLLED
   CONTAINER
X EMPTY CONTAINER 空集装箱
   OR EMPTY PALLET
Z MIXED DESTINATION 多目的地货
   LOAD
O FULLY LOADED 满载
1 1/4 AVAILABLE 1/4 可用
2 1/2 AVAILABLE 1/2 可用
3 3/4 AVAILABLE 3/4 可用

附录 4 A320 装载通知单

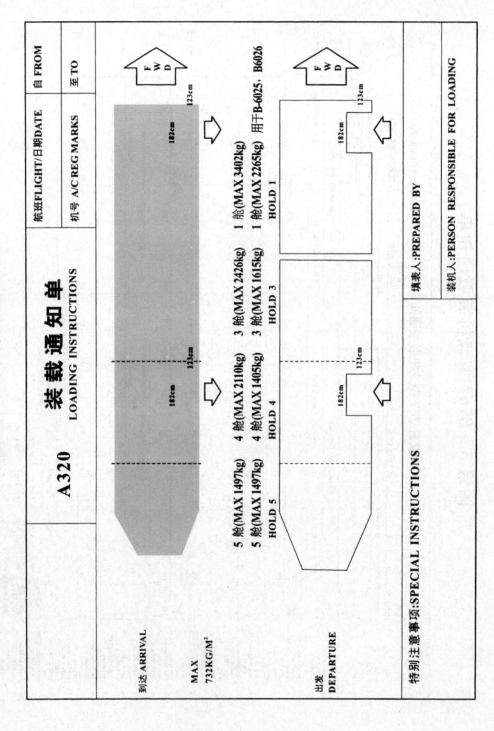

A320	航班FLIGHT/日期DATE	自FROM
装载通知单 LOADING INSTRUCTIONS	机号 A/C REG MARKS	至TO

到达 ARRIVAL

MAX
732KG/M²

182cm
123cm
182cm
123cm
182cm
123cm

F
W
D

5 舱(MAX 1497kg)　4 舱(MAX 2110kg)　3 舱(MAX 2426kg)　1 舱(MAX 3402kg)
5 舱(MAX 1497kg)　4 舱(MAX 1405kg)　3 舱(MAX 1615kg)　1 舱(MAX 2265kg)　用于 B-6025，B6026
HOLD 5　　　　　　　HOLD 4　　　　　　　HOLD 3　　　　　　　HOLD 1

出发
DEPARTURE

182cm
123cm
182cm
123cm

F
W
D

特别注意事项:SPECIAL INSTRUCTIONS

填表人:PREPARED BY

装机人:PERSON RESPONSIBLE FOR LOADING

附录 5　A340-642 型飞机装载通知单

LOADING INSTRUCTION REPORT - A340-642

| | ADDRESS | ORIGIN | CPM | FLIGHT N° | A/C REG | DEST. | DATE | PREPARED BY/CERT N° |

FULL BCRC

COMPARTMENT N°4
MAX 13878 kg

COMPARTMENT N°3
MAX 15870 kg

MAX 22861 kg

COMPARTMENT N°2
MAX 19044 kg

COMPARTMENT N°1
MAX 19044 kg

MAX 30482 kg

Arrival

44　43　42　41　35　34　33　32　31　26　25　24　23　22　21　16　15　14　13　12　11
43P　42P　41P　33P　32P　31P　24P　23P　22P　21P　14P　13P　12P　11P
L　FWD　R
Door

SPECIAL INSTRUCTIONS　Door
Loading report

44　43　42　41　35　34　33　32　31　26　25　24　23　22　21　16　15　14　13　12　11
43P　42P　41P　33P　32P　31P　24P　23P　22P　21P　14P　13P　12P　11P
L　FWD　R
Door

SPECIAL INSTRUCTIONS　Door
Departure

44　43　42　41　35　34　33　32　31　26　25　24　23　22　21　16　15　14　13　12　11
43P　42P　41P　33P　32P　31P　24P　23P　22P　21P　14P　13P　12P　11P
L　FWD　R
Door

SPECIAL INSTRUCTIONS　Door

THIS AIRCRAFT HAS BEEN LOADED IN ACCORDANCE WITH INSTRUCTIONS INCLUDING THE DEVIATIONS SHOWN ON THE REPORT ALL CONTAINERS/PALLETS AND BULK LOAD HAVE BEEN SECURED IN ACCORDANCE WITH COMPANY REGULATIONS.

PERSON RESPONSIBLE FOR LOADING

		INFORMATION CODES	
B – BAGGAGE	D – CREW BAGGAGE	N – NO ULD AT POSITION	0 – FULL X – EMPTY
C – CARGO	E – EQUIPMENT	P – PALLET	1 – ¼ VOLUME AVAILABLE
M – MAIL	F – F/C BAGGAGE	T – TRANSFER	2 – ½ VOLUME AVAILABLE
S – SORT	J – PRIORITY BAGS	U – U/S CONTAINER	3 – ¾ VOLUME AVAILABLE
		UCRC – CREW REST	

附录 6 Canadair Jet 100/200 飞机装载通知单

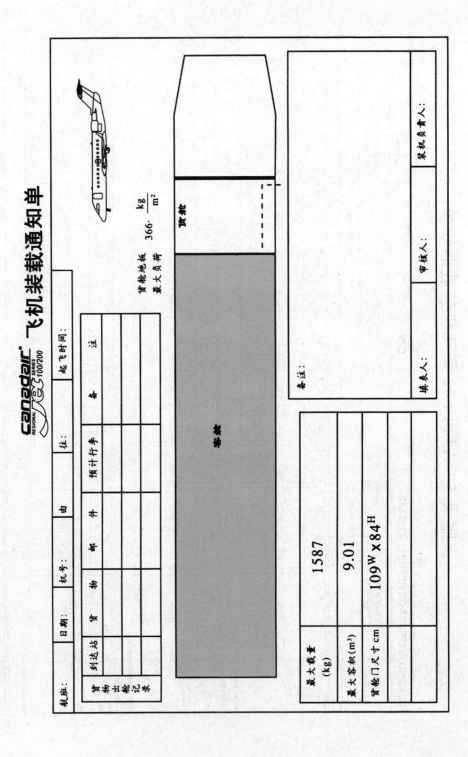

飞机装载通知单

航班：	日期：	机号：	由	往：	起飞时间：

货物出舱记录	到达站	货物	邮件	预计行李	备注

货舱地板最大负荷 366· $\dfrac{kg}{m^2}$

前舱

货舱

最大载重(kg)	1587
最大容积(m³)	9.01
货舱门尺寸 cm	109^W x 84^H

备注：

填表人：	审核人：	装机负责人：

附录7　B737-700 载重平衡图

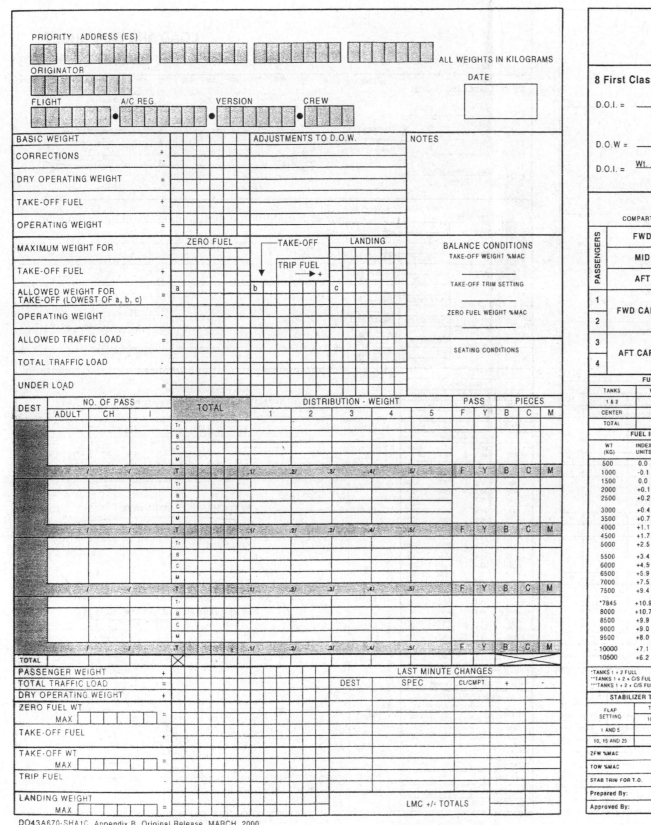

Left form

PRIORITY　ADDRESS (ES)

ALL WEIGHTS IN KILOGRAMS

ORIGINATOR

DATE

FLIGHT　　**A/C REG.**　　**VERSION**　　**CREW**

BASIC WEIGHT		ADJUSTMENTS TO D.O.W.	NOTES
CORRECTIONS	+		
DRY OPERATING WEIGHT	=		
TAKE-OFF FUEL	+		
OPERATING WEIGHT	=		
MAXIMUM WEIGHT FOR	ZERO FUEL / TAKE-OFF / LANDING	BALANCE CONDITIONS
TAKE-OFF FUEL	+	TRIP FUEL	TAKE-OFF WEIGHT %MAC
ALLOWED WEIGHT FOR TAKE-OFF (LOWEST OF a, b, c)	a　b　c	TAKE-OFF TRIM SETTING
OPERATING WEIGHT		ZERO FUEL WEIGHT %MAC
ALLOWED TRAFFIC LOAD	=	
TOTAL TRAFFIC LOAD		SEATING CONDITIONS
UNDER LOAD		

DEST | **NO. OF PASS** ADULT / CH / I | **TOTAL** | **DISTRIBUTION - WEIGHT** 1 2 3 4 5 | **PASS** F Y B C M | **PIECES**

(rows: Tr, B, C, M ... T F Y B C M — repeated blocks)

TOTAL

PASSENGER WEIGHT	+	LAST MINUTE CHANGES
TOTAL TRAFFIC LOAD	=	DEST / SPEC / CL/CMPT / + / -
DRY OPERATING WEIGHT	=	
ZERO FUEL WT　MAX	=	
TAKE-OFF FUEL	+	
TAKE-OFF WT　MAX	=	
TRIP FUEL		
LANDING WEIGHT　MAX	=	LMC +/- TOTALS

DO43A670-SHA1C, Appendix B, Original Release, MARCH, 2000

Right sheet

适用 2577 2663 2913

LOAD AND TRIM SHEET
BOEING 737-700

8 First Class / 120 Tourist

D.O.I. = _____

D.O.W = _____

$$D.O.I. = \frac{Wt. \times (Arm - 658.3)}{30000} + 45$$

- Passenger Entrance and Exit
- Service and Emergency Exit
- Emergency Exit Only

BALANCE ARM - IN　100　200　300　400　500　600　700　800　900　1000　1100　1200

FWD COMPT. ROWS 1-2 MAX 8 PASS.　MID COMPT. ROWS 3-12 MAX 60 PASS.　AFT COMPT. ROWS 13-22 MAX 60 PASS.

FWD HOLD　　AFT HOLD

DRY OPERATING INDEX → 0　10　20　30　40　50　60　70　80

COMPARTMENT

PASSENGERS			
FWD	MAX. 8	2 PAX
MID	MAX. 60	10 PAX
AFT	MAX. 60	10 PAX
1 FWD CARGO	MAX. 814 KG	200 KG
2	MAX. 1021 KG	200 KG
3 AFT CARGO	MAX. 2409 KG	200 KG
4	MAX. 763 KG	200 KG

FUEL LOAD

TANKS	WT (KG)	INDEX UNITS
1 & 2		
CENTER		
TOTAL		

-1 INDEX UNITS

0　10　20　30　40　50　60　70　80

FUEL INDEX ADJUSTMENT

FUEL INDEX TABLE

WT (KG)	INDEX UNITS	WT (KG)	INDEX UNITS
500	0.0	11000	+5.3
1000	-0.1	11500	+4.4
1500	0.0	12000	+3.5
2000	+0.1	12500	+2.6
2500	+0.2	13000	+1.8
3000	+0.4	13500	+0.9
3500	+0.7	14000	+0.1
4000	+1.1	14500	-0.7
4500	+1.7	15000	-1.5
5000	+2.5	15500	-2.4
5500	+3.4	16000	-3.2
6000	+4.5	16500	-4.0
6500	+5.9	17000	-4.9
7000	+7.5	17500	-5.7
7500	+9.4	18000	-6.5
*7845	+10.9	18500	-7.4
8000	+10.7	19000	-8.3
8500	+9.9	19500	-9.2
9000	+9.0	20000	-10.2
9500	+8.0	20500	-11.2
10000	+7.1	**20910	-12.1
10500	+6.2	***22162	-12.9

*TANKS 1 + 2 FULL
**TANKS 1 + 2 + C/S FULL
***TANKS 1 + 2 + C/S FULL AT MAX. DENSITY

STABILIZER TRIM ADJUSTMENT

FLAP SETTING	TAKEOFF ENGINE THRUST 18000 LB	20000 LB
1 AND 5	+1/2	0
10, 15 AND 25	- 1/4	- 1/4

ZFW %MAC

TOW %MAC

STAB TRIM FOR T.O.

Prepared By:

Approved By:

STABILIZER TRIM SETTING - FLAPS 1 AND 5 AT 20000 LB THRUST

GROSS WEIGHT (KG)												
70000	8 1/2	8 1/2	8 1/4	7 3/4	7 1/4	7	6 1/2	6	5 3/4	5 1/4	4 3/4	4 1/2
60000	8 1/2	8 1/4	7 3/4	7 1/4	7	6 1/2	6	5 3/4	5 1/4	4 3/4	4 1/2	4
50000	8	7 1/2	7	6 3/4	6 1/4	5 3/4	5 1/2	5	4 3/4	4 1/4	3 3/4	3 1/2
<45359	7 1/2	7	6 3/4	6 1/4	5 3/4	5 1/2	5	4 3/4	4 1/4	3 3/4	3 1/2	3
CG %MAC	10	12	14	16	18	20	22	24	26	28	30	32

AIRPLANE GROSS WEIGHT - KILOGRAMS

65000 — MAXIMUM TAKEOFF GROSS WEIGHT 64863 KG

60000 — MAXIMUM LANDING WEIGHT 58059 KG

55000 — MAXIMUM ZERO FUEL WEIGHT 54657 KG

50000

45000

40000

35000

INDEX 0　10　20　30　40　50　60　70　80

[A] Forward Takeoff and Zero Fuel Check
[B] Aft Zero Fuel Check
[C] Aft Takeoff Check

	FUEL WT (KG)	INDEX UNITS
TOTAL TAKEOFF FUEL		
INDEX AT ZFW		
INDEX AT TOW		

DO43A670-SHA1C, Appendix B, Original Release, MARCH, 2000

附录 8　B737-800 载重平衡图

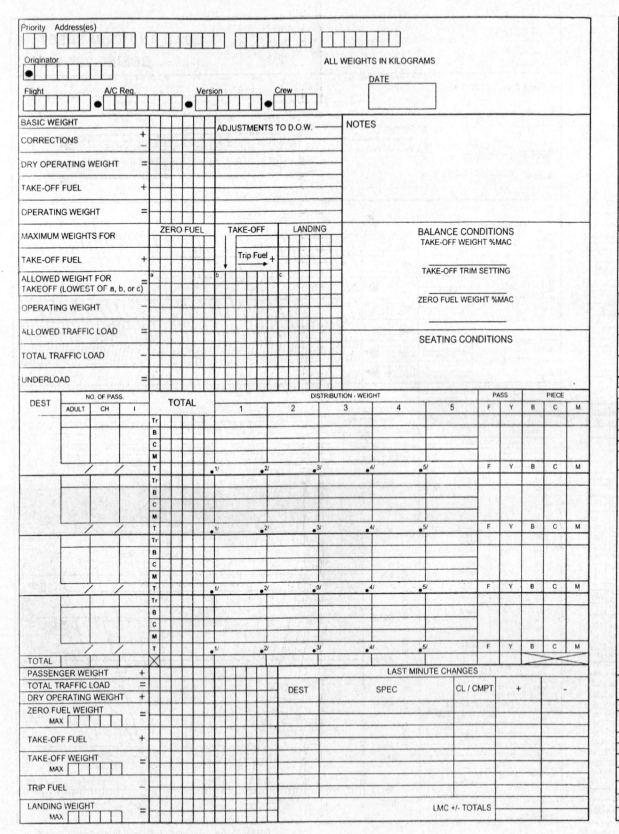
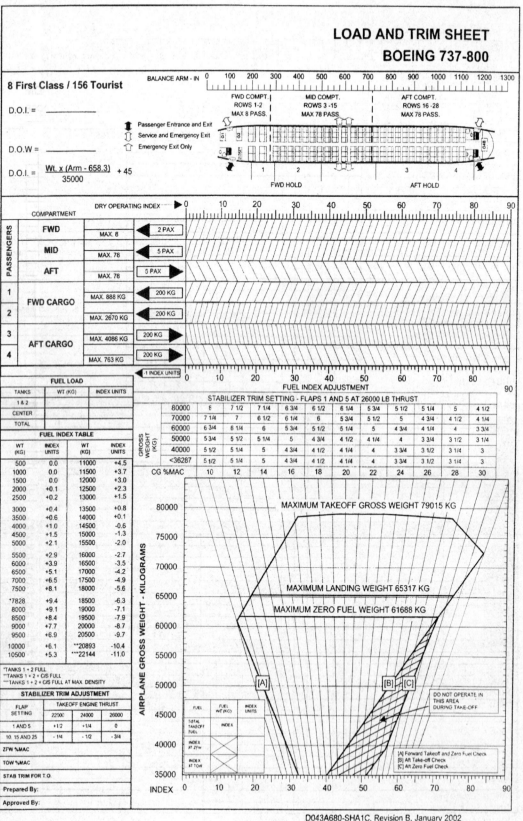

附录 9　B737-300F 载重平衡图

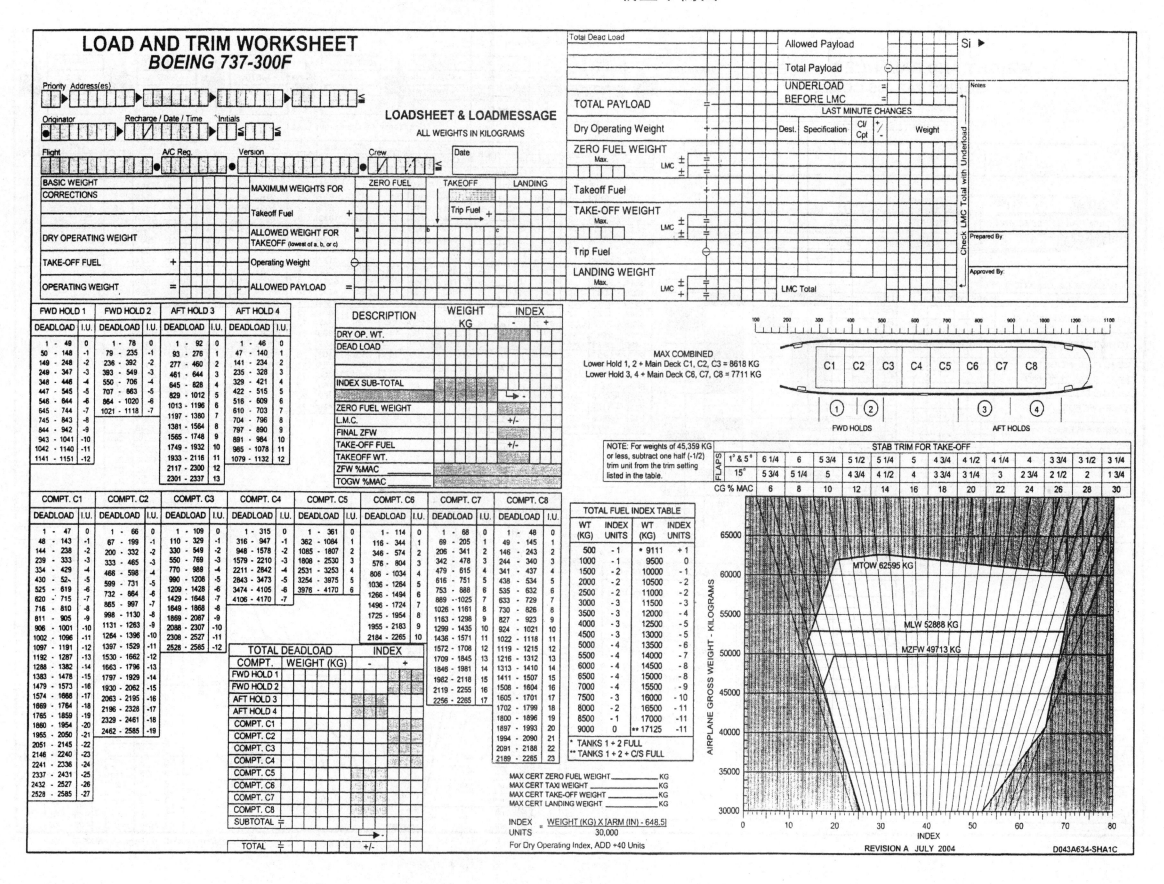

附录 10　B747-4J6 载重平衡图

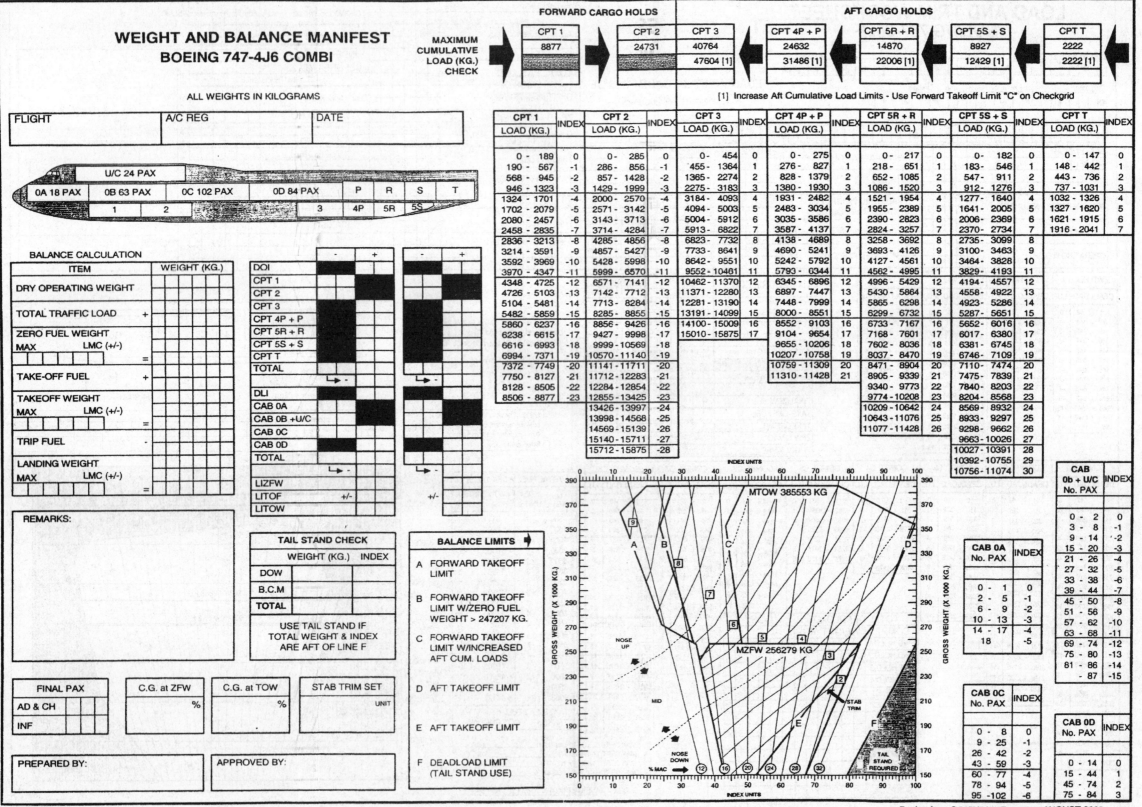

WEIGHT AND BALANCE MANIFEST — BOEING 747-4J6 COMBI

REV SYM B

FOR (B2467)　　Boeing form D043U101, Page 1, AUGUST 2002

附录 11 B767-300 载重平衡图

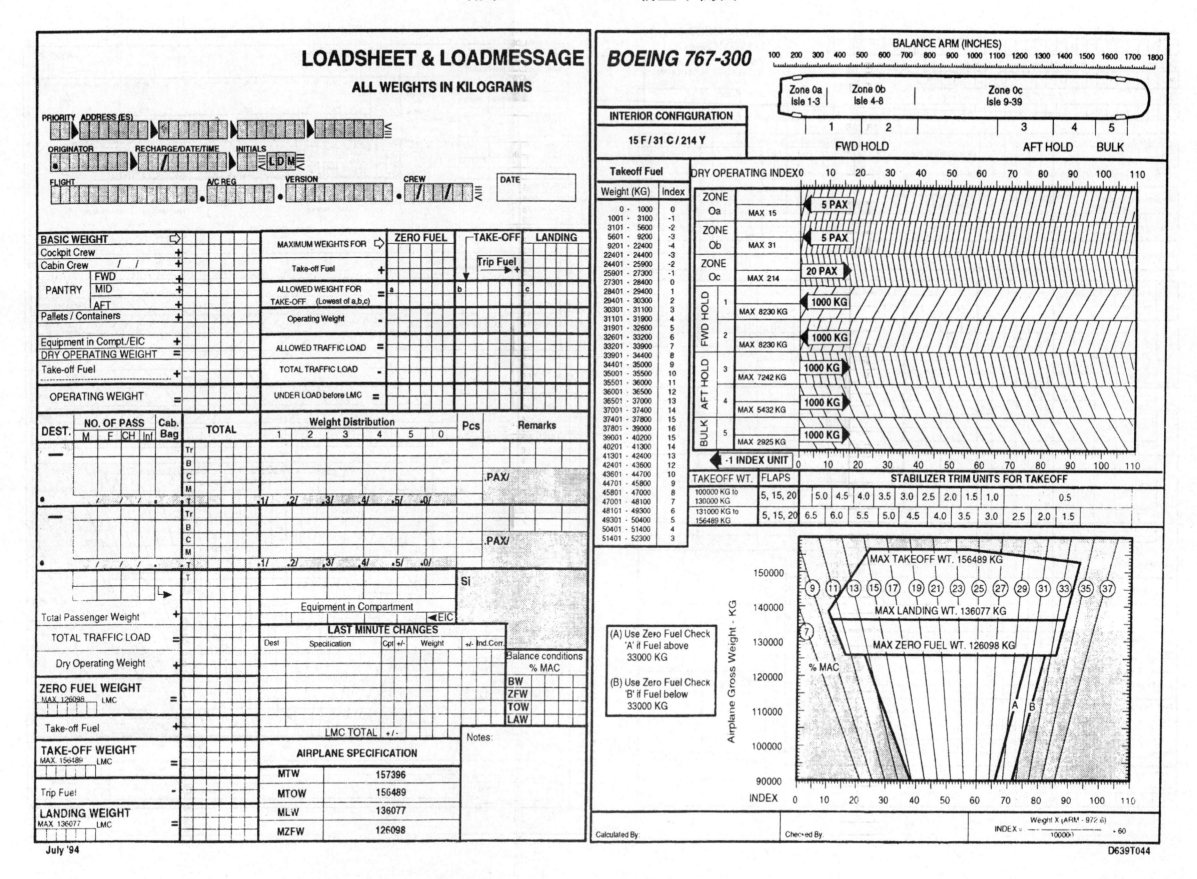

附录 12 A321-211 载重平衡图

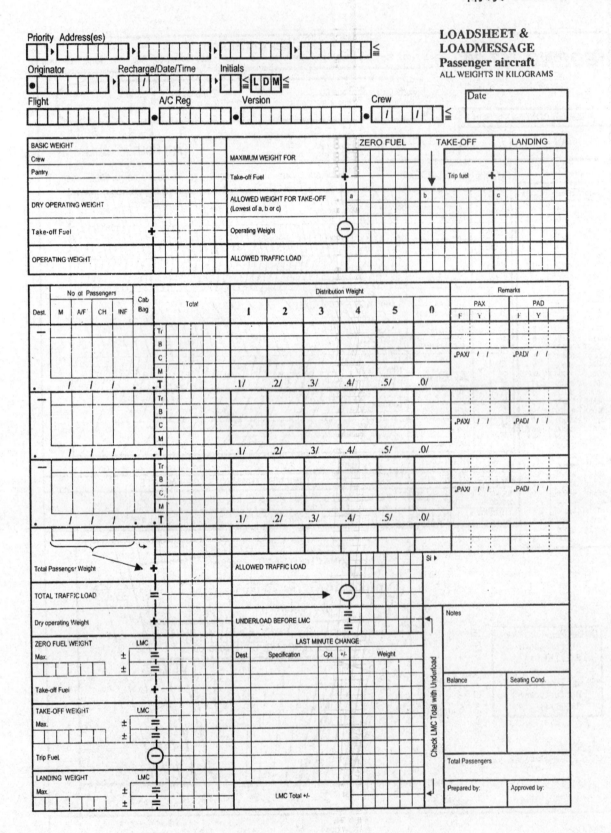

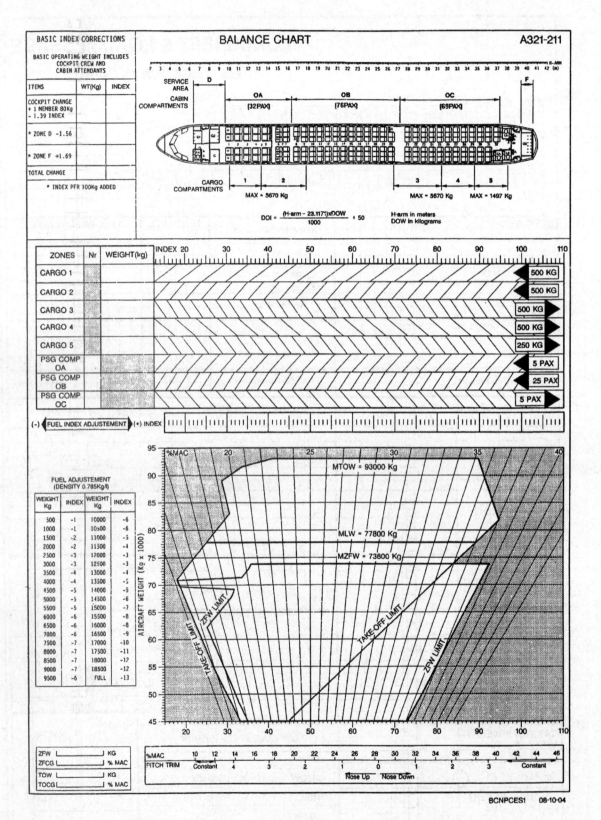

附录 13 A340-642 载重平衡图

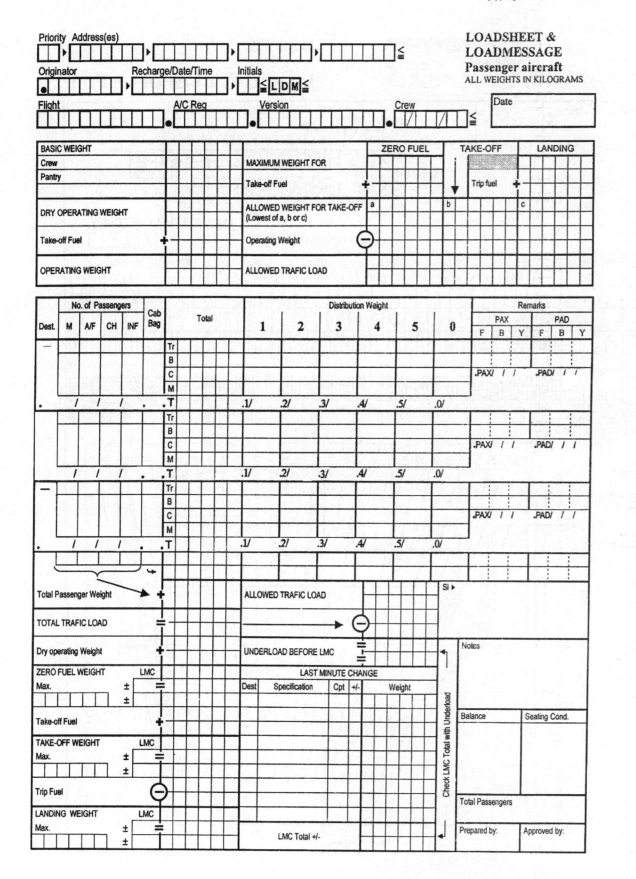

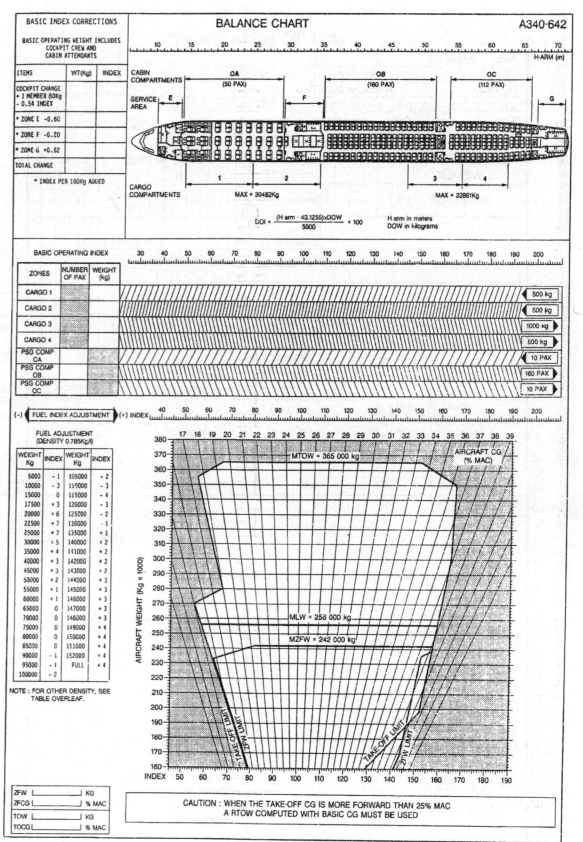

附录 14　Canadair B3075 载重平衡图

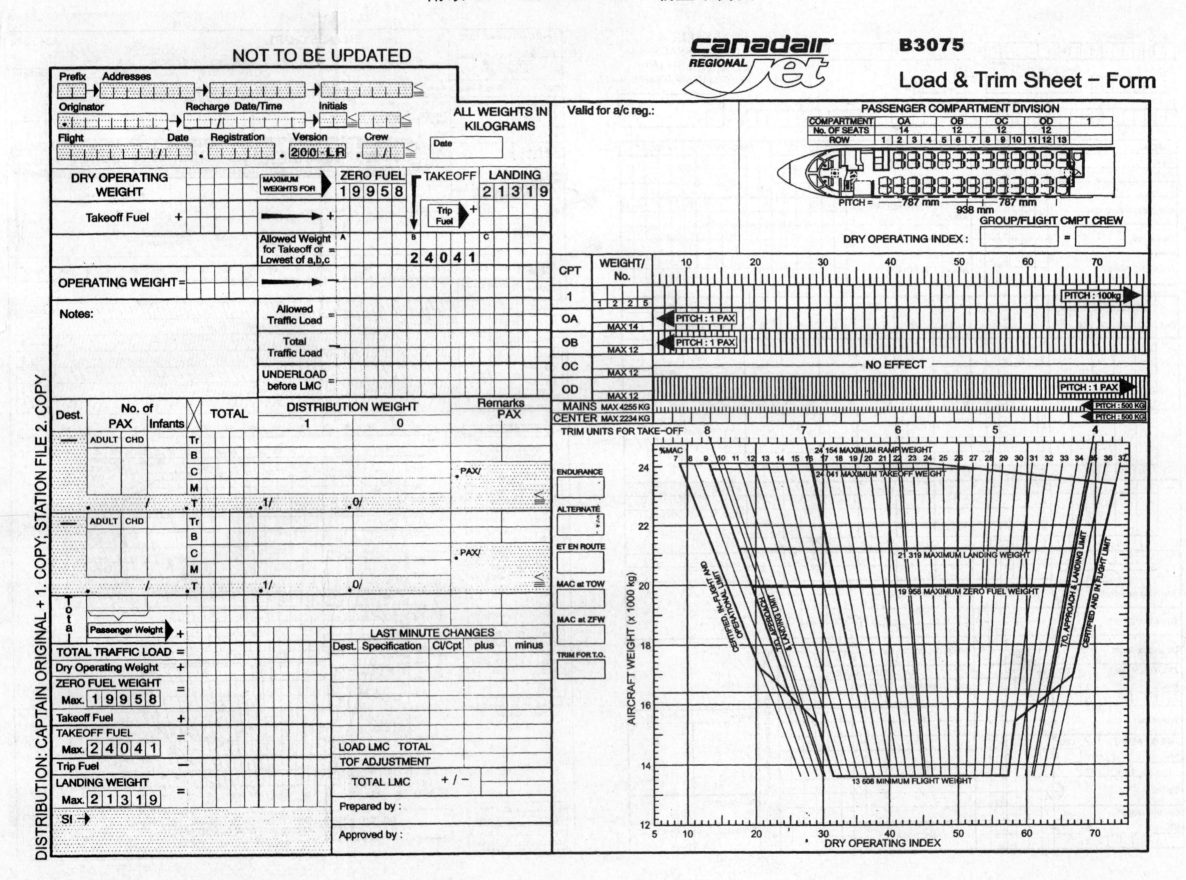

运筹学（第 4 版）

本书特色

经典教材，课件完备，多次重印，广受好评。

教辅材料

课件

书号：9787302288794
作者：《运筹学》教材编写组
定价：58.00 元
出版日期：2012.8

任课教师免费申请

运筹学（第 4 版）本科版

本书特色

经典教材，课件完备，多次重印，广受好评。

教辅材料

课件

书号：9787302306412
作者：《运筹学》教材编写组
定价：48.00 元
出版日期：2012.11

任课教师免费申请

运筹学习题集（第 5 版）

本书特色

名师大作。习题、解答、案例、案例分析，丰富的学习辅助资源，配套《运筹学教程》。

获奖信息

"十二五"普通高等教育本科国家级规划教材

书号：9787302523987
作者：胡运权 主编
定价：58.00 元
出版日期：2019.3

任课教师免费申请

运筹学教程（第 5 版）

本书特色

"互联网＋"教材。名师大作，经典运筹学教材，课件、习题等教辅资源完备，难度适中，配套《运筹学习题集》。

教辅材料

教学大纲、课件、习题答案、试题库

获奖信息

"十二五"普通高等教育本科国家级规划教材

书号：9787302481256
作者：胡运权 主编，郭耀煌 副主编
定价：59.00 元
出版日期：2018.7

任课教师免费申请

管理信息系统（第 6 版）

本书特色

名师大作，经典管理信息系统教材，发行百万多册，即将改版。

教辅材料

课件

获奖信息

"十二五"普通高等教育本科国家级规划教材

书号：9787302268574
作者：薛华成
定价：49.80 元
出版日期：2011.12

任课教师免费申请

管理信息系统（第 6 版）简明版

本书特色

名师大作，经典管理信息系统教材，简明版更适合非信息管理专业学生。

教辅材料

课件

获奖信息

"十二五"普通高等教育本科国家级规划教材

书号：9787302330950
作者：薛华成
定价：45.00 元
出版日期：2013.7

任课教师免费申请

管理信息系统：管理数字化公司（全球版·第12版）

本书特色

原汁原味，全球高校广泛采用，兼具权威性和新颖性，更加灵活和可定制化。

教辅材料

课件、习题库

书号：9787302449706
作者：（美）肯尼思·C.劳顿　简·P.劳顿
定价：79.00元
出版日期：2016.8

任课教师免费申请

数据、模型与决策

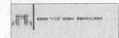

本书特色

创新型教材，理论与实践兼备，课件资源丰富。

教辅材料

课件

书号：9787302524731
作者：张晓冬　周晓光　李英姿
定价：49.00元
出版日期：2019.3

任课教师免费申请

信息技术应用基础教程（第二版）

本书特色

操作性强，简明实用，适合应用型本科及高职层次，数十所大学采用，广受欢迎。

教辅材料

教学大纲、课件

书号：9787302527503
作者：丁韵梅　谭予星　等
定价：48.80元
出版日期：2019.6

任课教师免费申请

信息管理学教程（第五版）

本书特色

经典教材，结构合理，多次改版。

教辅材料

课件

书号：9787302526841
作者：杜栋
定价：48.00元
出版日期：2019.3

任课教师免费申请

运营管理（第二版）

本书特色

"互联网＋"教材，结构合理，形式丰富，课件齐全，便于教学。

教辅材料

教学大纲、课件、教师指导手册、案例解析等

获奖信息

辽宁省"十二五"规划教材

书号：9787302531593
作者：李新然　主编，俞明南　副主编
定价：49.00元
出版日期：2019.8

任课教师免费申请

现代生产管理学（第四版）

本书特色

经典的生产管理学教材，畅销多年，课件齐全。

教辅材料

课件

书号：9787302491217
作者：潘家轺
定价：49.00元
出版日期：2018.3

任课教师免费申请

质量管理学（第三版）

本书特色
畅销教材的最新修订版，内容丰富，课件完备。

教辅材料
课件

书号：9787302499206
作者：刘广弟
定价：49.00 元
出版日期：2018.5

国际认证认可——质量管理与认证实践

本书特色
专门的质量认证认可方面的高校课程和培训教材。全面介绍认证认可、质量管理体系认证、产品认证、服务认证的相关知识。作者多年从业经验，教材紧密结合实践，辅助资源齐全。

教辅材料
课件

书号：9787302513896
作者：刘建辉
定价：49.00 元
出版日期：2018.10

项目管理（第 3 版）

本书特色
"十二五"国家规划教材，根据最新 PMBOK 更新改版，理论结合应用。

教辅材料
课件

获奖信息
"十二五"普通高等教育本科国家级规划教材

书号：9787302481287
作者：毕星
定价：29.00 元
出版日期：2017.11

项目管理

本书特色
实用性强，深入浅出，课件完备。

教辅材料
课件

书号：9787302548737
作者：许鑫 姚占雷
定价：48.00 元
出版日期：2020.3

建设工程招投标与合同管理

本书特色
创新型"互联网＋"教材，章末增设在线测试习题，课件资源丰富。

教辅材料
课件

书号：9787302528289
作者：赵振宇
定价：45.00 元
出版日期：2019.6

ERP 原理与实施

本书特色
原理与实施相结合，内容全面实用。

教辅材料
课件

书号：9787302470526
作者：金镭 沈庆宁
定价：42.00 元
出版日期：2017.6

管理决策模型与方法

本书特色

"互联网+"教材，结构合理，形式丰富，课件齐全，便于教学。

教辅材料

教学大纲、课件

书号：9787302508502
作者：金玉兰 沈元蕊
定价：45.00 元
出版日期：2019.6

任课教师免费申请

软件项目管理（第二版）

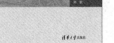

本书特色

"互联网+"创新型立体化教材，增设在线测试题，配套资源完备，附赠课件。

教辅材料

课件、习题答案、案例解析

书号：9787302556831
作者：夏辉 徐朋 王晓丹 屈巍 杨伟吉 刘澍
定价：49.00 元
出版日期：2020.7

任课教师免费申请

生产计划与管控

本书特色

"互联网+"教材、内容全面，深入浅出，注重实践，教辅丰富。

教辅材料

教学大纲、课件、习题答案、案例解析

书号：9787302571643
作者：孔繁森
定价：79.00 元
出版日期：2021.8

任课教师免费申请

运筹学导论（英文版·第11版）

本书特色

运筹学经典教材，在国外高校中有很高的采用率，原汁原味英文版，配有中文翻译版，原书配套网站提供丰富资源。

教辅材料

课件、习题答案、习题库、数据集

书号：9787302580904
作者：[美]弗雷德里克·希利尔 杰拉尔德·利伯曼
定价：99.00 元
出版日期：2021.5

任课教师免费申请